Erfolgsrezept Internet – Einfach zu mehr Umsatz, Zeit und Freiheit

Das bhv Taschenbuch

Johann Fischler

Erfolgsrezept Internet – Einfach zu mehr Umsatz, Zeit und Freiheit
Das bhv Taschenbuch

Bibliografische Information Der Deutschen Nationalbibliothek

Die Deutsche Nationalbibliothek verzeichnet diese Publikation in der Deutschen Nationalbibliografie; detaillierte bibliografische Daten sind im Internet über <http://dnb.d-nb.de> abrufbar.

Bei der Herstellung des Werkes haben wir uns zukunftsbewusst für umweltverträgliche und wiederverwertbare Materialien entschieden.

Der Inhalt ist auf elementar chlorfreies Papier gedruckt.

ISBN 978-3-8266-7638-3
2. Auflage 2014

E-Mail: kundenbetreuung@hjr-verlag.de

Telefon: +49 89/2183-7928
Telefax: +49 89/2183-7620

Printed in Germany

Lektorat: Steffen Dralle
Korrektorat: Renate Feichter
Satz: Petra Kleinwegen

Inhaltsverzeichnis

TEIL I

Einführung

Was ist im Internet erreichbar? Kann man es noch schaffen oder sind die besten Plätze schon längst weg? Spannende Fragen. Ich weiß aus eigener Erfahrung: Jeder kann den Durchbruch schaffen. Auch heute noch.

KAPITEL 1

Vorwort

Die Wirtschaft ist ein heißes Pflaster. Das weltweite Netz kann Ihnen wichtige Freiräume verschaffen. Was hätten Sie gerne? Mehr Umsatz, Rentabilität, Zeit, persönliche oder wirtschaftliche Freiheit? Alles zusammen? Dann spannen Sie das Internet vor Ihren Wagen. Es wird Sie und Ihr Unternehmen ziehen, wohin Sie wollen.

1 Vorwort

Sie sind selbständig oder wollen es werden? Das ist bewundernswert. Unternehmern von heute bläst ein kalter Wind ins Gesicht. Zum Zeitdruck und Preiskampf gesellen sich strenger werdende Rahmenbedingungen, pessimistische Banken und Kunden, die jeden Euro dreimal umdrehen, bevor sie ihn ausgeben. Klassische Werbung verpufft, Werbebotschaften verhallen ungehört. Gefangen im Tagesgeschäft schafft es der Chef gerade noch so, den Kahn über Wasser zu halten. Über neue Kunden oder die Zukunft der Firma kann er sich schon lange keine Gedanken mehr machen, obwohl das seine wichtigste Aufgabe wäre. Wie soll er visionär in die Ferne blicken, wenn ihn die Last des Alltags erdrückt? Doch es geht auch anders!

Sicher haben Sie schon mitbekommen, dass das Internet die Goldgrube vieler Unternehmen ist. Einige davon verdanken ihren Erfolg sogar ausschließlich dem Internet. Doch damit meine ich nicht Google, Facebook, Twitter oder andere Online-Giganten, deren Gründer mehr Glück hatten als jeder Lottogewinner. Darum geht es hier nicht. Es gibt nur einen Mark Zuckerberg, doch es gibt Tausende Lotto-Millionäre. Wie sinnvoll mag es da wohl sein, das zweite Facebook gründen zu wollen?

In diesem Buch geht es um die Erreichung realistischer Ziele. Diese können viele Gesichter haben: Mehr Neukunden, zusätzliche Einnahmequellen, Schaffung einer Marke, bessere Reputation, mehr Zeit, geringere Kosten, neue Partnerschaften in Entwicklung, Herstellung, Vertrieb und Verwaltung, höhere Endkundenpreise, treuere Stammkunden und vieles mehr.

Egal, in welcher Branche Sie sind: Mark Zuckerbergs Glück haben Sie nicht nötig. Die wichtigsten Zutaten zum Erfolg sind: Durchblick, ehrliche Arbeit und Zielstrebigkeit. So wie im richtigen Leben. Ganz normale Betriebe um die Ecke verdienen gutes Geld, indem sie das weltweite Netz geschickt anzapfen. Handwerker, Dienstleister, Gastronomie- und Tourismusbetriebe, Berater, Ärzte, Produzenten, selbständige Buchhalter, Künstler, Medien und viele andere haben das „Erfolgsrezept Internet" längst für sich entdeckt. So wie ich.

Als ich mich im Jahr 2007 in die Selbständigkeit wagte, hatte ich keinen Plan vom Internet. Selbst die einfachsten Grundlagen fehlten mir damals. Heute erwirtschafte ich mit Hilfe des weltweiten Netzes einen ordentlichen Gewinn, der sich von Jahr zu Jahr verdoppelt, bei gleichzeitig sinkendem Zeitaufwand. Meine Homepages, Webshops und Portale laufen für mich und meine Unternehmen, während ich neue Zukunftspläne schmiede, meinen Hobbys fröne – oder über die Möglichkeiten der weltweiten Vernetzung schreibe, wie in diesem Buch.

Um gleich alle Zweifel und Vermutungen auszuräumen: Die Tantiemen, die mir der Verlag für diesen Ratgeber bezahlt, sind weder mein Geschäftsmodell noch könnte ich davon leben. Obwohl mein Erfolgsrezept seit einiger Zeit auf den vordersten Plätzen der Kategorien „Online Marketing" und „Marketing & Verkauf" zu finden ist, bleibt mir als Verlagsautor nur ein winzig kleiner Teil des Verkaufspreises übrig. Das wusste ich schon, bevor ich zu schreiben begann. Es ging mir beim „Erfolgsrezept Internet" nie ums Geld, sondern darum, den Status quo meines Wissens und meiner Erfahrungen zu erfassen und anderen Menschen zu vermitteln. Nicht einmal den angebotenen Vorschuss habe ich angenommen. Ich verdanke dem Internet sehr viel, und dieses Buch ist meine Art, mich dafür erkenntlich zu zeigen.

Zwischen den Anfängen meiner Selbständigkeit und heute liegt ein harter und lehr(geld)reicher Weg. Den sparen Sie sich lieber. Machen Sie das Internet zu Ihrem wichtigsten Mitarbeiter. Es schuftet rund um die Uhr, gabelt neue Kunden auf, macht Sie bekannt und bezahlt Sie sogar noch dafür. Nicht einmal am Heiligen Abend, zu Ostern oder an seinem Geburtstag werden Sie einen Seufzer hören, obwohl es auch dann für Sie läuft. Ein alter Traum wird greifbar: Der Arbeitsroboter, der Ihnen die lästigen Arbeiten abnimmt, während Sie sich wichtigeren Aufgaben widmen können. Sie brauchen dafür weder Berater noch Programmierer. Das Web 2.0 macht es möglich: Egal, ob Sie schon über EDV-Kenntnisse verfügen oder nicht, die Zutaten zum Erfolg sind dieses Buch, ein Internet-Zugang und Ihre eigene Zeit.

Die zweite Auflage dieses Buches, welche Sie in Händen halten, bringt den Inhalt auf den aktuellsten Stand und enthält viele neue Tipps aus meiner Praxis. Profitieren Sie von meinen neuesten Erkenntnissen.

Ich habe sehr darauf geachtet, mein Wissen für alle Branchen verständlich aufzubereiten, samt vielen konkret und schnell umsetzbaren Beispielen. Vom Ein-Personen-Unternehmen bis zum mittelständischen Betrieb soll das „Erfolgsrezept Internet" möglichst großen Nutzen bringen, auch jenen Selbständigen, die das *World Wide Web* bisher vernachlässigt haben, und jetzt nicht wissen, wo sie anfangen sollen. Ich versichere Ihnen: Eine Welt neuer, ungeahnter Möglichkeiten wartet auf Sie.

Jetzt aber los: Unternehmen Sie noch heute den ersten Schritt in Ihre erfolgreiche Zukunft!

KAPITEL 2

Meine Geschichte

Ich bin felsenfest davon überzeugt, dass jede(r) Selbständige und jedes Unternehmen vom Internet profitieren kann. Nicht nur Handwerk, auch das World Wide Web hat goldenen Boden. Lassen Sie mich zu Beginn kurz erzählen, wie mich das Internet zu einem glücklichen, freien und gut verdienenden Unternehmer gemacht hat.

2 Meine Geschichte

Stand der Dinge

Ich werde immer wieder schief angesehen, wenn ich auf die Frage nach dem Gang meiner Geschäfte mit „Danke, sehr gut!" antworte. Das scheint in unserer Gesellschaft gegen die guten Sitten zu verstoßen. Die ehrliche Antwort wird gar nicht selten als Unter-die-Nase-reiben-Wollen missverstanden. Anders als in den USA, wo man sich den Erfolg gegenseitig vergönnt, leben wir in einer Neidgesellschaft. Ein US-Unternehmer würde sagen: „Toll, was der geschafft hat – das will ich auch! Wie geht das?" Hierzulande tendiert man eher zu folgender Aussage: „Der hat etwas geschafft. Und das gefällt mir nicht! Ist das denn überhaupt erlaubt?" Das mag überspitzt formuliert sein, doch die Mentalitätsunterschiede sind unübersehbar. Aber ich kann (und will) mich nicht beklagen. Meine Geschäfte laufen gut. Und ja, sie sind sowohl real wie auch legal. Manches, das ich vor fünf Jahren auf die Beine gestellt und seither nicht mehr angerührt habe, bringt mir heute noch Einnahmen. Es würde mir schwer fallen, ein Haar in der Suppe zu finden.

Mein Buchhalter wirkt nachdenklich, wenn er mir die Saldenlisten überreicht. Auch der Steuerberater fragt sich langsam, was denn mein Erfolgsgeheimnis sei (obwohl er es ja sehen und einfach nachmachen könnte ...). Jedes neue Projekt ist deutlich erfolgreicher als das vergleichbarer Mitbewerber. Der Gewinn liegt weit über dem, was ich als Abteilungsleiter einer Bank verdient habe – vor der Finanzkrise. Um mein Einkommen auf diesem hohen Niveau zu halten, benötige ich nicht mehr als eine halbe Stunde täglich. Da ich es aber weiter ausbauen möchte, findet man mich regelmäßig zwischen 9:00 und 17:00 Uhr in meinem Büro, wo ich mit Freude an meinen Webseiten und Projekten feile und neue Ideen in die Tat umsetze. Ich könnte auch den ganzen Tag in den Bergen wandern, Golfen oder die Welt bereisen, doch dafür bereitet mir die Arbeit zu viel Vergnügen. Ich habe es akzeptiert: Arbeit kann (und darf) Spaß machen!

Mein Werdegang

Im chinesischen Tierkreiszeichen bin ich Hase, und ähnlich dem knuffigen Gesellen schlägt auch meine Vita freudige Haken. Ich absolvierte die Handelsakademie, worauf das Studium der Rechtswissenschaften folgte. Statt aber dem vorgegebenen Weg zu folgen und Anwalt, Notar oder Richter zu werden, verschlug es mich in die Bankenwelt, wo ich eine steile Karriere hinlegte. Als Mitarbeiter des Vertriebs betreute ich von Beginn an Kommerzkunden aller Größenklassen. So konnte ich hinter die Kulissen vieler verschiedener Unternehmen blicken. Mit meinem zweiten Berufswechsel stieg ich zum Kommerzkunden-Abteilungsleiter einer mittelgroßen Bank auf. Doch schon bald merkte ich, dass Geld allein nicht glücklich macht.

Wie meine Mutter gerne erzählt, war ich ein untypisch früh selbständiges Kind. Ich wollte mir selbst aussuchen, was ich anziehe und wie ich meine Zeit verbringe. Damals musste ich akzeptieren, dass das nicht immer möglich war. Trotzdem wird es noch lange dauern, bis ich ihr die violette Cordhose verzeihe, mit der ich einen Tag lang zur Schule gehen musste. Es ging ums Prinzip. Aber das ist eine andere Geschichte.

Nach Schule und Studium kam der Sprung ins enge Korsett der modernen Arbeitswelt. Zeiterfassung, Leistungsziele, Richtlinien und Vorschriften bis hin zur Kleiderordnung unterdrückten meine Eigenverantwortung, Kreativität und persönliche Freiheit. Nicht selten erinnerte mich der Job an ein Gefängnis, wenn auch ohne Gitter. Es brauchte fünf Jahre und drei Arbeitgeber, bis ich einen Schlussstrich zog und den Schritt in die Freiheit wagte.

Also machte mich selbständig. Damals glaubte ich, keine andere Wahl zu haben, als Unternehmensberater zu werden. Schließlich kannte ich viele Firmen und deren Probleme aus meiner

Zeit bei der Bank. Heute erscheint meine damalige Kurzsichtigkeit fast peinlich. Weil ich nur das Naheliegende sah, hatte ich keine Ahnung von den Tausenden Alternativen, die man hat, wenn man sein eigener Chef ist. Mein Bruder baute mir damals meine erste, sehr einfache Homepage, denn als angehender „Consulter" wollte ich *wenigstens irgendwie* im Netz präsent sein, hatte jedoch keinen Plan vom World Wide Web. Und so kamen die ersten Monate meiner Selbständigkeit.

Im ersten Jahr bekam ich kaum Aufträge. Ich begann daher, mehr mit meiner Homepage zu experimentieren. Ich registrierte mich bei Google für eine kostenlose Homepage („Blog") und fing an, mein Wissen und meine Erfahrung aus der Bank in kleinen Beiträgen niederzuschreiben. Nicht um Geld im Internet zu verdienen, sondern um mögliche Kunden auf meine Unternehmensberatung aufmerksam zu machen. Ich werde nie das schlechte Gewissen vergessen, das ich dabei hatte. Denn eigentlich sollte ich doch Kunden akquirieren, Briefe aussenden, hinterhertelefonieren und Firmenbosse von meinem Angebot überzeugen. Was tat ich da bloß? Das Herumsitzen vor dem PC brachte doch kein Geld! Was würden die anderen von mir halten?

Damit begann meine Metamorphose. Das Publizieren meiner Inhalte war sehr einfach und ohne Programmierkenntnisse möglich. Mit dem preisgegebenen Wirtschaftswissen wollte ich neue Kunden auf mich aufmerksam machen. Ich begann, mich mehr für das Medium Internet zu interessieren. Über einen gemeinsamen Bekannten stieß ich auf den Marketing- und Internet-Experten Hannes Treichl, der mir meine erste „richtige" Homepage auf der Basis des Open-Source-Systems „WordPress" einrichtete. Fortan erhöhte ich die Frequenz, mit der ich neue Beiträge veröffentlichte, und überwachte anhand der Webseiten-Statistik genau, *wer warum* auf meine Homepage gelangte, *was* er dort suchte und vielleicht noch nicht fand, und vervollständigte mein Informationsangebot weiter. Tatsächlich wurden Firmen auf mich aufmerksam, und meine Webseite bescherte mir Aufträge, ganz ohne „Klinken putzen" zu müssen.

In dieser Zeit kamen zwischen 50 und 100 Besucher pro Tag auf meine Seite.

Versuchsweise begann ich, Werbung auf meiner Webseite zu schalten. Wieder kostenlos, wieder über den Suchmaschinengiganten Google, wieder sehr einfach und ohne über Programmierkenntnisse zu verfügen. Google kümmerte sich um alles. Nun konnten andere Unternehmen bei mir inserieren, als wäre ich eine Zeitung. Und siehe da, schon bald stellten sich Tageseinnahmen von drei bis fünf Euro ein. Auf einen Monat gerechnet war das genug, um einen Teil meiner Fixkosten zu decken. Als ich Freunden und Bekannten voller Euphorie von diesem „Internet-Erfolg" erzählte, belächelte man mich ob der bescheidenen Summe. Manche hielten mich für übergeschnappt. Doch jetzt war mir klar: „Wenn 100 Besucher pro Tag 5 Euro einbringen, dann werde ich mit 1.000 Besuchern 50 Euro pro Tag machen!" Das öffnete mir die Augen: *„Eigentlich geht es doch nur darum, die Zahl meiner Webseiten-Besucher zu steigern!"*

Ich schrieb, schrieb und schrieb, und das Konzept ging auf. Die Webseite, mit der alles begann, besuchen auch heute noch mehrere Tausend Menschen pro Tag, obwohl ich schon lange keine neuen Inhalte mehr veröffentliche. Die Werbung auf der Seite erwirtschaftet immer noch einen guten Teil meines Umsatzes. Die Homepage gehört zu den bekanntesten deutschsprachigen Finanzratgebern im Internet. Doch mit diesem Erfolg gab ich mich nicht zufrieden. Ich suchte nach neuen Standbeinen und mehr Unabhängigkeit von Google. Ich lernte das Online-Marketing-Business näher kennen und spezialisierte mich auf die Vermarktung fremder Produkte und Dienstleistungen. Dieses Business nennt sich „Affiliate-Marketing", und bis vor wenigen Jahren konnte man damit sehr schnell sehr reich werden. Diese goldenen Zeiten sind längst vorbei, und eigentlich wäre das Internet prädestiniert dafür, jede Form des Zwischenhandels auszuschalten (weil der Produzent den Konsumenten direkt erreichen könnte und umgekehrt), aber das Vermittlungsgeschäft lohnt sich immer noch. Man empfiehlt fremde Angebote auf der eigenen Webseite und bekommt Provisionen, z.B. für vermittelte Kredite, ausgefüllte Anfragen, Musikdownloads oder Buchverkäufe.

Durch „Learning by Doing“ brachte ich mir selbst elementare Befehle und Programmierkenntnisse bei und erstellte einfache Webseiten für befreundete Unternehmer. So tauchte ich immer tiefer in die Materie ein. Neben Suchmaschinenoptimierung (SEO) und Suchmaschinenmarketing (SEM) war ich im Webdesign und in der Webprogrammierung tätig. Zwei Jahre lang beschäftigte ich Mitarbeiter, die mich in der Aufbauarbeit unterstützen.

Da ich immer noch von meinen alten Projekten profitiere und diese schon lange (fast) keine Arbeit mehr verursachen, stehen meine neuen Projekte unter dem Motto „Spaß und Selbstverwirklichung“. Im Jahr 2012 versuchte ich mich als Musiker (ich spiele seit mehr als zwei Jahrzehnten Gitarre, singe und schreibe deutsche Songs). Die Musik war ein Abenteuer, letztlich aber nicht „meins“. 2013 wagte ich mich in die Welt der Literatur und veröffentlichte einen Thriller, der es zum Bestseller schaffte (im Eigenverlag, unter Pseudonym). Ja, ernsthaft, Amazons *Kindle Direct Publishing* sei Dank. Mehr darüber erfahren Sie im Fallbeispiel „Bettina Brombeers Kriminalromane“ in Kapitel 11. Dieser Erfolg öffnete mir neue Türen: Ende 2013 machte mir ein Buchverlag das Angebot für eine langfristige Zusammenarbeit. Und so werde ich mich wohl zum Schriftsteller weiterentwickeln. Nicht, weil ich das Geld brauche, sondern weil ich das Schreiben als meine Berufung empfinde. Überlegen Sie mal, wie wenig Krimis und Thriller mit meiner Vorgeschichte, Ausbildung und Berufserfahrung zu tun haben. Aber ich weiß: Wenn ich hart an mir und meinen Büchern arbeite, werde ich eines Tages auch davon leben können. Die Zeit, die ich dafür brauche, verschaffen mir die Internet-Projekte, die ich zwischen 2007 und 2010 aufgebaut habe, und die seither laufen und laufen und …

Worauf ich hinauswill: Internet-Projekte, die von selbst laufen, schaffen neue Freiräume in finanzieller, zeitlicher und persönlicher Hinsicht. Sie müssen nicht herumexperimentieren und ständig Neues beginnen wie ich. In Summe werden Sie wohl besser dran sein, wenn Sie sich auf „Ihr Ding“ konzentrieren und einfach immer weitermachen. Denn wissen Sie, was? Niemals wieder entwickelte sich mein Einkommen so rasant weiter wie in der Anfangsphase, wo ich mich als Ein-Mann-Betrieb darauf konzentrierte, *mit einfachen Mitteln – auf der Basis meiner eigenen Interessen und Fähigkeiten – nützliche Inhalte für die Besucher meiner damals einzigen Webseite zu schaffen.* Meine Voraussetzungen waren im Vergleich zu heute bescheiden. Und doch waren sie entscheidend für den Erfolg. Heute weiß ich konkret, wann, warum und wie genau mein Durchbruch zustande kam, und wie man ihn jederzeit und in fast jeder Branche wiederholen könnte. Dieses Wissen gibt mir Sicherheit, bringt aber keinen Cent in die Kasse. Hätte ich weniger experimentiert und mehr Finanzartikel auf mein Wirtschaftsblog gestellt, würde ich heute wohl wesentlich besser verdienen. Andererseits profitieren Sie jetzt von diesem Erfahrungsschatz, und ich habe nach wie vor Spaß an meiner Arbeit. Also hat sich die Forschungsarbeit wohl doch gelohnt.

Meine persönliche Internet-Philosophie

Die folgenden Punkte stellen die Quintessenz meiner persönlichen Internet-Philosophie dar. Mehr darüber finden Sie in den nächsten Kapiteln.

- ✔ Das Internet ist immer noch eine Goldgrube. Es ist nie zu spät, damit anzufangen.
- ✔ Jeder mit dem Internet verbundene Einsatz muss seine Gewinnschwelle nach maximal einem Jahr erreichen.
- ✔ Die Qualität der Inhalte entscheidet über den Erfolg und ist wesentlich wichtiger als technische Raffinesse und optische Brillanz. Wer seinen Besuchern einzigartige und nutzbringende Informationen vermittelt, wird langfristig erfolgreich sein.

- Erfolge durch Trickserei, Schönfärberei und ausschließlich Google-orientierte Suchmaschinenoptimierung sind nicht nachhaltig.
- Alle Aktivitäten sollen Kunden *anziehen* und weder binden noch belästigen.
- Der Hype rund um Facebook, Twitter, Xing und andere soziale Medien ist maßlos übertrieben und schadet manchen Branchen mehr, als er nützt.
- *Google Blogger* lässt sich perfekt für die ersten Gehversuche im Internet einsetzen.
- *WordPress* ist *das* eigenständige Inhaltsverwaltungssystem der Zukunft. *TYPO3*, *Joomla* & Co. sind zu kompliziert und befinden sich nachweislich auf dem absteigenden Ast.
- Kundenmeinung, Reputation und die Bekanntheit Ihrer Marke (z.B. Ihr Name oder Ihr Produkt) sind die beste Zukunftsvorsorge.

Ausblick

Mit diesem Ratgeber ist es mir gelungen, mich als Internet-Experte zu etablieren und neue Kontakte zu knüpfen. Die vielen positiven Bewertungen freuen mich sehr, und so werde ich dieses Buch regelmäßig aktualisieren und mit neuen Erfahrungen auffrischen. Darüber hinaus finden Sie auf *www.fischler.cc* immer wieder neue Gedanken, Anregungen und Ergänzungen zum Thema.

Wichtige Hinweise zum Umgang mit diesem Buch

Ich habe den Inhalt dieses Buches so gereiht, dass er Ihnen den maximalen Nutzen bringt. Sie sollten wissen, welche Gefahren auf Sie lauern, bevor wir zu Erfolgsgrundsätzen und konkreten

Umsetzungsschritten kommen. Die Praxisbeispiele bauen auf den Vorkapiteln auf. Daher macht es Sinn, die Reihenfolge einzuhalten.

Um den Lesefluss nicht zu unterbrechen, habe ich auf die explizite Nennung der weiblichen und der männlichen Form von Personenbezeichnungen verzichtet und geschlechtsneutrale Bezeichnungen gewählt, wo dies möglich war.

Ein Buch kann nie so aktuell sein wie eine Internet-Seite. Sobald es den Druck verlässt, haben sich mit Sicherheit schon manche Dinge geändert. Daher finden Sie auf *www.fischler.cc* Ergänzungen, genaue Anleitungen, Vorlagen, Hintergrundinformationen und vieles mehr. Ich hoffe, dass Sie dieses Angebot nutzen werden. Sie können mich gerne über die Homepage kontaktieren, wenn Sie weitere Fragen oder Anliegen haben.

TUN Sie es. In meinem Erfolgsrezept beschreibe ich die nötigen Zutaten und deren Kombination in der Praxis. Ich bin den Weg gegangen, und es hat sich gelohnt. Sie können das auch. Fangen Sie noch heute an, und bleiben Sie am Ball. Widerstehen Sie den Verlockungen der modernen Bauernfänger, und lassen Sie sich nicht vom Erfolgsweg abbringen.

Nie zuvor habe ich so viel Zeit, Energie und Gedanken in ein Projekt investiert, wie in dieses Buch. Wenn es Ihnen genützt hat, so würde ich mich freuen, wenn Sie mir ein paar Minuten Ihrer Zeit schenken könnten. Mit Ihrer Bewertung bei Amazon, Weltbild, Buch.de, Buecher.de oder anderen Portalen würden Sie mir sehr helfen.

Ich wünsche Ihnen eine spannende Lesezeit, viel Glück und Erfolg für Ihre persönliche Zukunft!

TEIL II

Was tun – was vermeiden?

Bevor es an die konkrete Umsetzung geht, möchte ich meine wichtigsten Erfahrungen mit Ihnen teilen: Wo lauern Stolpersteine, und was sind die wichtigsten Prinzipien (nicht nur) für den Internet-Erfolg?

KAPITEL 3

Achtung: Stolpersteine

Das Internet ist voller Stolpersteine. Links und rechts neben der Straße des Erfolgs lauern Gefahren. Viele Menschen wollen Ihnen das Geld aus der Tasche ziehen. Wer den Weg abkürzen will, riskiert den Absturz.

3 Achtung: Stolpersteine

Ungeschickte Aktionen ruinieren Ihren Ruf schneller, als Ihnen lieb ist. Diese Fallen zu erkennen, kann die Zeit bis zu Ihrem Durchbruch beträchtlich verkürzen. Auch wenn die meisten Menschen diese Erfahrungen erst selbst machen müssen, um sie zu erkennen – versuchen Sie, mir zu glauben: Es lohnt sich definitiv nicht, über die folgenden Hürden zu stolpern.

Suchmaschinenmanipulation

Eine neue Branche, die das Internet aus dem Boden stampfte, ist die Suchmaschinenoptimierung (SEO, für „Search Engine Optimization"). Vielleicht sind Ihnen die Angebote der schwarzen Schafe dieser Zunft (ich nenne sie „Suchmaschinenmanipulierer") schon bekannt. Man verspricht Ihnen, Sie binnen weniger Monate bei Google auf Platz eins zu bringen, Ihr „Ranking" oder Ihren „PageRank" zu verbessern, Ihnen Backlinks zu besorgen, Sie bei Tausenden Suchmaschinen einzutragen und so weiter.

Sehen wir uns diese Angebote näher an. Ein wichtiges Erkennungsmerkmal ist, dass sie Erfolge versprechen, die zu gut sind, um wahr sein zu können. Und woran erinnern solche Versprechungen? Ich habe da sofort den Wilden Westen vor Augen. Dort priesen Fahrverkäufer ihre Wundertinkturen für Liebeskraft, Haarwuchs und Schmerzlinderung an. Die Mittelchen waren bestenfalls wirkungslos, manche leider giftig. Aber es hat sich doch so vielversprechend angehört! Das ist heute nicht anders, nur die Verpackung ist neu. Auch im Internet gibt es keine Wunder! Seien Sie hellhörig bei allen Angeboten, die sich ausschließlich um die Beeinflussung von Suchmaschinen drehen. Denn eine *Webseite wird nicht für Suchmaschinen, sondern für Besucher aus Fleisch und Blut gemacht.* Wer wirklich glaubt, man könne mit Tricksereien und Optimierungen nach vorne kommen und dort bleiben, steht auf sehr dünnem Eis. Google hat seine eigene Tinktur gegen unlautere Beeinflussungsversuche gefunden. Dieser Algorithmus filtert Trickser gnadenlos aus, samt ihren Kunden.

„Wir bringen 10.000 Besucher auf Ihre Homepage – für nur 550 Euro!", las ich vor kurzem in einem Angebot, das mir ein Bekannter zusandte. Das seriös wirkende Unternehmen bot damit an, was ehrlicheren Online-Marketing-Agenturen die Haare zu Berge stehen lässt: *Irgendwelche* Besucher zu liefern, ohne diese einzugrenzen oder den Erfolg der Aktion zu messen. Augenscheinlich zapft der Anbieter die günstigsten Quellen an, zum Beispiel über Banner- oder Klickwerbung in großen Portalen und Foren, und leitet sie zu Ihnen um. Und selbst dann können Sie noch von Glück reden. Denn es passiert gar nicht so selten, dass die versprochenen Besucher in Wahrheit Bots (automatisch arbeitende Programme) sind, die sich als Besucher aus Fleisch und Blut ausgeben und ohne tiefschürfende Analyse der Webseitenstatistik auch für solche gehalten werden könnten. Ich habe den konkreten Verdacht, dass dieser Betrug auch von manchen der größten und bekanntesten Internet-Portale unserer Zeit praktiziert wird, um die Geschäftszahlen besser darzustellen, als sie wirklich sind. Mal sehen, wie lange es dauert, bis diese Bombe platzt.

Irgendwelche Homepage-Besucher einzukaufen und auf Ihre Webseite zu führen, lässt sich damit vergleichen, zufällige Passanten einer Fußgängerzone durch ein kleines Spezialgeschäft für Clownschminke zu schleusen. Zwar brummt der Laden wie noch nie, doch nur ein winzig kleiner Bruchteil der Menschen wird sich für Clownbedarf interessieren. Das einzige Resultat dieser Aktion wäre ein dreckiger Fußboden. Dabei wäre es so einfach, die richtigen Menschen anzusprechen! Mit wenig Geld erreichen Sie alle Clowns dieser Welt. Gewusst, wie – ganz ohne Alchemie. Wir kommen im Kapitel „Einfache Erfolgsprinzipien (nicht nur) für das Internet" darauf zurück. Wer Ihnen „einfach so" eine Menge Besucher um eine Menge Geld anbietet, hat vermutlich gute Gründe, nicht zu sehr in die Tiefe zu gehen.

„Aber es ist doch so bequem, ‚das mit dem Internet' einen anderen machen zu lassen. Probieren geht schließlich über Studieren, oder nicht? Nützt's nichts, schadet's nichts. Oder?"

Sie zahlen einen hohen Preis für solche Bequemlichkeit und Gutgläubigkeit. Die angebotenen Leistungen sind ausgesprochen teuer, und wenn Sie Pech haben, ist der Schaden, den sie anrichten, noch viel höher. Warum verkaufen die Anbieter wohl ihre Dienstleistungen an Kunden, statt sie in eigenen Projekten einzusetzen? *Hätten sie wirklich so viel Erfolg damit, bräuchten sie nicht für andere zu arbeiten.*

Wenn Sie wissen wollen, welchen Schaden ungeschickte Suchmaschinenoptimierung verursachen kann, googeln Sie nach „Google verbannt BMW". Offensichtlich trickste BMW (oder deren Agentur?) bei der Optimierung der BMW-Webseite und wurde von Google im Februar 2006 kurzerhand aus dem Index rausgeschmissen. Es rauschte im Blätterwald. BMW machte seine Hausaufgaben, entfernte die Manipulationen und wurde wieder aufgenommen. Man kann sich vorstellen, welchen Schaden es verursacht, wenn ein Konzern wie BMW plötzlich nicht mehr in der größten Suchmaschine der Welt vertreten ist. Google entscheidet, wer existiert (= gefunden werden kann) und wer nicht. BMW kam mit einem blauen Auge davon. Kleine und mittlere Unternehmen sind aber leider nicht so wichtig wie Großkonzerne. Wenn sie rausfliegen, bleiben sie draußen, und Google bleibt stumm. Wenn sie Pech haben, für immer. Und allen ist es egal. Schließlich sind sie nicht BMW. Selber schuld. Keine rosigen Aussichten für blauäugige Firmenbosse, die auf leere Versprechungen windiger Bauernfänger hereinfallen!

Natürlich gibt es auch seriöse Internet-Dienstleister. Diese leiden unter den schwarzen Schafen, die die gesamte Branche in Verruf bringen. Wie bei den Unternehmensberatern und Finanzdienstleistern gibt es nur wenige Perlen, die noch dazu schwer zu finden sind.

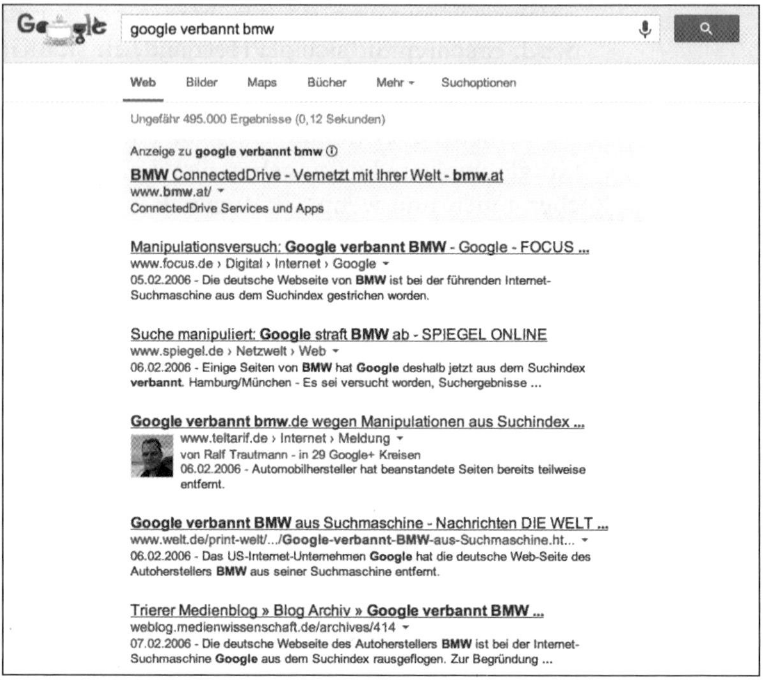

Abbildung 3.1: Um Suchmaschinentrickserei zu unterbinden, macht Google auch vor großen Namen nicht Halt

Suchen Sie Spezialisten, denen Sie nur dann etwas zahlen, wenn deren Aktivitäten dauerhaft mess- und sichtbaren Erfolg bringen. Um so arbeiten zu können, muss die Leistung halten, was die Fassade verspricht.

Ich rate Ihnen zur Vorsicht, wenn es um Suchmaschinenoptimierung und wundersame Wege zum Internet-Erfolg geht. Auch im weltweiten Netz gilt: Niemand hat etwas zu verschenken und alles hat seinen Preis! Dazu passt einer meiner wichtigsten Ratschläge: Halten Sie es mit Googles Richtlinien für Webmaster und stellen Sie sich bei allem, was Sie zur Promotion Ihrer Webseite unternehmen, die Frage: „*Würde ich das auch tun, wenn es keine Suchmaschinen gäbe?*“ Verlassen Sie sich drauf, dass alles, das Sie mit „Nein“ beantworten müssten, kurzfristig erfolgreich sein mag, doch früher oder später abgestraft werden wird. Ersparen Sie sich die Hetzjagd, die sich Google und SEO-orientierte Webmaster liefern, und konzentrieren Sie sich auf Ihre Besucher und deren Nutzen.

Kriminelle

Über die Angebote und den Nutzen der Suchmaschinenoptimierer und Besucherlieferanten kann man geteilter Meinung sein. Weitaus schlimmer sind jene betrügerischen Firmen, denen man nur deshalb nicht das Handwerk legen kann, weil sie über andere Staaten und verwinkelte Firmenkonstrukte operieren. Wer auf den Betrug reinfällt, sieht sein Geld nie wieder. Einige besonders beliebte Maschen als Beispiel:

- ✔ *Verzeichnisse und Register: Sie bekommen ein Fax* mit dem Logo von Google, der Telekom oder einem anderen seriösen Konzern, mit dem Angebot, Sie „kostenfrei" in Suchmaschinen, Firmenverzeichnisse und andere Kataloge aufzunehmen. Der Trick dahinter: Mit dem offiziellen Logo hat die Firma nichts zu tun, das gehört zur Täuschung. Zwar ist das Basisangebot kostenfrei, doch über das Kleingedruckte schließen Sie einen mehrjährigen Vertrag für sonstige Leistungen ab, der Sie um mehrere Tausend Euro erleichtern könnte. Wer nicht genau liest, zahlt eben. Noch dazu ist der Eintrag bei Google und anderen Suchmaschinen nicht notwendig, da diese von selbst auf Ihre Seite kommen, und die Aufnahme in Kataloge und Register dieser Abzocker schaden Ihnen. Denn damit outen Sie sich als potenzielles Betrugsopfer.
- ✔ *Domainverlängerungen:* Sie bekommen ein offiziell wirkendes Schreiben, in dem Sie zur Verlängerung („Renewal") Ihrer Domain aufgefordert werden. Zum Verständnis: „Domain" ist der Name, unter dem Ihre Webseite erreichbar ist, also z.B. *google.de* oder *malerei-meier.com*. Nun können Sie ankreuzen, ob Sie ein, zwei oder drei Jahre verlängern wollen, und das Schreiben an den Anbieter zurücksenden. Der Trick: Der Dienstleister hat mit Ihrer Domain (noch) gar

nichts zu tun! In Wahrheit sollen Sie keine Domainverlängerung, sondern einen Domaintransfer zum Abzocker unterschreiben. Eigentümer von Domains lassen sich samt Postadresse ganz einfach abfragen, z.B. auf *whois.sc*. Der Erfolg dieser Masche muss gigantisch sein, denn bisher haben mich noch viele meiner Kunden und Bekannten angerufen und gefragt, welchen Zeitraum sie ankreuzen sollen.

- ✔ *Rechnungen ohne Grundlage:* Wer schon einmal eine europäische Gemeinschaftsmarke registriert hat, kann ein Lied davon singen: Steht man erst mal in den offiziellen und öffentlich einsehbaren Internet-Registern, schicken „Markenbehörden" aus verschiedensten Ländern Rechnungen über hohe Beträge zu. Entweder existieren diese Behörden nicht oder der Eintrag in deren Register ist wertlos. Am schnellsten decken Sie den Betrug auf, indem Sie den Namen des Absenders googeln. Anschließend werfen Sie die Rechnung in den Müll oder noch besser in den Reißwolf. Machen Sie auch Ihre Mitarbeiter auf die Betrugsmasche „Rechnungen ohne Grundlage" aufmerksam – nicht selten werden diese nämlich versehentlich von Verwaltungsmitarbeitern, Buchhaltung oder Assistenz überwiesen.
- ✔ *Domainprovider und Hoster, die sich selbst zu Webseiten-Eigentümern machen:* Ganz einfach gesagt ist ein Domainprovider ein Anbieter, der Ihre Domain (z.B. *malermeister-meier.de*) für Sie registriert und verwaltet. Der Hoster, meist gleichzeitig Domainprovider, stellt Ihnen Platz auf einem seiner Rechner (Server) zur Verfügung. Dort liegt Ihre Webseite und kann über das Netz erreicht werden. Findige Provider und Hoster machen sich selbst zum Eigentümer Ihrer Domain und Ihrer Webseite und erlauben sich diese Frechheit im Kleingedruckten. Wollen Sie irgendwann zu einem anderen Anbieter wechseln, heißt es: „Leider nein!" Kündigen Sie den Vertrag, ist Ihre mühsam aufgebaute Homepage futsch und wird mit Werbung zugeknallt. Die großen Anbieter könnten sich so etwas nie erlauben. Vorsicht ist vor allem

bei kleinen und mittelgroßen Domain- und Datenhostingdiensten geboten.

- *Irreführende Angebote:* Manche Dienstleister versprechen Ihnen die Gratis-Homepage für Ihre Firma. Man wolle Sie als Referenzkunden gewinnen, lautet die Begründung. Man möchte in Ihrer Region Fuß fassen. Wieder schlägt das Kleingedruckte gnadenlos zu: Die Homepage ist zwar gratis, doch das Hosting nicht, und plötzlich werden Ihnen 150 oder 200 Euro monatlich abgebucht, und das über mehrere Jahre. Hinweis am Rande: Das Hosting einer durchschnittlichen Homepage kostet kleine und mittlere Unternehmen nicht mehr als fünf bis 20 Euro pro Monat. Alles darüber hinaus ist Lehrgeld. Sie haben zwar gute Chancen vor Gericht, doch wer sich vor dem Rechtsstreit drückt, zahlt. Wie schon gesagt: Alles hat seinen Preis!
- *Falsche Identitäten:* Täuschung gehört zum Betrug. Also gibt man sich einfach als Ihre Bank, Ihr Hoster, das Finanzamt, Google oder sonst jemand aus und schickt den Köder im Spamverfahren an Hunderttausende Empfänger hinaus. Ein paar Dumme gibt es immer, die in die offensichtlichsten Fallen tappen. Passwörter, Online-Banking-Log-ins und Freigabecodes, Vertragsunterzeichnungen und Daten aller Art lassen sich ergaunern. Die Medien berichten dann wieder von „neuen, raffinierten Online-Betrügern", Phishing-Mails oder gar Hackern, vor denen man uns schützen muss, und die Politik stimmt freudig mit ein und lässt Worte wie „Internet-Sperre", „Homepage-Löschungen", „Vorratsdaten" oder „Zugangssperren" fallen. Dass die Maschen teils ellenlange Bärte haben und selbst die Nigeria-Connection im digitalen Zeitalter weiter existieren kann, zeugt eher von mangelnder Zurechnungsfähigkeit der Opfer als von Raffinesse der Betrüger. Wer auf solch plumpe Betrugsmaschen hereinfällt, sollte nicht zu viel Wind um seine Leichtgläubigkeit machen. Doch das ist eine andere Geschichte.

Ein wichtiger Universaltipp, nicht nur für Internet-Anbieter: Egal, 1. wer, 2. was, 3. wie, 4. wo, 5. warum von Ihnen eintragen, verbessern, vermehren oder verlängern will: Wenn es Ihnen nicht 100 % koscher vorkommt, googeln Sie einfach nach dem Namen des Anbieters und sehen Sie sich die ersten beiden Suchergebnisseiten an. Abzockfallen sind perfekt dokumentiert, samt ausführlicher Leidensberichte ihrer Opfer. Fragen Sie sich überdies, ob der Absender wirklich derjenige ist, für den er sich ausgibt. Beim leisesten Zweifel sollten Sie hellhörig werden. „Könnte es sich denn auch um einen Trick handeln?" Wer dann trotzdem in eine bekannte Falle tappt, ist wirklich selbst schuld.

Piraten

Wer im Internet arbeitet und digitale bzw. digitalisierbare Güter anbietet (Texte/E-Books/Bücher, Musik, Videos/Filme, Grafiken, Apps, Fotos, Programme, Designs, ...) muss damit rechnen, Opfer von Piraten zu werden. Das Urheberrecht hat einen schweren Stand. Selbsternannte Robin Hoods, die sich die Freiheit der Daten auf die Fahnen schreiben, stellen das Ergebnis wochen- oder gar monatelanger Entwicklungsarbeit zum freien Download bereit. Sie schimpfen über die fette Musik-, Film-, Spiele-, Software- und Verlagsindustrie, machen aber deshalb keineswegs vor Kleinstanbietern, Ein-Personen-Firmen oder Autoren mit Eigenverlag Halt. Sie sprechen davon, dass die Piraterie den Künstlern und Entwicklern sogar nütze, weil die kostenlose Verbreitung deren Bekanntheit steigere. Das ist (bitte verzeihen Sie meine unflätige Ausdrucksweise) Bullshit. Piraten sind Kriminelle, die sich in der Unfähigkeit unserer Behörden sonnen und weit mehr Aufmerksamkeit bekommen, als Gesetzesbrecher verdienen.

Sie merken vielleicht, dass mich dieses Thema emotional berührt. Ich war bereits mehrmals Piratenopfer. Am schlimmsten traf es mich, als ich in der Entwicklung von Webdesigns (Templates, Themes) tätig war, welche über internationale Marktplätze angeboten wurden. Für diesen Zweig beschäftigte ich eine eigene Mitarbeiterin, die mich mehrere Tausend Euro pro Monat kostete. Die Entwicklung eines Designs nahm Monate in

Anspruch. Wenige Stunden, nachdem es zum Kauf bereitstand, waren bereits die ersten illegalen Gratis-Downloads verfügbar und fanden großen Anklang, während die Verkaufszahlen einbrachen. Dasselbe passierte mit mehreren meiner Bücher und Publikationen, welche ebenfalls nach kürzester Zeit gratis verfügbar waren.

Das Angebot der Piraten wird von der jungen Generation mit einer Selbstverständlichkeit in Anspruch genommen, welche an kollektive Rechtsverweigerung grenzt. Die Verfolgung der Anbieter gerät zum Sisyphos-Akt: Gelingt es, einen Link oder gar eine Webseite zu beseitigen, sind sofort fünf neue da. Und weil sich die Politik ungern in ein Boot mit der unpopulären Medienindustrie setzt, wird das noch eine Weile so bleiben.

Indem die Piraterie sowohl kleinen als auch großen Produzenten das nötige Geld entzieht, konzentrieren sich diese auf wenige, als sichere Verkaufshits geltende Blockbuster und Top Acts, während der Einsatz für kleine und mittelgroße Projekte mit fraglichem Ausgang immer weiter abnimmt. Kleinere Verlage werden geschluckt oder geben auf.

Die Piraterie fördert die qualitätslose Einheitskultur und schadet der Angebotsvielfalt – nicht nur online, sondern auch außerhalb des Internets. Wenn Sie einen Beweis dafür brauchen, drehen Sie das Radio oder den Fernseher auf, gehen Sie in den Buchladen oder reden Sie mit einem Verleger, der aus der „guten alten“ Zeit berichten kann, in der künstlerisches Schaffen noch einen Wert besaß und man genug Kapital hatte, Wagnisse abseits vorgetrampelter Pfade einzugehen, zu experimentieren und neue Künstler zu fördern.

Meine Bitte an Sie: Machen Sie einen Bogen um Gratis-Downloads. Nutzen Sie legale Kauf- und Streamingangebote für Bücher, Software, Musik, Filme und Software, statt sie sich zu „saugen“, und bringen Sie ihnen damit Wertschätzung entgegen. So leisten Sie einen wichtigen Beitrag zur Vielfalt und Qualität des Angebots von morgen.

Genug des Klagens – was können Sie gegen die Piraterie unternehmen? Die triste Antwort lautet: nicht viel. Sie haben die Möglichkeit, Filesharing-Plattformen auf illegale Angebote hinzuweisen und um deren Entfernung zu ersuchen, mit dem Effekt, dass statt des entfernten Links augenblicklich (automatisiert) ein neuer auftaucht. Sie können Google kontaktieren und eine so genannte „DMCA-Beschwerde" einbringen. Gibt Google der Beschwerde statt, werden die entsprechenden Fundstellen aus dem Google-Index verbannt. Doch auch hier gilt: Hat man einen entfernt, sind schnell fünf oder fünfzig neue Verweise zu finden.

Totschweigen: Als einzig sinnvolle Praxis hat sich eingebürgert, die Piraterie totzuschweigen. Das bedeutet z.B., sich nicht in öffentlichen Foren darüber zu beklagen oder illegale Anbieter namentlich zu erwähnen. Stark vereinfacht gesagt: Die Bitte an Ihre Community, diesen oder jenen Downloadlink nicht zu verwenden, wird zur Folge haben, dass genau das Gegenteil passiert. Der Journalist, der einen empörten Beitrag über diese oder jene Piratenseite schreibt, wird den Piraten neue Nutzer in die offenen Arme treiben. Der Staat tut (noch) nichts, um das Problem zu bekämpfen. Er wäre der einzige, der die Mittel dazu hätte. Bis es so weit ist, bleibt nur zu hoffen, dass nicht zu viele Menschen erfahren, welche Möglichkeiten sie hätten, aufwändig produzierte Medien gratis zu konsumieren. Das ist weniger als eine halbe Lösung, doch die einzige, die das Problem nicht verschlimmert.

eBay-Auktionen für Domains und fertige Webseiten

Wozu mühevoll eine Webseite aufbauen, wenn man Domains, Homepage-Software („Scripts"), Dienste oder gar fertige Webseiten auch auf eBay findet? Diese Überlegung dürfte der Grund sein, warum sich folgende Masche besonders hartnäckig hält. Um sie zu finden, gehen Sie einfach auf *eBay.de* und suchen nach dem Stichwort „Domain". Sehr viele Suchergebnisse sind der Rubrik *Geschäftsverkäufe und Domains* zugeordnet, die Sie über den Aufruf der einzelnen Auktionen leicht erreichen können.

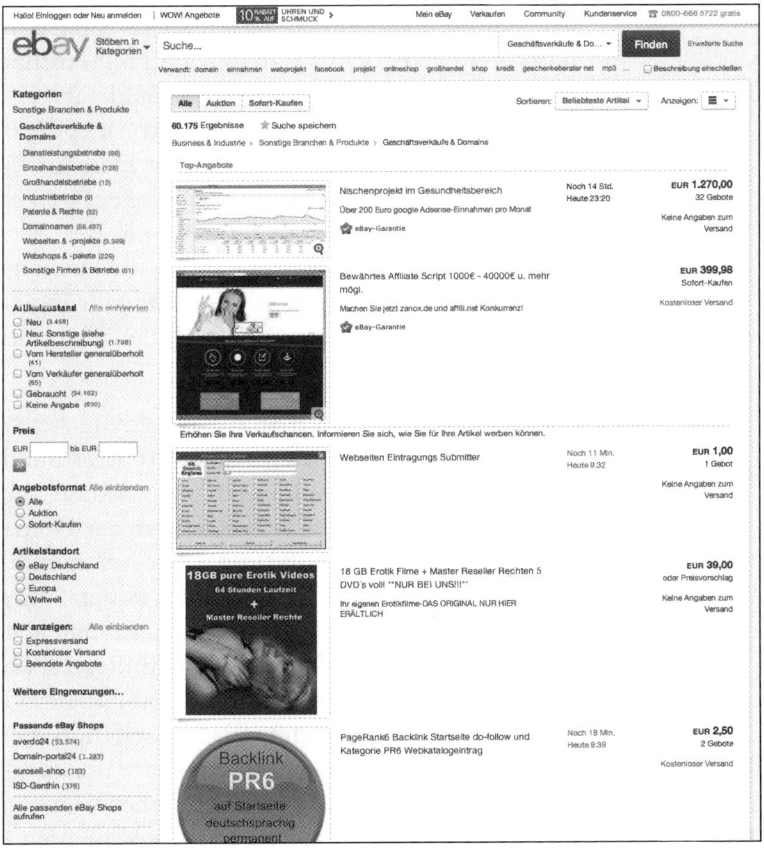

Abbildung 3.2: eBay-Rubrik *Geschäftsverkäufe und Domains*: Ein heißes Pflaster – perfekt, um sich im Internet mehr als nur die Finger zu verbrennen!

Zu den unzähligen Domain-Auktionen verrate ich Ihnen, dass eine „gute“ Domain alleine, wie z.B. *kredit.de*, die Sie wohl niemals auf eBay finden werden, noch keinen Erfolg garantiert. Die paar Direktbesucher, die auf gut Glück `kredit.de` in die Adresszeile des Browsers eintippen, weil sie glauben, dort die besten Informationen Deutschlands zum Thema Kredit zu erhalten, sind den Domainpreis nicht wert. Auch der Suchmaschinenvorteil, den das Stichwort „Kredit“ mit sich bringt, wird generell überschätzt. Google hat bestätigt, den Faktor „Keyword im Domainnamen“, also beispielsweise „Kredit“, seit einiger Zeit weniger stark zu gewichten. Man hat wohl gemerkt, dass Webseitenbetreiber, die viel Geld für Keyword-Domains ausgeben, nicht unbedingt diejenigen sind, die ihren Besuchern auch die besten Inhalte bieten. Eine Domain wie *kredit.de* würde ich vor allem deswegen haben wollen, weil sie sehr leicht zu merken ist und daher wiederkehrende Besucher (Stammbesucher) garantiert. Das gilt aber auch für Domains wie *checkfelix.com*. Es geht um die Originalität, und eingängige Namen lassen sich mit etwas Kreativität neu erschaffen und für wenig Geld reservieren.

Domainhändler sichern sich viel versprechende Webseitennamen, indem sie diese neu registrieren, von anderen Händlern kaufen oder binnen Sekunden automatisiert abgreifen, sobald der frühere Eigentümer sein Recht an der Domain verloren hat, sei es bewusst oder aufgrund eines Versäumnisses. Nicht nur deswegen sind mir Domainhändler äußerst suspekt. Sie zahlen nur wenige Euro pro Jahr und Domain und spekulieren damit, einen winzig kleinen Teil ihres Portfolios zu Wahnsinnspreisen an Interessenten verkaufen zu können. Es wird zunehmend schwieriger, freie Domains für Webseitenprojekte zu finden, da diese Geschäftemacher alles Denkbare und Undenkbare durchreservieren. Trotzdem suche ich lieber weiter nach freien Namen, als in Verhandlungen mit unverschämten Domainhortern zu treten.

Was nun auf eBay angeboten wird, sollte man sich aber trotzdem ansehen, weil es recht unterhaltsam ist. In unzähligen Auktionen ist von Top-Domains die Rede, ohne die man gar nicht erst im Internet anzufangen brauche. Tatsächlich handelt es sich bestenfalls um B- und C-Domains, für die ich keinen Cent zahlen würde, mag der Anbieter noch so euphorisch sein und einen Startpreis von 9.000 oder 100.000 Euro angegeben haben.

Weiterhin findet man jede Menge Auktionen für Software und „Skripts“, die Ihnen unschlagbare Webseiten ermöglichen sollen. Oft handelt es sich hierbei um frei zugänglichen Code, den man nicht ersteigern muss, sondern einfach vom wahren Schöpfer kostenlos herunterlädt. Nebenbei bemerkt: Mit dem Shop- oder Portal-Skript haben Sie weder Webshop noch das versprochene Portal im Netz, sondern nur einen Haufen komprimierter Dateien auf CD oder im Download. Und dann?

Neben den bereits erwähnten Linktausch-, Suchmaschineneintrags- und sonstigen SEO-Dienstleistungen findet man letztlich auch fertige, bestehende Webseiten auf eBay. Auktionsgewinner können diese oft sogar inklusive des Hostingpakets übernehmen. Das bedeutet, sie brauchen nichts von Webhosting, Domaintransfer, Datenbanken und FTP-Datenübertragung zu verstehen und werden per Zuschlag zu Besitzern richtiger, funktionierender Webseiten. Fragt sich nur, ob die Angaben zu den fantastischen Einnahmen, der hervorragenden Google-Bewertung und den Hunderttausenden registrierten Teilnehmern wahr und frei von allen Haken sind. Ich sage mal auf Verdacht: Wohl kaum! Warum will der frühere Eigentümer seine Webseite wohl loswerden? Sinken die Einnahmen? Hat er eine Abmahnung erhalten? Gibt es sonstige rechtliche Probleme, die er auf den neuen Eigentümer schieben will? Handelt es sich um eine künstlich aufgehübschte, kurzfristig mit Werbung angeschobene Webseite? Glauben Sie mir: Es gibt mehr Manipulationsmöglichkeiten, als man glauben möchte. Ich würde mich von keinem einzigen meiner Projekte trennen wollen. Und schon gar nicht von denen, die gut funktionieren.

Bevor ich jetzt aber weiterschimpfe, muss gesagt werden, dass es unter den Millionen Domain- und Projekt-Auktionen auch eine Handvoll geben mag, bei denen sich das Mitbieten lohnen kann. Dazu gehörte die Versteigerung des Basic Thinking Blogs im Jahr 2009, die dessen Schöpfer Robert Basic einen Erlös von 46.902 Euro einbrachte. Das Medienecho war schon während der Auktion gewaltig. Angesichts der Tatsache, dass Basic Thinking zu den meistverlinkten Blogs Deutschlands zählt, waren sofort potente Bieter am Start.

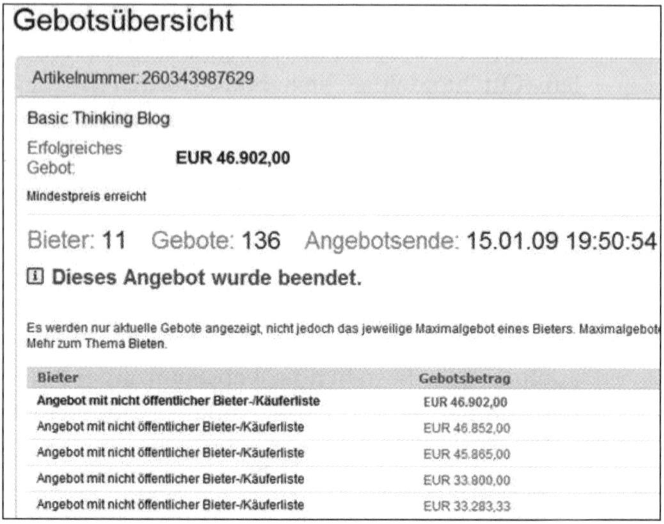

Abbildung 3.3: Eines der wenigen Highlights rund um Webseiten auf eBay: Der Verkauf des Basic Thinking Blogs 2009

Mein Fazit: So lange Sie nicht alle Tricks kennen, mit denen Online-Gauner arbeiten (und dazu müssten Sie wohl schon fast selbst einer sein), lassen Sie Ihre Hände von allen Auktionen rund um Webseiten.

Moderne Sklaverei

Der Gedanke, sich sein Geld im Internet verdienen zu können, fasziniert viele Menschen. Man assoziiert damit das Bild des „Arbeitens von Zuhause aus“, des bequemen Nebenbei-Jobs und des Lebens in persönlicher Freiheit.

Doch mit dieser Freiheit ist es schnell vorbei, wenn man auf Anbieter hereinfällt, die ihre Benutzer wie moderne Sklaven halten und deren Arbeitsleistung (fast) zum Nulltarif bekommen. Sie bezahlen Mini-Beträge für das Ansehen (oder Klicken) von Werbung, für Recherche- und Sortiertätigkeiten, die Teilnahme an Umfragen, Votings oder für Texte, die Sie nach Anleitung umschreiben, übersetzen oder sich selbst einfallen lassen sollen.

Das Internet kann Ihnen zu passivem Einkommen, also wiederkehrenden Einnahmen aus einmal geleisteter Arbeit verhelfen – aber nicht so. Als Clickworker werden Sie zum modernen Sklaven, der seine Dienstleistung weit unter ihrem Wert verkauft.

Die Content-Industrie (Geschäftsmodell: Texte jeder Art werden online gestellt und zu Geld gemacht, indem man Werbung darauf platziert) beschäftigt ein Heer von „Schreibaffen". Seit kurzer Zeit sucht der deutsche Ableger einer der bekanntesten englischsprachigen Onlinezeitungen ganz unverschämt nach Gratis-Autoren, denen man zwar „kein Geld für die Beiträge" bieten könne, diese sich aber über die „schöne Reichweite ihrer Texte" freuen dürften. Na, vielen Dank! Reichweite bezahlt keine Mieten. Google hat so genannten „Content-Farmen", also Webseiten mit (oft bloß umformulierten/übersetzten) Texten unterirdischer Qualität zwar vor einigen Monaten den Hahn zugedreht, doch manche Anbieter sind eben attraktive Werbepartner und damit too big to fail. Ein Schelm, wer Böses denkt.

Streng gesehen ist auch die Zeit, welche Sie auf Facebook oder in anderen sozialen Netzwerken verbringen, Gratis-Arbeit für Zuckerberg & Co. Es sei denn, Sie nutzen die Portale zu Promotionszwecken in eigener Sache, was die wenigsten tun. Ihre Anwesenheit, Ihr Blick (oder Klick) auf die Werbung, Ihre Statusmeldungen, Fotos, Videos, Kommentare und Likes spielen den Betreibern Geld in die Taschen, während Sie selbst Rechte daran verlieren und leer ausgehen. Der einfache User nutzt die Funktionen, weil sie bequem sind und die soziale Interaktion fördern und vereinfachen. Er ist sich womöglich gar nicht bewusst, dass seine verschwendete (Lebens-)Zeit einen monetären Wert hat, der ihn finanziell über Wasser halten könnte. Doch stattdessen freut er sich darüber, dass die Nutzung von Facebook immer noch gratis ist …

Leider scheint es genügend Menschen zu geben, die Geld im Internet zu verdienen suchen, indem sie ihre Arbeitsleistung für Kleinstbeträge zur Verfügung stellen. Das geht gut, bis sie bemerken, dass man damit keine Rechnungen bezahlen kann. Zurück bleiben Frustrierte, die über das „Märchen" des Geldverdienens im Internet schimpfen – und (wenige) Kluge, die die Sklaverei als lehrreiche Zeit abhaken und damit beginnen, an ihrem eigenen Internet-Auftritt zu arbeiten.

Rechthaberei

Den Spruch „Es geht ums Prinzip“ sollten Sie ganz schnell aus Ihrem Repertoire streichen. Wem es ums Prinzip geht, der bleibt besser offline. Dabei gäbe es gewiss sehr viele Gründe, sich aufzuregen. Zum Beispiel über Menschen,

- ✔ die alles gratis haben wollen,
- ✔ denen jeder Anstand fehlt,
- ✔ die nicht wissen, was sie tun,
- ✔ die Ihr Angebot nicht verstehen,
- ✔ die Unwahrheiten verbreiten,
- ✔ die das Urheberrecht und andere Gesetze verletzen,
- ✔ die einfach alles hassen (und schlecht bewerten) oder
- ✔ die nur auf Streit aus sind.

„Seltsame Vögel“ gibt es überall auf dieser Welt, auch im Internet. Man kann es nicht allen Menschen recht machen. Egal, wie gut Sie, Ihre Leistungen oder Ihre Produkte sind, hin und wieder wird es krachen. Doch nur, wenn Sie sich auch darauf einlassen! Hitzköpfen sei dringend abgeraten, ihre Machtkämpfe im Internet auszutragen. Wer sich in Foren, Bewertungsportalen oder auf Facebook befetzt, kann hundertmal im Recht sein – das Einzige, was für immer und alle Zeiten dokumentiert bleibt, ist die eigene Aggressivität. Und die kommt bei potenziellen Kunden und möglichen Geschäftspartnern ganz schlecht an. Ein öffentlich ausgetragener Streit fällt immer auf den Anbieter zurück, egal, wer oder was der auslösende Grund war!

Fügt man Ihnen Unrecht zu, so gibt es bewährte Methoden, darauf zu reagieren. Der offen ausgetragene Konflikt gehört nicht dazu. Mehr dazu im Kapitel „Kundenmeinung und Reputation“.

Schlechte Bewertungen

Das Internet bietet Nutzern die Möglichkeit, sich auf neutralem Boden zu treffen und sich dort ganz offen über Produkte und Leistungen aller Anbieter auszutauschen. Das verstärkt die Bedeutung der Kundenmeinung und ist ein wichtiger Grund für den Erfolg des Internets. Man kann sich objektiv und frei von jedem Marketing-Blabla über alle Angebote informieren, bevor man zuschlägt. Ein schlechtes Durchschnittsrating auf Amazon, HolidayCheck, Ciao, Guenstiger.de und anderen Portalen kann sich negativ auf den Absatz eines Unternehmens auswirken. Wer kauft schon, wenn (scheinbare) Vorkäufer so unzufrieden sind, dass sie sich sogar die Mühe machen, andere vor Ihnen und Ihrem Angebot zu warnen?

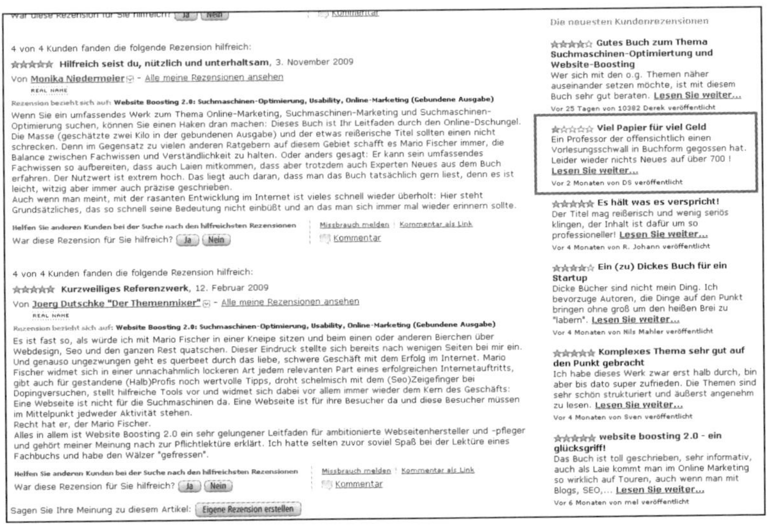

4 von 4 Kunden fanden die folgende Rezension hilfreich:

Hilfreich seist du, nützlich und unterhaltsam, 3. November 2009

Von Monika Niedermeier - Alle meine Rezensionen ansehen

REAL NAME

Rezension bezieht sich auf: **Website Boosting 2.0: Suchmaschinen-Optimierung, Usability, Online-Marketing (Gebundene Ausgabe)**

Wenn Sie ein umfassendes Werk zum Thema Online-Marketing, Suchmaschinen-Marketing und Suchmaschinen-Optimierung suchen, können Sie einen Haken dran machen: Dieses Buch ist Ihr Leitfaden durch den Online-Dschungel. Die Masse (geschätzte zwei Kilo in der gebundenen Ausgabe) und der etwas reißerische Titel sollten einen nicht schrecken. Denn im Gegensatz zu vielen anderen Ratgebern auf diesem Gebiet schafft es Mario Fischer immer, die Balance zwischen Fachwissen und Verständlichkeit zu halten. Oder anders gesagt: Er kann sein umfassendes Fachwissen so aufbereiten, dass auch Laien mitkommen, dass aber trotzdem auch Experten Neues aus dem Buch erfahren. Der Nutzwert ist extrem hoch. Das liegt auch daran, dass man das Buch tatsächlich gern liest, denn es ist leicht, witzig aber immer auch präzise geschrieben.
Auch wenn man meint, mit der rasanten Entwicklung im Internet ist vieles schnell wieder überholt: Hier steht Grundsätzliches, das so schnell seine Bedeutung nicht einbüßt und an das man sich immer mal wieder erinnern sollte.

Helfen Sie anderen Kunden bei der Suche nach den hilfreichsten Rezensionen | Missbrauch melden | Kommentar als Link

War diese Rezension für Sie hilfreich? Ja Nein | Kommentar

4 von 4 Kunden fanden die folgende Rezension hilfreich:

Kurzweiliges Referenzwerk, 12. Februar 2009

Von Joerg Dutschke "Der Themenmixer" - Alle meine Rezensionen ansehen

REAL NAME

Rezension bezieht sich auf: **Website Boosting 2.0: Suchmaschinen-Optimierung, Usability, Online-Marketing (Gebundene Ausgabe)**

Es ist fast so, als würde ich mit Mario Fischer in einer Kneipe sitzen und beim einen oder anderen Bierchen über Webdesign, Seo und den ganzen Rest quatschen. Dieser Eindruck stellte sich bereits nach wenigen Seiten bei mir ein. Und genauso ungezwungen geht es querbeet durch das liebe, schwere Geschäft mit dem Erfolg im Internet. Mario Fischer widmet sich in einer unnachahmlich lockeren Art jedem relevanten Part eines erfolgreichen Internetauftritts, gibt auch für gestandene (Halb)Profis noch wertvolle Tipps, droht schelmisch mit dem (Seo)Zeigefinger bei Dopingversuchen, stellt hilfreiche Tools vor und widmet sich dabei vor allem immer wieder dem Kern des Geschäfts: Eine Webseite ist nicht für die Suchmaschinen da. Eine Webseite ist für ihre Besucher da und diese Besucher müssen im Mittelpunkt jedweder Aktivität stehen.
Recht hat er, der Mario Fischer.
Alles in allem ist Website Boosting 2.0 ein sehr gelungener Leitfaden für ambitionierte Webseitenhersteller und -pfleger und gehört meiner Meinung nach zur Pflichtlektüre erklärt. Ich hatte selten zuvor soviel Spaß bei der Lektüre eines Fachbuchs und habe den Wälzer "gefressen".

Helfen Sie anderen Kunden bei der Suche nach den hilfreichsten Rezensionen | Missbrauch melden | Kommentar als Link

War diese Rezension für Sie hilfreich? Ja Nein | Kommentar

Sagen Sie Ihre Meinung zu diesem Artikel: Eigene Rezension erstellen

Die neuesten Kundenrezensionen

Gutes Buch zum Thema Suchmaschinen-Optimiertung und Website-Boosting
Wer sich mit den o.g. Themen näher auseinander setzen möchte, ist mit diesem Buch sehr gut beraten. **Lesen Sie weiter...**
Vor 25 Tagen von 10382 Derek veröffentlicht

Viel Papier für viel Geld
Ein Professor der offensichtlich einen Vorlesungsschwall in Buchform gegossen hat. Leider wieder nichts Neues auf über 700 ! **Lesen Sie weiter...**
Vor 2 Monaten von DS veröffentlicht

Es hält was es verspricht!
Der Titel mag reißerisch und wenig seriös klingen, der Inhalt ist dafür um so professioneller! **Lesen Sie weiter...**
Vor 4 Monaten von R. Johann veröffentlicht

Ein (zu) Dickes Buch für ein Startup
Dicke Bücher sind nicht mein Ding. Ich bevorzuge Autoren, die Dinge auf den Punkt bringen ohne groß um den heißen Brei zu "labern". **Lesen Sie weiter...**
Vor 4 Monaten von Nils Mahler veröffentlicht

Komplexes Thema sehr gut auf den Punkt gebracht
Ich habe dieses Werk zwar erst halb durch, bin aber bis dato super zufrieden. Die Themen sind sehr schön strukturiert und äußerst angenehm zu lesen. **Lesen Sie weiter...**
Vor 4 Monaten von Sven veröffentlicht

website boosting 2.0 - ein glücksgriff!
Das Buch ist toll geschrieben, sehr informativ, auch als Laie kommt man im Online Marketing so wirklich auf Touren, auch wenn man mit Blogs, SEO,... **Lesen Sie weiter...**
Vor 6 Monaten von mel veröffentlicht

Abbildung 3.4: Bewertungen auf Amazon: Ein einsames, anonymes Rating fällt aus der Reihe – wer mag wohl dahinterstecken?

Leider lassen sich Bewertungen ebenso leicht manipulieren wie Statistiken. Immer wieder versuchen Mitbewerber, unliebsame Konkurrenten loszuwerden und die eigenen Angebote in den Himmel zu loben. Buchverlage stehen unter dem Verdacht, Rezensenten-Netzwerke zu unterhalten, mit denen Werke von Mitbewerbern systematisch zerlegt und eigene Bücher in höchsten Tönen gelobt werden. Auch Menschen, die ihren persönlichen Rachefeldzug gegen Sie starten wollen, finden hier eine „tolle" Gelegenheit. Dagegen gibt es nur begrenzte Mittel – versuchen Sie mal, bei Amazon einen „richtigen" Menschen (aus Fleisch und Blut) zu erreichen, der ungerechtfertigte Falschbewertungen von Ihren Produktseiten entfernt – ich wünsche Ihnen viel Glück! Solange Rezensionen nicht gegen die (meist sehr toleranten) Richtlinien oder bestehende Gesetze verstoßen, können Sie kopfstehen, doch nichts dagegen unternehmen, außer professionell zu reagieren, was meist bedeutet, gar nichts zu tun – auch dazu kommen wir noch.

Gerechtfertigte Kritik ist ein anderes Thema. Gibt es Probleme mit Ihrer Leistung, dem Produkt, der Produktbeschreibung, dem Preis oder dem Service, sollten Sie sich selbst an der Nase nehmen und Ihr Angebot so lange optimieren, bis die Kritikpunkte behoben sind. Stecken Sie nicht den Kopf in den Sand, sondern tun Sie alles, um diese Kritik in Zukunft nicht mehr sehen zu müssen.

Verlinkungsexperimente

Sicher wissen Sie, was ein Link ist. Mit einem Klick darauf gelangen Sie von einer auf eine andere Internet-Seite. Links sind meist unterstrichen, und der Mauszeiger wandelt sich beim Draufzeigen zur Hand, was dessen „Klickbarkeit" symbolisiert. Links sehen in HTML z.B. so aus: <a href="http://www.fischler.cc">fischler.cc</a>, und auf der Seite erscheint dann das: fischler.cc. Mit Klick auf fischler.cc gelangen Sie auf die Internet-Seite *http://www.fischler.cc*. Stünde dieser Link auf Ihrer eigenen Webseite, würde Google das als Empfehlung verstehen. Sie empfehlen Ihren Besuchern den Besuch meiner Seite. Sehr sympathisch, vielen Dank! Findet man diese Verlinkung auf vielen anderen Homepages, steige ich aufgrund meiner scheinbaren Beliebtheit in Googles Gunst und lande weiter vorne. So die Theorie und das Geschäftsmodell einer Unzahl von Suchmaschinenoptimierern.

Jede Woche bekomme ich eine ganze Menge von Linktausch- und Linkkaufanfragen. Das ist nachvollziehbar, denn manche meiner Seiten sind bei Google recht gut gereiht und noch dazu mit hohen PageRanks bewertet, soll heißen, Google stuft meine Webseiten auf einer Skala von 0 bis 10 recht hoch ein. Dieser Faktor war früher wichtiger als heute, doch immer noch suchen SEO-Profis mit ihren automatischen Tools danach und senden mir automatisch generierte Anfragen, die mein Unterbewusstsein automatisch erkennt und ebenso automatisch als Spam weitermeldet. Denn ich verkaufe und tausche keine Links, aus, amen.

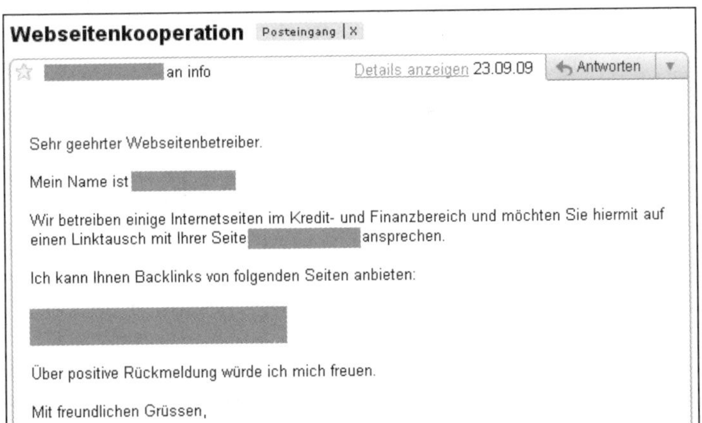
Webseitenkooperation Posteingang | X

[redacted] an info — Details anzeigen 23.09.09 — Antworten

Sehr geehrter Webseitenbetreiber.

Mein Name ist [redacted]

Wir betreiben einige Internetseiten im Kredit- und Finanzbereich und möchten Sie hiermit auf einen Linktausch mit Ihrer Seite [redacted] ansprechen.

Ich kann Ihnen Backlinks von folgenden Seiten anbieten:

[redacted]

Über positive Rückmeldung würde ich mich freuen.

Mit freundlichen Grüssen,

Abbildung 3.5: Oh, wie schön: Schon wieder eine unpersönliche, semiautomatische Linktauschanfrage. Klick auf Spam melden, gelöscht, erledigt

Sehen wir mal von den Spammern ab. Überall wird Ihnen geraten, sich Links zu Ihrer Homepage („Backlinks“) zu besorgen.

Je mehr Backlinks von anderen Webseiten auf Ihre Seite zeigen, desto besser, denn umso weiter vorne sind Sie bei Google zu finden. Heißt es. Das führt eben dazu, dass man windigen Abzockern auf den Leim geht, sich auf eBay 10.000 Backlinks ersteigert, Links einzeln kauft oder wie wild geworden anfängt, in Foren, auf Social-Media-Seiten und in Blogkommentaren eigene Verlinkungen zu hinterlassen. Das ist Linkspamming. Die Backlink-Gläubigen investieren ein Übermaß an Zeit in diese Methoden und vergessen dabei, worauf es in Wahrheit ankommt: Die Qualität Ihrer Information und den Nutzen für Ihre Besucher, nicht auf die Anzahl der Backlinks. Diese kommen von selbst von Leuten, denen gefällt, was sie bei Ihnen finden. Und diese Verlinkungen sind viel mehr wert, denn nicht nur Google erkennt den Unterschied zwischen plumpen SEO-Links und „ehrlichen" Links.

Linktausch „für die Suchmaschine" ist nicht nur sinnlos, sondern überdies gefährlich. Wer es damit übertreibt, fliegt raus. Google, die Suchmaschine, sieht sich junge Webseiten besonders genau an. Unnatürliches Linkwachstum fällt auf. Google riecht gekaufte, „erspammte" und getauschte Links zehn Meter gegen den Wind, mag man sich für noch so smart und gerissen halten. Der Suchmaschinenriese verfügt über ein Arsenal an „Penalties", also Strafen, die über Ihre Seite verhängt werden können. Allen ist gemein, dass Ihre Seite von einem Tag auf den anderen in der Bedeutungslosigkeit versinkt. Dann gibt es nur noch wenig, das Sie tun können, außer auf die Erlösung zu warten oder (hoffentlich) geläutert und einsichtig zurück an den Start zu gehen.

Zu Linktausch und -kauf passt diese bereits erwähnte Frage aus den Google-Richtlinien wieder perfekt: „Würde ich das auch tun, wenn es keine Suchmaschinen gäbe?" Konkreter: „Würde ich diesen Link auch tauschen/kaufen wollen, wenn es Suchmaschinen nicht gäbe?" Nein? Dann lassen Sie es bleiben.

Jeder Webseitenbetreiber muss seine eigenen Erfahrungen mit experimentellem Linktausch, Linkspam bzw. Linkkauf „für Google" machen. Wenige glauben mir zu Beginn, wie wenig es bringt und wie gefährlich es ist. Lieber folgen sie den tollen, aber leider leeren Versprechungen der „dunklen Seite" der Suchmaschinenoptimierung. Im Kapitel „Der Inhalt Ihrer Seite" erzähle ich Ihnen mehr über Möglichkeiten, sich so zu verlinken, dass es nicht Google, sondern vor allem Ihren Besuchern nützt. Solche Links verbessern Ihr Informationsangebot, und das wird von Google nicht bestraft, sondern gefördert.

Spamming und Newsletter

„Wie Du mir, so ich Dir!", könnte sich der Webmeister denken, dessen Postfach wieder mal mit Viagra-, Kredithai-, Partnerportal- und „Enlargement"-Werbespam überquillt. Es ist so mühsam, auf Individuen zuzugehen, warum also nicht den ganzen Prozess automatisieren? Man holt sich auf eBay eine Adressdatenbank mit 150.000 E-Mail-Empfängern, registriert sich bei einem Newsletter-Anbieter, und los geht's mit Spamming in eigener Sache.

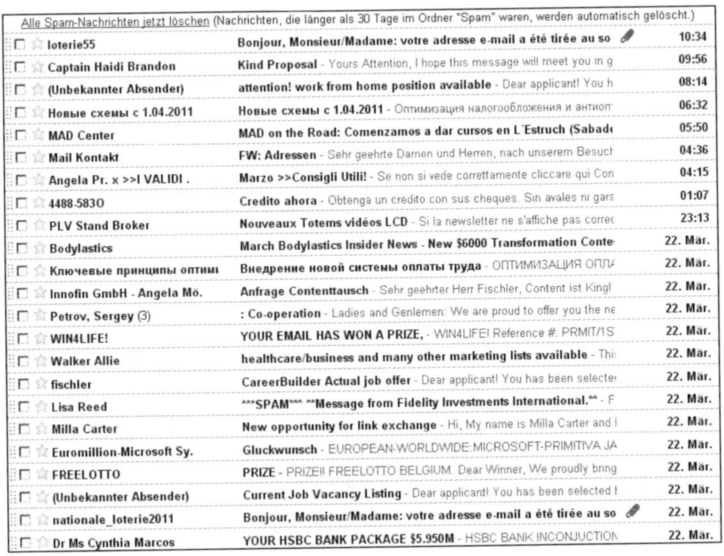

Abbildung 3.6: Spam, Spam, Spam, und mein liebster Google-Mail-Button *Alle Spam-Nachrichten jetzt löschen*

Meine Meinung: Spamming, in welcher Form auch immer, geht überhaupt nicht. Das Prinzip Gieskanne hat ausgedient, sowohl offline als auch online. Sie sind schneller in Filterlisten und Warnregistern zu finden, als Sie bis drei zählen können, ganz abgesehen von den vielen rechtlichen Gefahren unerwünschter Kontaktversuche. Unseriöser geht es nicht.

Der klassische Unternehmensnewsletter ist ein Grenzgang zwischen Spamming und seriöser Information. Wer sich an die Spielregeln hält, E-Mail-Adressen auf ehrliche Art sammelt und nutzbringende, erwünschte Informationen aussendet, wird einen Mehrwert bieten können. Leider trifft das auf die wenigsten mir bekannten Newsletter zu. Bei der Anmeldung mögen sich seriöse Anbieter noch Mühe geben, doch beim Nutzen? Firmenbosse überschätzen sehr gerne ihren Stellenwert im Leben des Kunden und belästigen ihn nach dem Motto „Werbung nützt immer".

Besonders dumm sind Versuche, einmal registrierte Abonnenten nicht mehr ziehen zu lassen, indem man entweder den Abmeldelink in Newslettern „vergisst", ein Klick auf diesen in Fehlermeldungen endet oder man sich zuerst einloggen muss, um „Änderungen der persönlichen Präferenzen" vorzunehmen. So schafft man es garantiert in die Spamlisten und -filter dieser Welt.

Newsletter sind auch heute noch ein gutes Sprachrohr zum Kunden. Dafür müssen sie aber festen Regeln folgen und für den Empfänger (!) interessant sein. Nachhaltiges Newsletter-Marketing (offensive Information zum von Ihnen fixierten Zeitpunkt) ist wesentlich komplexer, als Besuchern Inhalte auf Ihrer Homepage zur Verfügung zu stellen (passive Information und Problemlösung zum Zeitpunkt, den der Besucher wünscht). Denken Sie an Ihr eigenes Mail-Postfach: Wie viele Newsletter lesen Sie noch? Geht es Ihnen so wie mir, dass Sie sich mehr darüber ärgern, als wirklich Interesse an den Informationen zu haben?

Ich persönlich rate Anfängern von Newslettern ab und empfehle den Aufbau von Webseiten sowie die persönliche Kommunikation mit Kunden, Fans und Nutzern. Die seriöse Abhandlung des E-Mail-Marketings würde den Rahmen dieses Buches sprengen. Deshalb sei hier auf einschlägige Fachliteratur verwiesen. Abschließend eine Warnung: „Probieren geht über Studieren" gilt NICHT für Newsletter! E-Mail-Marketing ist eine Wissenschaft, die nur jenen nützt, die genau wissen, was sie tun, und den anderen schadet.

Social-Media-Hype

Ich halte den Wirbel rund um die sozialen Netzwerke für maßlos übertrieben. So gut wie jedes Unternehmen auf dieser Welt hat seine eigene Facebook-Seite und wirbt kräftig dafür, zum virtuellen „Freund" eigener Produkte oder Leistungen zu werden. Damit will man sich neue Vertriebskanäle erschließen, „Menschen sammeln" und Kunden zielgerichtet ansprechen. Da sich Internet-Nutzer aber nicht binden und nur ungern sammeln lassen, hält sich der Erfolg dieser „Werde-Fan-Kampagnen" in Grenzen. Wozu, bitte schön, soll ich Fan von einem Waschmittelhersteller, Fruchtjoghurtproduzenten oder Mobilfunkunternehmen werden? Ich finde das lächerlich. Mark Zuckerberg wird sich für die Gratiserwähnung in den Werbekampagnen bedanken, wie auch für die vielen Inhalte, die man ihm kostenlos zur Verfügung stellt.

Verlassen Sie sich niemals auf Plattformen, die Ihre Arbeit per Mausklick eliminieren könnten. Wer weiß, vielleicht ereilt Facebook eines Tages das Schicksal von Second Life? Können Sie sich überhaupt noch an diesen Internet-Hype der Jahre 2006–2007 erinnern? Unmöglich für Facebook? Ich denke: Nichts ist unmöglich, schon gar nicht im Internet. Anbieter kommen, Anbieter gehen. Auch in „SL" verpulverten Firmen weltweit riesige Marketingbudgets, um den Zug nicht zu verpassen. Die Plattform geriet in Vergessenheit, und wenn sich deren Betrieb nicht mehr lohnt, werden die Lichter ausgeknipst. Wer sich jedem Hype bedingungslos anschließt und ausliefert, muss damit rechnen, irgendwann im Regen zu stehen.

Ich möchte Social-Media-Portalen nicht per se die Existenzberechtigung absprechen. Je nach Branche können sie durchaus nützlich sein, z.B. für Musiker oder Unternehmen, die den direkten Kontakt zur Masse brauchen, wie etwa Produzenten mit Direktvertrieb. Doch Facebook, Twitter & Co. sollten Ihnen nur als Zubringer und zusätzliches Sprachrohr dienen. Soziale Medien ergänzen Ihren eigenen Internet-Auftritt. Dieser gehört Ihnen, und sein Schicksal liegt in Ihrer eigenen Hand. Mein persönlicher Rat: Investieren Sie nicht mehr als 10 % Ihrer Internet-Aktivitäten in diese Kanäle, doch passen Sie trotzdem immer auf, was im Netz über Sie zu finden ist. Dazu kommen wir später (für ganz Eilige: Google Alerts meldet neue Fundstellen Ihres Namens, Ihrer Marke oder anderer individueller Kennzeichen – sehr praktisch: *www.google.com/alertshttp://www.google.com/alerts)*.

Hippe Werbeagenturen

Die Erstellung Ihrer Homepage durch eine Werbeagentur kann sich negativ auswirken, wenn diese ein zu großes Gewicht auf trendiges Webdesign legt. Bis vor wenigen Jahren amüsierten sich Agenturen über Homepages, die nicht in Flash erstellt waren. Eine Webseite musste aus deren Sicht vor allem schön sein und mit optischen und akustischen Spielereien beeindrucken. Die Funktion war sekundär. Viele Agenturen glauben auch heute noch an die Philosophie, eine Homepage müsse zuallererst den aktuellsten Designansprüchen genügen. Das ist fatal, denn der Kunde bezahlt für anspruchsvolles, individuelles und optikzentriertes Design einen hohen Preis und bekommt am Ende womöglich eine Seite, die von Suchmaschinen nicht richtig analysiert werden kann. Folgerichtig kommen Sie nicht nach vorne und werden von den Suchenden nicht gefunden. Immer noch werden Seiten in Flash programmiert, die auf iPhone, iPad und vielen anderen mobilen Endgeräten gar nicht angezeigt werden, weil diese Geräte das Flash-Format nicht mehr unterstützen. Übrig bleibt ein weißer Bildschirm. Und was nützt die schönste Homepage, wenn niemand sie sieht?

Natürlich sollen Webseiten ansprechend gestaltet sein und einen guten Eindruck machen. Damit sind aber weder Animationen noch Typografie-Exzesse gemeint. Ihr Besucher muss im Mittelpunkt des Designs stehen. Er soll schnell finden, was er sucht, auch auf einem Mini-Bildschirm samt Uralt-PC, selbst wenn er nicht mehr gut sieht oder gerade erst seine ersten Schritte im Internet macht. Gutes Webdesign berücksichtigt alle Menschen und alle Endgeräte, nicht nur Agenturmitarbeiter samt ihren stylischen 27-Zoll-Monitoren der Marke mit dem angebissenen Obst. Die unbequemen Stichworte lauten Usability (Bedienbarkeit) und Accessibility (Barrierefreiheit). Klopfen Sie Ihre Werbeagentur darauf ab, bevor Sie ihr einen Auftrag erteilen.

Als weitere Unart hat sich eingebürgert, Software und Systeme, mit denen man nicht vertraut ist, schlechtzureden. Jahrelang setzten Agenturen auf TYPO3, ein recht aufwändiges und kompliziertes CMS (Content-Management-System), mit dem Webseiten betrieben und verwaltet werden können. Aufgrund seiner Komplexität dauert es lange, sich damit vertraut zu machen. Wer den Durchblick hat, lässt ihn sich fürstlich bezahlen. Und weil das System so schwer zu durchschauen ist, kann man dem Kunden auch gleich die Einschulung mitverkaufen. Da käme es doch sehr ungelegen, wenn andere, wesentlich einfachere Systeme auf der Überholspur wären. Schließlich könnte der Kunde dort beinahe alles selbst machen, ganz ohne Einschulung! Also schimpft man über alles, was nicht TYPO3 ist. Systeme wie Joomla, vor allem aber WordPress, haben die Inhaltsverwaltung von Webseiten revolutioniert. Nie zuvor war es so einfach, eine eigene Homepage zu starten und deren Inhalte zu pflegen, ohne sich „mit Computersachen" auszukennen. Eine große Gemeinschaft trägt kostenlos zur Weiterentwicklung der kostenfreien Software bei. Die Systeme sind perfekt dokumentiert. Menschen rund um die Welt freuen sich, Anfängern helfen zu können. Klingt ganz nach einem Albtraum für TYPO3-lastige Werbeagenturen, finden Sie nicht? Genauso sollten Sie es auch sehen, wenn Ihre Agentur über WordPress, Joomla oder Drupal schimpft und Ihnen TYPO3 aufschwatzen will.

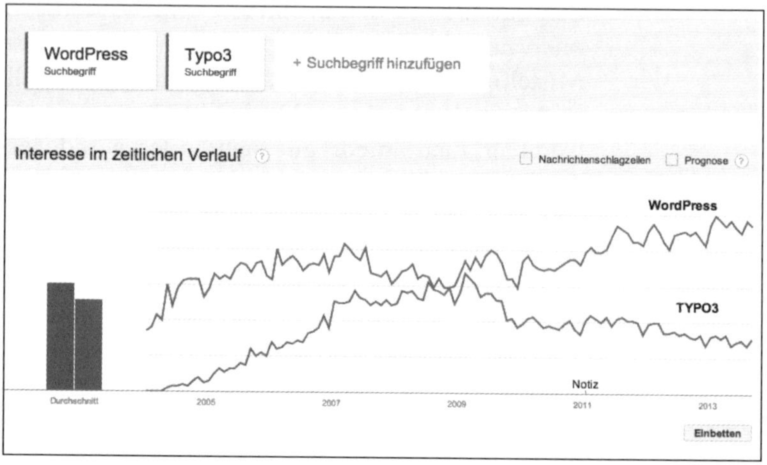

Abbildung 3.7: Auswertung deutscher Suchanfragen bei Google: WordPress auf der Überholspur, Interesse an TYPO3 stetig kleiner – was sagt wohl Ihre Werbeagentur dazu?

Rechtsverletzungen

Sie haben jetzt schon einiges von windigen Dienstleistern, Kriminellen und Spammern gehört. Logisch, dass ich Ihnen abrate, selbst zu einem solchen Subjekt zu verkommen. Doch Rechtsfolgen drohen nicht nur jenen, die mit Vorsatz handeln. Ein „mal so" kopierter Text ohne Quellenangabe ist ein Verstoß gegen das Urheberrecht, Gleiches gilt für die nicht lizenzkonforme Verwendung fremder Bilder. Wer sich nicht per Impressum als Seitenbetreiber zu erkennen gibt, riskiert Abmahnungen und Klagen. Uneinheitlich ist die Rechtsprechung bei Communities: Betreiber von Foren könnten für Forenposts und hochgeladene Bilder verantwortlich gemacht werden, selbst wenn sie von der zehnjährigen Userin „JustinBieberLove2001" stammen, die sich halt nicht viel dabei gedacht hat, „hihi!". ;) Plötzlich wird man mit Abmahnungen, Klagen und Anwaltskosten zugedeckt und der Schaden aus der Webseite übersteigt deren Einnahmen um das Zigfache.

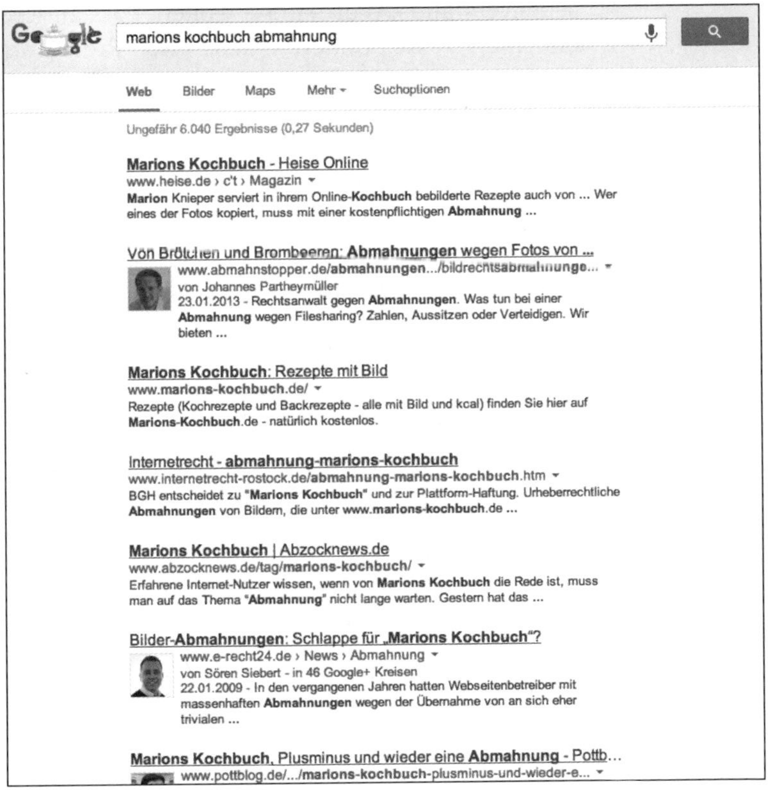

Abbildung 3.8: Marions Kochbuch: Wer Bilder aus Marions Online-Kochbuch verwendete, wurde gesucht und abgemahnt – ein faszinierendes Beispiel „alternativer Geschäftsmethoden" und uneinheitlicher Rechtsprechung rund um das Medium Internet

Keine Angst: Wer sich an einfache Spielregeln hält, dem passiert nichts. Auch Gerichte haben ein Einsehen gezeigt, dass (Hobby-)Betreiber von Internetforen nicht 24 Stunden täglich vorm PC sitzen können, um jeden neuen Eintrag urheberrechtlich zu überprüfen. Es hat sich eingebürgert, dass sich nur der

Webmaster schuldig macht, der nicht oder zu spät auf die Mitteilung eines Rechtsbruchs durch einen Benutzer seiner Seite reagiert.

Beim Urheberrecht geht es um Fragen des gesunden Menschenverstands: Würden Sie wollen, dass andere Ihre mühevoll erstellten Texte, Bilder, Videos oder Programme klauen? Was denkt sich wohl Karl Lagerfeld, wenn Sie Schnappschüsse seiner letzten Kollektion von seiner Homepage abgreifen? Und so wenig, wie Sie bei Ihrem Auto die Nummer abmontieren, um im Straßenverkehr nicht erkannt zu werden, sollten Sie auf ein ordentliches Impressum verzichten. Eigentlich ist das alles recht logisch, aber es gibt eben „solche“ und „solche“ Geschäftsleute. Und der „Generation Internet“ ist das Verständnis dafür abhanden gekommen, dass auch immaterielle, digital kopierbare Güter einen Wert haben, der geschützt werden muss. Manche fallen aus allen Wolken, wenn sie eine Abmahnung bekommen, weil sie denken, dass alles, was im Internet zu finden ist, bedenkenlos verwendbar ist. Dazu passt ein altes Sprichwort: „Unwissenheit schützt vor Strafe nicht.“ Wer digital aktiv wird, sollte über die relevanten Rechtsgrundlagen Bescheid wissen.

Die wichtigsten Punkte zum Thema „Recht im Internet“ stelle ich im Kapitel „Der Inhalt Ihrer Seite“ vor.

Statistiksüchtig?

Es ist schon faszinierend, den Besuch der eigenen Webseite live zu beobachten. Wenn die Besucher wüssten, was sich ganz einfach über sie erfahren lässt! Ein kleiner Auszug:

- ✔ Wie entwickeln sich die Zugriffszahlen (Besucher, Seitenansichten) kurz-, mittel- und langfristig?
- ✔ An welchen Wochentagen ist besonders viel los?
- ✔ Ist die Seite (suchmaschinen)technisch in Ordnung und „online“ (erreichbar), oder deutet ein Einbruch in den Zahlen auf Probleme hin?

- ✔ Wie viele Seiten sehen sich Besucher durchschnittlich an?
- ✔ Wie viele Besucher springen ab (Absprungrate, Bounce Rate), tun also nichts, außer eine einzige Seite aufzurufen?
- ✔ Aus welcher Quelle (Suchmaschinen, Verweise, soziale Medien, Direktaufruf) gelangten die Besucher zu mir?
- ✔ Was genau haben Besucher bei Google eingetippt, bevor sie zu mir kamen? (Diese Information ist heute leider nicht mehr so einfach zu bekommen wie früher.)
- ✔ Aus welchem Land/welcher Region/Stadt kommen sie?
- ✔ Welches Betriebssystem, welche Bildschirmauflösung und welchen Browser verwenden sie? Wie viele verwenden ein mobiles Endgerät – und welches?
- ✔ Wie lange waren sie auf meiner Seite, und was sahen sie sich an?
- ✔ Welche Besucher waren schon früher bei mir (wiederkehrende Besucher)?
- ✔ Welcher Besuchertyp (= welche Suchanfrage, welche Quelle, welche Herkunft, ...) kommt zum gewünschten Ziel (z.B. kaufen, Infos bestellen, sich registrieren)?
- ✔ Welche Seiten interessieren den Besucher, und von welchen springt er ab, weil er nicht findet, was er sucht?

Die Verwendung von Statistiktools wie Google Analytics ist üblich, wenngleich nicht unumstritten. Vor allem die Erfassung und Verknüpfung der Besucher-IPs (rückverfolgbarer, individueller PC-Adressen) und Google-Profile mit den Aktionen eines Besuchers erscheint datenschutzrechtlich bedenklich. Es gibt gewisse Lösungsansätze, doch dazu später.

Messinstrumente sind essenziell für Webseitenbetreiber. Nur so bekommt man ein Bild davon, wie Besucher mit den Informationen zurechtkommen und was noch optimiert werden muss. Wer darauf verzichtet, verschenkt wertvolles Potenzial.

Gefährlich wird es, wenn diese Tools zu Zeiträubern werden. Gehen Sie vereinfacht ausgedrückt davon aus, dass konstant mehr Besucher kommen, wenn Sie konstant neue Inhalte bieten. Denn im Internet bauen Sie auf geleisteter Arbeit auf, statt Tag für Tag von Neuem beginnen zu müssen. Besucherrekorde sind gerade in der Anfangszeit an der Tagesordnung, und nach einigen Monaten kommen die User sogar im Sekundentakt herein. Sehr faszinierend! Sich des wachsenden Erfolgs ständig zu vergewissern und daran zu ergötzen, birgt hohes Suchtpotenzial. Sie wären nicht der erste Webmaster, der stundenlang gebannt vor der Live-Auswertung sitzt und glaubt, die Besucherbalken wachsen fortan von selbst in den Himmel. Da Sie aber nur noch in die Statistiken schauen und nicht mehr am Inhalt arbeiten, ist eine Seitwärtsbewegung die Folge. Sie müssen diese Faszinationsphase überwinden, wenn Sie wirklich erfolgreich werden wollen!

Das gilt noch mehr für Verkaufs- und Erfolgsstatistiken aller Art. Wer mit Google AdSense oder anderen Partnerprogrammen Geld im Internet verdient, seine digitalen Arbeiten auf Marktplätzen wie themeforest, photodune oder graphicriver verkauft, wer einen Webshop betreibt, als Self-Publisher (z.B. in Amazons Kindle-Direct-Publishing-Programm für Autoren) seine E-Books anbietet oder Smartphone-Apps in den verschiedenen App-Stores verkauft, hat jederzeit Einblick in die aktuellen Erfolgsstatistiken. Das ist einerseits fair und transparent, andererseits fatal: Eines Tages ertappt man sich dabei, nur noch in die Statistiken zu starren, statt an neuen Angeboten zu arbeiten.

Ein möglicher Gedankenfluss: „Was – heute noch gar kein Verkauf? Da stimmt doch was nicht! Schnell die Zugriffszahlen checken. Passt alles. Die Webseite ist doch erreichbar. Schnell eine Testbestellung. Der Shop funktioniert. Warum will niemand mehr kaufen? Da poste ich doch gleich mal etwas im Webmaster-Forum. Geht es anderen auch so? Immer noch kein Verkauf heute. Na, die werden was erleben. Das hat doch alles keine Zukunft. Oh, jetzt hat doch wer bestellt. Super! Die Welt ist toll. Hoffentlich geht bald noch was über den Tisch. Schnell mal checken. Nein, noch kein weiterer Verkauf ...“.

Glauben Sie mir, ich habe dieses Spiel zu oft und auf zu vielen Marktplätzen erlebt, und ich kann es nicht mehr sehen. Schade um die verlorene Lebenszeit. Verkaufsstatistiken haben ein ähnliches Suchtpotenzial wie Automatenspiele. Lassen Sie sich nicht in diesen Strudel ziehen und prüfen Sie die Zahlen höchstens einmal täglich. Die Verkäufe kommen auch ohne Ihr Zusehen. Am Ende des Monats haben Sie ein aussagekräftiges Ergebnis, anhand dessen Sie strategische Entscheidungen treffen können.

Kurz gesagt: Statistiken sind gut und wichtig, wenn Sie diese produktiv und zielgerichtet einsetzen. „Schnell mal checken, ob alles passt“, ist nicht produktiv und wird Sie keinen Millimeter nach vorne bringen. Verschwenden Sie keine Zeit, und seien Sie sich des Suchtpotenzials von Erfolgsstatistiken bewusst.

Unsichere Passwörter

Es mag nach einem banalen Ratschlag klingen, ist es aber nicht: Verwenden Sie sichere Passwörter. Ich habe es mehr als einmal erlebt, dass Webseiten und Online-Accounts von Bekannten und Kunden gehackt wurden. Meistens, weil sie leicht knackbare Passwörter verwendet hatten. – Beispiele: „Passwort“ „123456“, „abc123“, der persönliche Vorname, eventuell noch mit angehängtem „123“, das eigene Geburtsdatum, der Name der Kinder, des Hundes, Schimpfwörter und so weiter. Ein gefundenes Fressen für jedes automatische Computerskript, das sich mit Passwort- und Namensbibliotheken auf der Log-in-Seite austobt, bis es „drin“ ist. Weitere Klassiker: Man verwendet überall dasselbe Passwort, und das auf Lebenszeit, oder teilt es anderen mit – am Stammtisch oder um mal dieses oder jenes schnell vom Arbeitskollegen checken/erledigen zu lassen – bei Passwörtern stößt man auf Gottvertrauen, wohin man auch schaut. Irgendwann geht das garantiert schief. Dem Durchschnittsbürger mag das egal sein, doch wenn Ihr (zukünftiges) Einkommen vom Netz abhängt, gilt „Safety first".

Meine Ratschläge lauten daher:

Verwenden Sie immer Passwort- bzw. Codeschutz, auch wenn dies umständlich erscheinen mag. Ihr Handy oder PC kann für seinen „Finder" die Eintrittskarte zu all Ihren Daten und Zugängen sein. Neue Entwicklungen wie Fingerabdrucksensoren machen diesen Mindestschutz wesentlich komfortabler.

Verwenden Sie jedes Passwort nur einmal. Sonst laufen Sie Gefahr, dass ein Mensch oder Computerskript, der bzw. das Ihr Passwort erraten hat, sich gleich anschließend bei Facebook, Google & Co. einloggt und dort sein Unwesen treibt, z.B. gleich mal das Passwort und die Kontakt-E-Mail des Accounts auf sich ändert. Da sich kein Mensch die durchschnittliche Anzahl notwendiger Passwörter merken könnte, gleich weiter mit dem nächsten Rat:

Verwenden Sie sichere Passwortspeicher wie KeePass, die Kennwörter für Sie generieren und verwalten. Ein Passwort heißt dann eben nicht mehr „mama123", sondern „4d|t7*bu<2*yL5MOGI". Das Einloggen geht mit diesen Programmen über „Auto-Fill-Funktionen" sogar schneller, als würden Sie ein beliebiges Kennwort über die Tastatur eintippen. Aber Vorsicht: Auch diese Kennwortverwaltungsprogramme sind nur so sicher wie das „Master-Passwort" und eine optional zusätzlich verwendbare „Schlüsseldatei" auf ihrem PC. Und sollte Ihr PC virenverseucht sein, ist auch der Kennwortspeicher theoretisch „knackbar". In jedem Fall müssen Sie sich also ein Kennwort einfallen lassen und merken, das den Zugang zum PC und/oder Ihrem Passwortspeicher ermöglicht. Aber wie findet man sichere Passwörter, die man sich auch merken kann?

Am sichersten und trotzdem einfach merkbar sind Passwörter, die sich aus Groß- und Kleinbuchstaben sowie Zahlen zusammensetzen, die einem Merksatz entnommen sind. Eine gängige Methode: Überlegen Sie sich einen individuellen Satz aus

Ihrem Leben. Beispiel: „Ich habe 1996 mein erstes Auto gekauft und es war ein Fiat Punto". Nun nehmen Sie den Anfangsbuchstaben jedes Wortes unter Beachtung der Groß- und Kleinschreibung und zusätzlich die Jahreszahl. So kommt folgendes Kennwort heraus: „Ih1996meAgueweFP". Das soll mal einer knacken. Ein Tipp: Vergessen Sie meine Autokauf-Geschichte gleich wieder und überlegen Sie sich Ihre persönliche Passwort-Story. Und noch ein Tipp: „Ih1996meAgueweFP" ist keines meiner Passwörter.

Schreiben Sie solche unvermeidlichen Passwörter niemals auf, und schon gar nicht auf ein Post-it, das an Ihrem Monitor klebt. Das klingt lächerlich, kommt aber ebenso häufig vor wie „123456" oder „Passwort" als Passwort. Wenn Sie das Kennwort unbedingt aufschreiben müssen, dann gehört das Papier in den Safe oder besser noch zum Notar.

Verwenden Sie die „Bestätigung in zwei Schritten", wo Sie zusätzlich zum Passwort auch Ihr Handy benötigen, an das ein Zugangscode geschickt wird. Dieses Angebot gibt es längst nicht nur für Online-Banking-Transaktionen, sondern z.B. auch für Ihren Google-Account. Wie das geht und wie wichtig dessen Sicherheit für „Internetter" wie mich ist, dazu später mehr.

Abschließende Tipps: Vertrauen Sie niemals anderen Menschen Ihre Passwörter an. Teilen Sie sich auch keine Zugänge zu Webseiten oder Portalen mit anderen Menschen. Achten Sie bei der Passworteingabe darauf, dass Ihnen niemand über die Schulter sieht. Ändern Sie auch regelmäßig jene Kennwörter, deren Eingabe sich nicht vermeiden lässt.

KAPITEL 4

Einfache Erfolgsprinzipien (nicht nur) für das Internet

Ich habe Jahre gebraucht, um die richtigen Zutaten für mein Erfolgsrezept zu finden. Sie sind die Grundlage meiner täglichen Arbeit, und ihre Richtigkeit bestätigt sich immer wieder.

4 Einfache Erfolgsprinzipien (nicht nur) für das Internet

„Passives Einkommen" schaffen

Das Internet ist wie geschaffen dafür, sich automatisch laufende Ertragsquellen zu erschließen. Vom arbeitsfreien Zusatzeinkommen bis zur totalen Auslagerung des Geldverdienens an den „Arbeitsroboter" bieten sich viele Gelegenheiten, das Einkommen zu verbessern. Warum? Weil Webserver (Computer, auf denen Ihre Webseiten liegen) auch dann weiterlaufen, wenn Sie schlafen, auf Urlaub sind, ihren Hobbys frönen oder an neuen Projekten im Internet basteln. Eigentlich nicht schwer zu verstehen und doch eines der größten Erfolgsgeheimnisse unserer Zeit: Das passive Einkommen.

Es klingt beim ersten Hören schon ziemlich esoterisch, das „passive Einkommen". Fast möchte man es in ein Eck mit dem bedingungslosen Grundeinkommen und anderen alternativen Wunschwelten stellen. Will ich Ihnen hier Hokuspokus präsentieren? Mitnichten! Verlagshäuser arbeiten seit Jahrhunderten nach diesem Prinzip, auch Banken und Versicherungen verdanken ihren Wohlstand der Tatsache, dass sie für Leistungen, die sie ein einziges Mal erbracht haben (z.B. ein Konto zu eröffnen, eine Versicherung abzuschließen) über viele Jahre Prämien und Gebühren kassieren, wobei nach Abschluss des Geschäfts kaum noch Arbeit oder Kosten anfallen. Buchverlage haben dieses Prinzip perfektioniert: Aus der so genannten Backlist (allen bisher im Haus veröffentlichten Büchern) fließen konstante Einnahmen, und das bei geringstem Aufwand. Hin und wieder eine neue Auflage drucken lassen und ab damit in den Handel – das war's. Jedes neue Buch, das sich zur Backlist gesellt, steigert das „arbeitsfreie Einkommen" des Verlags. Ist ein Buch erst mal geschrieben, tendiert der Aufwand für Bestellwesen, Abrechnung und Infrastruktur gegen null. Sollten Sie Autor sein und sich mal gefragt haben, wie mancher Verlags-Dinosaurier im 21. Jahrhundert überleben kann, obwohl er sämtliche Gesetze des Informationszeitalters ignoriert und sich benimmt, als sei er alles und der Autor nichts, verfügt er sehr wahrscheinlich über das weiche Kopfkissen einer riesigen Backlist.

Wie lässt sich das passive Einkommen nun einordnen und erfassen? Meine Definition lautet: *Passives Einkommen fließt aus Produkten und Leistungen, die ohne Ihr (ständiges) Zutun über lange Zeiträume Erträge erwirtschaften* (ich nenne es passives Einkommen ersten Grades), sowie aus vorhandenem Vermögen (passives Einkommen zweiten Grades).

Dreh- und Angelpunkt und zentrale Aussagen:

- ✔ Trennen Sie Arbeitseinsatz und Entlohnung voneinander.
- ✔ Lassen Sie sich Ihre Lebenszeit weder von Arbeitgebern noch Kunden abkaufen.
- ✔ Tun Sie nichts, was Sie nur ein einziges Mal bezahlt bekommen.

Also, worum geht es ganz konkret? Hier ein Überblick:

Beispiele für passives Einkommen ersten Grades:

- ✔ Einnahmen aus Werbung für fremde Produkte und Dienstleistungen auf eigenen Internetseiten, so genanntes Affiliate-Marketing (z.B. Google AdSense, Partnerprogramme, Bannerwerbung)
- ✔ Automatisierter Verkauf selbst erstellter digitaler Produkte (z.B. E-Books, Apps, Software, Fotos, Trainingsprogramme, Vorlagen, Bauanleitungen, Designs)
- ✔ Wiederkehrende Einnahmen aus digitalen Dauerdienstleistungen (z.B. Webhosting, Software-Lizenzen, Datenbankzugänge, Stockphoto-Pauschalen, Community-Mitgliedsbeiträge)
- ✔ Freiwillige Zuwendungen (Spenden) für oben erwähnte digitale Produkte und Dienstleistungen

- ✔ Lizenzen für Erfindungen
- ✔ Buchtantiemen (der Anteil, den z.B. Buchautoren aus ihren Werken verdienen)
- ✔ Tantiemen für selbst geschriebene Musik, z.B. von der GEMA bzw. AKM
- ✔ Folgeprovisionen aus Finanz- und Versicherungsvermittlung

Beispiele für passives Einkommen zweiten Grades (Voraussetzung ist hier, dass man schon Vermögen besitzt):

- ✔ Miet- und Pachteinnahmen aus Immobilien (Wohnungen, Häuser, Garagen, Lagerflächen/Selfstorage, Parkplätze)
- ✔ Aktiendividende, Sparzinsen, Wertpapier-Kursgewinne

Mischformen:

- ✔ Selbst laufende Unternehmen (man hat bereits eine Firma aufgebaut, die so gut läuft, dass sich der Gründer zurückziehen und das Tagesgeschäft einem Geschäftsführer übergeben kann)
- ✔ Erträge aus der Anlage von Erbschaften, Gewinnen und Schenkungen
- ✔ Produkte, deren Produktion und Vertrieb ausgelagert wurden

Die staatliche Rente (Pension) zähle ich nicht zum passiven Einkommen, Arbeitslosenunterstützungen und Hilfsgelder aller Art genauso wenig. Es mag angenehm sein, sich im staatlichen Hilfsnetz auszuruhen, doch mit „Einkommen“ oder gar „Verdienst“ hat das nichts zu tun. Zu den Methoden, auf die ich nicht näher eingehen möchte, zählen Multi Level Marketing (MLM) und Schneeballsysteme aller Art. Diese zeichnen sich dadurch aus, dass nur einer wirklich gewinnt: Der, der ganz oben sitzt, und die Möchtegerns mit leeren Versprechungen um sich schart. Tun Sie sich selbst einen Gefallen und machen Sie einfach einen Bogen darum.

Passives Einkommen hat überhaupt nichts mit „Geld verdienen ohne Arbeit“ zu tun. Haben Sie sich schon mal Folgendes überlegt? Wäre es so einfach, gäbe es nur noch reiche Menschen auf dieser Erde! Wie soll das funktionieren? Wer würde den Laden am Laufen halten, wenn alle tun könnten, was sie wollten? Doch Logik und Gier scheinen einander auszuschließen, wie der Erfolg von Anlagebetrügern, Online-Casinos, Internet-Wundergurus und Kriminellen rund um den Globus beweist. Und noch ein Grund, warum so wenige Menschen das passive Einkommen für sich nutzen: *Der Durchschnittsbürger ist zu bequem und zu satt, als dass er seinen Käfig aus verkaufter Lebenszeit, unerreichbaren Träumen und gesellschaftlicher Rundumversorgung freiwillig verlassen würde.*

In diesem Buch geht es um den Erfolg im Internet, der eng mit dem Aufbau passiven Einkommens zusammenhängt. Doch nicht jede Online-Betätigung bedeutet gleichzeitig, sich eine passive Einkommensquelle zu erschließen. Nehmen wir das Negativbeispiel eines eBay-Trödlers für Gebrauchtwaren: Er muss die Ware begutachten, fotografieren, beschreiben, die Auktion abwickeln, sich eine Verpackung für das Einzelstück überlegen und so weiter. Der ganze Aufwand für einen einzigen Umsatz – schrecklich! Nun stellen Sie sich vor, Sie nehmen einen neuen Artikel in Ihr Programm auf, den Sie so oft herstellen oder beziehen und weiterverkaufen können, wie Sie wollen. Ihr Aufwand für das erste verkaufte Stück ist gleich hoch wie der des Trödlers, aber dann wechseln Sie auf die Überholspur: Vom zweiten Verkauf an liegen Sie vorne. Durch kleine Anpassungen hie und da verbessern Sie das Angebot, Kunden empfehlen Sie weiter, mehr Kunden kaufen, Sie optimieren weiter, und das Rad dreht sich von selbst weiter, während Sie beide Hände frei haben und sich um das nächste Projekt kümmern können. Klingt logisch, scheint es aber nicht zu sein – viele Glücksritter arbeiten nach dem Prinzip der Einmalarbeit und machen sich zum Sklaven des Internets, statt es als ihren Arbeitsroboter einzusetzen.

Ein weiteres Beispiel, das dieses Denken verdeutlichen soll: Der Verlag, in dem dieses Buch erscheint, bot mir bei Vertragsunterzeichnung eine Vorschusszahlung auf meine Tantiemen an. Diese Vorabzahlung soll Autoren über die Zeit helfen, in der sie ein Buch schreiben. Dieser Vorschuss wird dann von den tatsächlichen Einnahmen des Autors abgezogen. Erst was darüber hinausgeht, bekommt der Autor. Viele Bücher schaffen es nicht, ihren Verfassern mehr Geld zu bringen, als mit dem Vorschuss bereits vorausbezahlt wurde. Ein schlechtes Geschäft für den Verlag, das mit den wenigen Bestsellern wettgemacht werden muss. Ich habe auf diese Vorleistung verzichtet, da sie für mich in das System „Einmalarbeit" fällt. Womöglich verabschiede ich mich nach dieser Einmalzahlung gedanklich von dem Buch, statt daran zu arbeiten, dass es sich auch in fünf Jahren noch gut verkauft und konstante Tantiemen abwirft. Alles, was ich aufbaue, soll für laufende Erträge über möglichst lange Zeiträume sorgen. Lieber 100 Euro mehr pro Monat, und das für die nächsten zehn Jahre oder länger, als einmal 10.000 Euro auf die Hand. Es mag toll sein, so viel Geld auf einmal überwiesen zu bekommen, doch in Wahrheit freut sich nur Ihr Finanzminister, der gleich einen guten Teil davon kassiert. Mit dem Geldeingang wäre das Projekt in Ihren Gedanken abgeschlossen, und Sie würden sich wohl kaum weiter darum kümmern, wenn die nächste Zahlung im Jahre Schnee zu erwarten ist (wenn die laufenden Einnahmen die Vorauszahlung übersteigen, haben Sie das Buch längst vergessen).

Was will ich damit sagen? Denken Sie nicht an den einmaligen Jackpot oder Instant-Reichtum, der extrem unwahrscheinlich ist. Passives Einkommen aus dem Internet setzt sich sehr oft aus vielen kleinen Projekten und Einnahmequellen zusammen. Bildlich gesprochen: Kleinvieh macht Mist, solange es in Ihrem Stall steht.

Sie müssen sich nicht auf das passive Einkommen reduzieren. Doch auch wenn Sie gerne Kundenaufträge abwickeln, Einzelstücke verkaufen oder es zum Wesen Ihres Unternehmens gehört, viel Zeit und persönliche Energie in den Kundenkontakt zu investieren, kann Ihnen nebenbei aufgebautes passives Einkommen mehr Freiheit verschaffen. Die Homepage, die laufend neue

Interessenten vermittelt („passive Akquisition") ist dabei genauso hilfreich wie Zusatzeinnahmen des Fotografen aus dem Online-Bildverkauf, wobei er seinen „Offline"-Schwerpunkt in der individuellen Fotografie (z.B. Hochzeiten, Babys) hält. Der Vermögensberater, der über seine Online-Kreditvergleichsseite ein paar Hundert Euro an Kreditprovisionen verdient, ohne einen Finger zu rühren, kann trotzdem weiterhin maßgeschneiderte Finanzkonzepte erstellen. Die Betreiberin der örtlichen Buchhandlung, die in Leerzeiten an ihrem Buchblog schreibt und darüber sowohl ihrem „Erzfeind" Amazon Provisionen für vermittelte Buchverkäufe herauslockt als auch örtlich ansässige Internet-User in ihren Buchladen zieht, kann diese Arbeit jederzeit unterbrechen, wenn ein „Kunde aus Fleisch und Blut" den Laden betritt.

Während es in der Zeit vor dem Internet für Firmen nur sehr wenige passive Einkommensquellen gab – wie z.B. leerstehende Büroflächen zu vermieten – sind die Möglichkeiten unserer Zeit gigantisch. Ein paar Euro pro Tag hieraus, ein paar daraus – und plötzlich decken sich Ihre Fixkosten von selbst oder Sie können gar einen eigenen Mitarbeiter anstellen, der nichts anderes tut, als Ihrem Unternehmen immer neue passive Einkommensquellen zu verschaffen. Befreit von finanziellen Sorgen gewinnt Ihre Firma an Eigendynamik, kann schon mal auf den einen oder anderen möglicherweise unrentablen Auftrag verzichten, steckt mehr Geld in Forschung und Entwicklung …

Wer sich voll auf das passive Einkommen stürzen möchte, dem sei geraten: *Machen Sie keine Einmalarbeit, wenn Sie wirklich erfolgreich werden wollen. Fassen Sie nur das an, was sich hinterher tausendmal rentieren könnte!*

Zeit erarbeiten

Mein Motto „Zeit ist wahrer Luxus" spiegelt meine persönliche Überzeugung wider: *Zeit ist (wesentlich wichtiger als) Geld.* Viele Menschen haben Geld, die wenigsten haben Zeit. Um meine Unternehmen und Webseiten am Leben zu halten, brauche ich keine Stunde pro Tag. Den Rest des Tages nutze ich als zusätzliche Freizeit sowie für neue Projekte, die immer mehr in die Richtung „Hobbys zum Beruf machen" gehen.

Um sich ein ordentliches passives Einkommen schaffen zu können, brauchen Sie beide Hände frei. Wer sich mit Auftragsarbeiten und Kunden eindeckt, wird bald an seiner Belastungsgrenze ankommen und keine Zeit mehr haben. Dasselbe gilt für jene, die mit Kundenbeschwerden und negativer Publicity überhäuft werden und einen Brand nach dem anderen löschen müssen, weil sie sich zu wenig Mühe beim Aufbau ihrer passiven Einkommensquelle gegeben haben. Und wenn Sie den ganzen Tag in der Werkstatt stehen, Postpakete schnüren oder Rücksendungen abwickeln müssen, haben Sie auch keine Zeit gewonnen, sondern sich selbst zum Sklaven Ihres Unternehmens gemacht.

Zeit ist Geld. Verschenken Sie sie nicht. Nehmen wir das Beispiel Facebook: Wie viele Millionen Stunden mögen die Nutzer dem sozialen Netzwerk jährlich schenken? Wie viele davon stünden eigentlich ihren Dienstgebern zu, weil Angestellte ihre Arbeitszeit im Dienste Mark Zuckerbergs verschwenden? Diese Produktivität ist nicht verloren, sie gehört nur einem anderen: Nehmen Sie diese unschätzbare Zahl an Stunden mal zehn Euro pro Stunde und Sie ahnen, was Facebook so wertvoll macht.

Lassen Sie sich Ihre Zeit auch nicht (zu billig) abkaufen. Wer das Prinzip des passiven Einkommens konsequent verfolgt, wird seine Arbeitsleistung niemals (zu welchem Stundensatz auch immer) an einen Dritten verkaufen. Das heißt, er würde sich weder anstellen lassen noch Kundenaufträge übernehmen. Vielleicht macht gerade der Kundenkontakt den Reiz Ihrer Tätigkeit aus – oder Sie schätzen den sozialen Rahmen, den ein traditionelles Arbeitsverhältnis bietet? Seien Sie sich aber bewusst, was Ihre Zeit wert ist – oder sein könnte, wenn Sie sie in den Aufbau passiver Ertragsquellen steckten, statt den einen oder anderen Auftrag zu günstig zu übernehmen oder sich unter Ihrem Wert einstellen zu lassen.

Für den Aufbau passiver Ertragsquellen im Internet gilt: *Machen Sie sich entbehrlich und nehmen Sie sich aus dem Spiel!* Bauen Sie nur Projekte auf, die minimalen Aufwand benötigen, wenn sie erst mal umgesetzt sind. Das gilt sowohl für Produktion bzw. Erbringung der Leistung als auch deren Vertrieb und die Kundenbetreuung. Je selbständiger Ihr Angebot läuft, desto mehr Zeit gewinnen Sie für sich selbst und neue Projekte.

Hart arbeiten

Ohne Arbeit kein Erfolg. Das Internet schenkt Ihnen nichts. Doch das, was Sie säen, werden Sie hundertfach ernten. Übrigens positiv wie negativ.

Gehen wir davon aus, dass Sie sauber bleiben und auf unseriöse Tricks verzichten, dann gilt: Je mehr Sie arbeiten, desto mehr Erfolg werden Sie haben. Diese Arbeit kann unterschiedlich aussehen. Ein neuer News-Beitrag, eine neue Fotostrecke, ein Video für YouTube, neue Forenbeiträge, Gastartikel für bekanntere Seiten, Reaktionen auf positive und negative Bewertungen, Vernetzung in Social Networks und so weiter. Wichtig ist vor allem, *dass* Sie etwas tun, statt am Stammtisch Mark Zuckerbergs Glück zu beneiden und sich selbst zu bemitleiden. Von nichts kommt nichts!

Die meisten Menschen haben keinen nennenswerten Online-Erfolg, weil sie nicht bereit sind, hart zu arbeiten. „Reich werden ohne Arbeit" ist ein Renner bei den Google-Suchanfragen. Warum wohl? Weil der Mensch von Natur aus faul ist und gerne an Märchen glaubt. Wer wirklich durchstarten will, muss bereit sein, den Allerwertesten zu bewegen. Der Einsatz wird sich lohnen.

Würde man mir alles nehmen, mich irgendwo auf dieser Welt aussetzen und ich hätte neben einer bescheidenen Reserve für meine Grundbedürfnisse nur einen Internet-Zugang zur Verfügung, so bräuchte ich wahrscheinlich nur ein Jahr, um wieder ein ordentliches Gehalt aus dem Internet zu ziehen. Schon nach wenigen Monaten harter Arbeit wären die laufenden Kosten gedeckt. Nach diesem Jahr würde ich mich zurücklehnen, denn *ab dann könnte ich die Früchte meiner Arbeit genießen*. Mit meinem Einsatz hätte ich dann viele nützliche Inhalte geschaffen. Nun würde das Internet für mich arbeiten. Andere würden auf mich aufmerksam werden und auf mich zukommen, bis hin zur Bereitschaft, kostenlos für meine Webseiten zu arbeiten. Der entscheidende Faktor wäre meine Bereitschaft gewesen, *zeitlich begrenzt* überdurchschnittlich hart zu arbeiten und damit eine solide Basis für meine Zukunft zu schaffen.

So erstaunlich es für mich klingt, Durchschnittsmenschen laufen lieber ihr Leben lang im Hamsterrad, als ein Jahr lang *Vollgas in eigener Sache* zu geben.

Wie sieht Internet-Erfolg eigentlich aus? Es muss nicht das „Internet-Gehalt" sein. Dieses Beispiel habe ich deshalb gewählt, weil es für mich eine angenehme Vorstellung ist, später mal „Geld fürs Nichtstun" zu bekommen. Doch Internet-Erfolg hat viele Gesichter. In einem Jahr könnte es Ihnen z.B. auch gelingen, Ihre Marke bekannter zu machen, Ihren Onlineshop anzukurbeln, am besten bewerteter Anbieter Ihrer Region zu werden, eine Vielzahl von Neukundenanfragen zu generieren und mehr. Suchen Sie sich Ihr persönliches Ziel aus!

Ein Jahr ist zu lange – bis dahin können Sie nicht warten? Ich kann Sie beruhigen. Schon nach wenigen Wochen werden Sie erste Erfolge haben, die das Leben leichter machen. Versuchen Sie nur niemals, zu tricksen, um die natürliche Entwicklung künstlich zu beschleunigen. Wenn Sie den sofortigen Erfolg ohne Arbeit wollen, spielen Sie lieber Lotto, statt dieses Buch zu lesen. Dann verknüpfen Sie die Worte Reichtum und Glück untrennbar miteinander, wie es 99 % Ihrer Mitbürger tun. Dass man sich Reichtum auch erarbeiten kann, ist kein Geheimnis. Glück kann man haben, für den Erfolg muss man etwas leisten. Unsere Gesellschaft verlässt sich sehr gerne auf die bequemere Variante – und Sie?

Beständig arbeiten

Das Sprichwort „Steter Tropfen höhlt den Stein" bestätigt sich immer wieder. Kontinuierliche Arbeit wird von Ihren Besuchern und folgerichtig auch von Google honoriert. Nichts ist schlimmer, als auf Unternehmenswebseiten zu stoßen, deren letzter News-Eintrag die Weihnachtsfeier des Jahres 2006 Revue passieren lässt. Wie viel Arbeit wäre es wohl gewesen, jede Woche einen neuen Eintrag zu sich und seinen Angeboten zu veröffentlichen? Eine Stunde? Was hat Sie aufgehalten? Das Tagesgeschäft? Pah! Diese Ausrede wird viel zu oft gebraucht.

Ein Unternehmer, der sich von einer ganzen Woche keine Stunde abzwacken kann, um aktiv an seiner Zukunft zu arbeiten, darf sich keine großartige Zukunft erwarten.

Es wäre genauso verkehrt, nach dem Onlinestellen der Webseite und erster Beiträge sofort Resultate zu erwarten, nach dem Motto: „Jetzt schreibe ich 100 Beiträge am Stück, und dann sehen wir mal." Das geht schief. Denn niemand hat auf Ihre Homepage gewartet. Bis sie vollständig in Google aufgenommen (indexiert) ist, dauert es manchmal Tage und Wochen. Bis die Seiten dann zu bestimmten Suchbegriffen auf vorderen Plätzen zu finden sind („ranken"), können Monate vergehen. Je besser die Qualität und je größer der Nutzen für den Suchenden, desto schneller. Wer aber meint, es nach wenigen Tagen oder Wochen mit Internet-Platzhirschen aufnehmen zu können, irrt.

Zurück zum Thema „Beständigkeit": Arbeiten Sie regelmäßig an Ihrem Online-Angebot. Gerade zu Beginn sollten Sie vermeiden, zu viel Zeit in die Analyse der Besucherstatistik zu stecken. Webseiten entwickeln sich meist exponentiell – es dauert ewig, bis man 100 Besucher pro Tag auf der Seite hat, aber 1.000 erreicht man oft schneller als gedacht. Eigendynamische, exponentielle Entwicklungen bedürfen aber beständiger Arbeit über einen langen Zeitraum.

Eine Möglichkeit, sich zu kontinuierlicher Arbeit zu motivieren, ist das Prinzip „10 produktive Aktionen pro Tag". Der Gedanke ist Power-Verkaufsmethoden aus den USA entlehnt (dort sind es meist 100 produktive Kontakte pro Tag) und besagt, dass sich der Erfolg von selbst einstellen wird, wenn man nur bereit ist, Tag für Tag eine bestimmte Zahl von Aktionen zu setzen, die der Zielerreichung dienlich sind. Beispiele für solche Tätigkeiten im Internet reichen von klein bis groß: Neue Blog-Einträge, Fotos, Videos, Tweets, Info-Posts auf der eigenen Facebook-Seite, Kommentare auf fremden Webseiten, Forenbeiträge, E-Mails an mögliche Geschäftspartner und viele mehr. Einzige Bedingung, damit die Aktivitäten etwas bringen: Sie müssen produktiv sein, also geeignet sein, Sie Ihren Zielen näherzubringen. Plauscherei auf Facebook fällt genauso wenig darunter wie stundenlanges Studieren der Erfolgsstatistik. Mehr dazu gleich im Anschluss.

Last but not least möchte ich erwähnen, dass die Regelmäßigkeit, mit der Sie neue Inhalte online stellen, einer von Googles „Rankingfaktoren" ist. Wer immer wieder Neues beiträgt, wird von der Suchmaschine besser beurteilt als jemand, der seine Webseite über Jahre brachliegen lässt oder alle heiligen Zeiten eine Unmenge neuer Infos hinauflädt. Beides ist in Googles Augen verdächtig. Einerseits ist es unwahrscheinlich, dass Betreiber kleiner Webseiten zu einem einzigen Zeitpunkt riesige Textmengen produzieren und ihren Besuchern gesammelt vorsetzen. Andererseits könnten Sie Ihre Webseite ja bereits aufgegeben haben, weil nichts Neues von Ihnen kommt. Keine Angst: Sie müssen keinen Kalendereintrag erstellen, um pünktlich jeden Montag um 9:00 Uhr vormittags einen neuen Beitrag online zu stellen. Beständigkeit, wie Google sie schätzt, hängt direkt damit zusammen, was auch dem Internet-User gefällt: Immer wieder neue Inhalte schaffen, ohne dabei aufdringlich zu werden. *Kleine Info-Häppchen hie und da sind leichter verdaulich als gesammelte Werke und zeigen Ihren Besuchern wie auch Google, dass Sie langfristig am Ball bleiben wollen.*

Produktiv arbeiten

Erinnern Sie sich an den Stolperstein „Statistiksüchtig?“ aus dem vorigen Kapitel? Erfolgs- und Besucherstatistiken zu betrachten, mag faszinierend und fesselnd sein, bringt Sie aber kaum vorwärts. Dabei sind Statistiken noch das kleinere Übel, denn sie können helfen, Webseiten und Ertragsmodelle besser zu verstehen. Das Philosophieren über all die Möglichkeiten, im Internet an Geld zu kommen, das Grübeln über den eigenen Schwerpunkt, das Schreiben von Plänen und Konzepten oder das Lesen von Fachliteratur und Webseiten zum Zweck der Weiterbildung sind nicht produktiv, wenn auch (mal mehr, mal weniger) notwendig. Zum Thema „nötige Fachkenntnisse“: Tatsächlich zählt im weltweiten Netz Praxis mehr als Theorie. Die unendliche Informationsfülle im Internet ist perfekt geeignet für *Learning by Doing*. Beginnen Sie so bald als möglich, produktiv zu arbeiten, und wenn Sie vor einem Problem stehen, googeln Sie nach der Lösung. Aber dann gleich wieder ran an die Arbeit!

Beispiele produktiver Arbeiten im Internet:

- ✔ Onlinestellen von Texten, Videos und Fotos zum Zweck der Bekanntmachung Ihrer Webseite, Ihrer Marke oder Ihres Angebots
- ✔ Promotion neuer Inhalte auf Facebook, Twitter, Google+, Pinterest und anderen dafür geeigneten Portalen
- ✔ Kommentieren fremder Beiträge zum Zweck des geschäftlichen Beziehungsaufbaus
- ✔ Beantwortung fachspezifischer Fragen in Online-Foren oder sozialen Netzen, wenn Sie Ihren Namen oder einen Link zu Ihrer Webseite hinterlassen können
- ✔ Individuelle Kontaktaufnahme zu anderen Webseitenbetreibern oder Zielgruppenbesitzern per E-Mail (Achtung: individuell = maßgeschneidert und persönlich = kein Spam!)

Absolut unproduktiv ist es z.B., sich auf Facebook über Tratsch & Klatsch zu unterhalten, Katzenfotos zu kommentieren oder stundenlang YouTube-Videos anzusehen. Dass Ihnen das nicht nützt, versteht sich von selbst.

Aber wie verhält es sich z.B. mit dem Herumspielen an der Optik Ihrer Internet-Seite? Oder mit Systemwartung, dem Einspielen wichtiger Updates, neuen Plug-ins (Zusatzfunktionen), dem Wechsel des Webhosting-Anbieters oder der Verstärkung von Sicherheitsmaßnahmen? Ich sage: Nichts davon ist produktiv im Sinne des Konzepts der „10 produktiven Aktionen pro Tag" von vorhin. Diese Arbeit ist meist notwendig, immer komplex und zeitraubend, macht Sie und Ihr Angebot aber kein Stück bekannter und ist daher neben der produktiven Arbeit zu erledigen. Keinesfalls sollten Sie sie Ihrer Produktivitätsstatistik hinzurechnen.

Auf optische Spielereien und Experimente mit verschiedenen Webseiten-Templates (vorgefertigte Layouts) können Sie zu Beginn getrost verzichten. So lange nicht Hunderte Besucher pro Tag auf Ihrer Homepage sind, reicht ein Standard-Layout aus. Bei so wenigen Besuchern können Sie auch unmöglich den Vorher-nachher-Vergleich anstellen, ob das Schrauben an der Optik etwas gebracht hat oder nicht.

Die Zusammenfassung der vorigen drei Punkte lautet somit: *Arbeiten Sie hart, kontinuierlich und produktiv!*

Eine Marke aufbauen

Der Begriff der Marke beschränkt sich keineswegs auf große Hersteller und Markenartikel aus der Werbung. Marken hängen auch nicht davon ab, ob sie in einem Markenregister eingetragen sind oder nicht.

Sie sollten sich eine eigene Marke im Sinn des Wortes „markant" schaffen, was bedeutet: Machen Sie sich oder Ihr Produkt/Ihre Leistung *bemerkenswert, auffällig, einprägsam, unverwechselbar.*

Die dreihundertsiebzigste Vermittlungsseite für Schufa-freie Internet-Kredite wird kaum so empfunden werden, es sei denn, Ihr Informationsangebot unterscheidet sich deutlich von dem der Mitbewerber, was sehr unwahrscheinlich ist. Eine unendliche Zahl von Vergleichsseiten (Preise, Kredite, Strom, Versicherungen, ...) kämpft mit riesigen SEO-Budgets um die vordersten Plätze der Google-Suchresultate. Wie viele davon kennen Sie namentlich? Die Top 5? Der Rest hat es verabsäumt, eine Marke zu schaffen, die den Besuchern im Gedächtnis hängen bleibt. Man lebt von Googles Gnade, und versiegt der Besucherstrom von der Suchmaschine, ist „aus die Maus". Überhaupt sollten Sie eher Ihr eigenes Süppchen kochen, als den Eintopf wieder aufzuwärmen, der vielleicht irgendwann zu irgendjemandes Erfolg geführt haben mag.

Die Marke kann viele Gesichter haben: Ihr Name, der Name Ihrer Webseite, Ihr Design, Ihr Produkt, Ihre Qualität oder Kundenbehandlung – so gut wie alles kann zur Marke werden, an die sich Menschen erinnern. Genau darauf kommt es jedem Markenbesitzer an, ob offline oder online: *Ein Erinnerungsmoment zu schaffen, das erstmalige Besucher zu Interessenten und (im Idealfall immer wiederkehrenden) Kunden macht.*

Eine starke Marke macht Sie von der willkürlichen Änderung der Suchmaschinenalgorithmen unabhängig. Verlassen Sie sich nicht darauf, dass Ihnen Google auch in fünf Jahren noch eine große Menge von Interessenten frei Haus liefern wird. Die vorderen Plätze sind heiß begehrt, und Google will vor allem eines: selbst Geld verdienen. Richten Sie Ihre Bemühungen darauf aus, für Besucher, die am Anfang so gut wie ausschließlich von Suchmaschinen weitergeleitet werden, so *bemerkenswert, auffällig, einprägsam und unverwechselbar* zu sein, dass sie sich auch ohne Suchmaschine an Sie erinnern und per Direktaufruf zu Ihnen gelangen.

Das Paradoxe daran ist: Indem Sie versuchen, sich von Google unabhängig zu machen, handeln Sie genau in Googles Sinn: Sie geben sich Mühe, aus der Masse vergleichbarer Angebote herauszutreten, mehr Nutzen und bessere Qualität zu bieten und sorgen damit für ein besseres Besuchererlebnis, ohne jemals an Ihr Ranking (Ihre Google-Platzierung) zu denken. *Sie arbeiten so, als gäbe es die Suchmaschine gar nicht bzw. als wollten Sie nicht darauf angewiesen sein.* Die Wirkung dieser Arbeitsweise verstärkt sich von selbst: Google fördert solche *markanten* Webauftritte, indem man sie weiter vorne listet, und liefert Ihnen immer neue Stammgäste, die in Zukunft ohne Google zu Ihnen kommen.

Daher mein Rat: Überlassen Sie Maßnahmen, die nur auf die Position in Suchmaschinen abzielen, getrost Ihren Mitbewerbern und arbeiten Sie ausschließlich daran, *bemerkenswert, auffällig, einprägsam und unverwechselbar* zu sein – kurz: eine Marke aufzubauen.

In der Nische beginnen

Je spezieller Ihr Angebot, desto besser. Früher wäre es unrentabel gewesen, sich auf eine kleine Zielgruppe zu konzentrieren. Nehmen wir das Beispiel vom Geschäft für Clownschminke. Es würde wohl wenig Sinn machen, einen solchen Laden in Einkaufszentren oder Fußgängerzonen zu eröffnen. Es wäre viel zu unwahrscheinlich, dass genügend (professionelle) Clowns zufällig vorbeispazieren, um auf die nötige Besucherfrequenz zu kommen. Doch im Internet macht es Sinn. Egal, ob ein Clown in Hamburg, Zürich, Linz, New York oder Kuala Lumpur wohnt, er wird Sie finden, wenn Sie der weltweit einzige Onlineshop für Clownschminke sind. Alle Ihre Homepage-Inhalte und Angebote drehen sich nur um die lustigen Farben und Cremes. Das hat Google erkannt und listet Sie besonders weit vorne, wenn potenzielle Kunden nach „Clownschminke", „Gesichtsfarben", „Karneval Schminke" oder „Clown-Kosmetik" suchen. Und damit erreichen Sie genau Ihre Zielgruppe! Der Generalist, der alle Arten von Schminksachen anbietet, muss sich hingegen mit Kosmetikern, Pharmariesen und Handelsketten duellieren und wird wohl niemals die erste Position in den Suchergebnissen erklimmen.

Dieses plakative Beispiel lässt sich auf alle Branchen übertragen. Das Hotel für Senioren-Pflegeurlaub hat bessere Chancen als das XY-Wellnesshotel. Der Experte für Wohnraumversicherungen wird eher zu seinen Kunden finden (eigentlich umgekehrt: die Kunden finden über das Internet zu ihm) als ein XY-Versicherungsmakler. Die Queen-Revival-Hochzeitsband wird besser gebucht als eine XY-Tanzkapelle. Das Fischrestaurant für heimische Flussfische ist öfter voll als eine XY-Fischbude. Und so weiter.

Der Grund dafür ist ganz einfach. Die meisten Unternehmen haben viel zu viele Produkte und Leistungen im Angebot. Sie wollen es allen Kunden recht machen und hängen sich einen farbenfrohen Bauchladen um. Von allem ein bisschen, doch von nichts besonders viel. Folgerichtig offerieren sie ein sehr breites, aber nicht sehr tiefes Sortiment. Sucht ein potenzieller Abnehmer nur ein wenig abseits dessen, was „die meisten" wollen, erntet er bedauerndes Schulterzucken. Und das ist Ihre Chance. In einer engen Nische gibt es wenig bis gar keine Konkurrenz. Dank Internet werden Sie auch von Interessenten gefunden, die Hunderte Kilometer von Ihnen entfernt leben. Darüber hinaus ist eine spezielle Zielgruppe untereinander gut vernetzt. Das bedeutet: Ihr spezielles Angebot spricht sich schnell herum, wird verlinkt, Ihre Seite steigt noch weiter auf, wird noch öfter gefunden, und so weiter. Kein Teufelskreis – ein Engelskreis!

Es macht Sinn, sich auf eine Nische zu konzentrieren. Sie bleiben aber nicht darauf beschränkt. Haben Sie das Spezialthema besetzt, kennt man Sie und empfiehlt Sie auch weiter. Je größer der Anteil an Stamm- und Empfehlungskunden ist, desto mehr werden Sie nach Angeboten gefragt werden, die außerhalb Ihrer Nische angesiedelt sind. Wenn es sich für Sie rechnet, dehnen Sie Ihr Angebot schrittweise aus.

Ein eigenes Angebot kreieren

„*You need a product*“, raten viele Web-Experten. Mit gutem Grund. Das Internet ist geradezu prädestiniert dafür, jede Form von Zwischenhandel auszuschalten, so auch jenen mit Informationen. Schließlich steht das weltweite Netz selbst für die Demokratisierung und freie Zugänglichkeit allen Wissens. Google kennt keine Gnade mit jenen, die sich mit ihren Webseiten und typischen Vermittlungstätigkeiten zwischen die eigentlichen Anbieter und deren Kunden zwängen wollen. Ein kleines Beispiel aus der Praxis: Ich brauchte mehrere Jahre, um eine Webseite zum Thema „Webdesign“ aufzubauen. Zuerst programmierte ich die so genannten Templates noch selbst, doch dann konzentrierte ich mich darauf, fremde Arbeiten zu analysieren und über die Empfehlung dieser Produkte Geld zu verdienen. Im Grunde brauchte der potenzielle Käufer meinen Rat nicht wirklich. Da meine Seite recht gut optimiert war, fand man mich oft früher als die eigentlichen Anbieter, zu denen ich die Besucher weiterleitete. Ich drängte mich vor, und Google bestrafte mich dafür, indem man meine Seite von einem Tag auf den anderen aus dem Index und auch aus dem Anzeigendienst AdWords warf. Obwohl die Homepage Lichtjahre von Spam, Tricks und üblen Machenschaften entfernt ist, und ich mir wirklich Mühe mit den Inhalten gegeben habe, war ich nichts weiter als ein „Vordränger“ ohne eigenes Produkt. Google zog mir dafür den Stecker. Lieber sieht man die Hersteller vorne, als reine Produktvermittler, die ohnehin nur zu den eigentlichen Anbietern führen. Dass Letztere oft mehr vom Webseitenaufbau und der Suchmaschinenoptimierung verstehen, bietet Besuchern keinen Mehrwert. Schmerzlich für mich, doch irgendwie verständlich, oder nicht?

Dieser Punkt sollte all jenen zu denken geben, die den Online-Erfolg im reinen Affiliate-Marketing suchen. Hier verdient man Provisionen über die Empfehlung fremder Angebote auf der eigenen Webseite. Das Business ist milliardenschwer und hat viele Multimillionäre hervorgebracht. Auch ich verdiene noch gut damit. Wichtige Google-Updates der letzten Jahre lassen keinen

Zweifel darüber, dass man sich reiner Affiliate-Seiten entledigen wird. Das sind jene, die nur zu dem Zweck aufgebaut und gepflegt werden, um fremde Provisionen zu kassieren (MFA, „Made for Ads“ bzw. „Gemacht für Anzeigen“). Einer reinen MFA-Seite geht es nicht um Mehrwerte für Besucher, sondern um die schnellstmögliche Weiterleitung zum Provisionspartner und damit ums schnelle Geld. Das missfällt der Suchmaschine sehr, denn diesen Webseiten fehlt ein eigenständiges Angebot, das dem Besucher nützt. Auf die Mischung kommt es an. Gegen Affiliate-Marketing ist nichts einzuwenden, wenn es nicht im Mittelpunkt Ihrer Aktivitäten steht und Sie es nicht auf Gedeih und Verderb auf die Maximierung dieser Einnahmen anlegen. Dass Google sich selbst aus diesem Grundsatz ausnimmt und in Wahrheit die größte Produktvermittlungsseite der Welt ist, steht auf einem anderen Blatt geschrieben – der Monopolist kann sich eben alles erlauben. Wozu soll man den Werbekuchen mit Vermittlungsseiten aller Art teilen, wenn man auch selbst jedes vorstellbare Angebot vergleichen und vermitteln kann? Die Folge: Oft besteht mehr als die Hälfte der sichtbaren Google-Suchergebnisseite („above the fold“, also ohne hinunterzuscrollen) aus bezahlten Anzeigen oder Produktvergleichen, für die Provisionen an Google fließen. Die organischen Suchresultate (jene der eigentlichen, unbezahlten Google-Suche) wandern immer weiter in den unteren Bereich. Da man parallel dazu auch die optische Darstellung bezahlter und unbezahlter Suchergebnisse immer weiter aneinander angleicht, ist es dem ungeübten Internet-Benutzer fast unmöglich, zwischen beiden zu unterscheiden.

Mangels Alternativen muss man mit Googles Willkür und Geldhunger leben und sich auf das eigene Angebot konzentrieren. Aber was ist nun aus Googles Sicht gerade noch o.k., und wann hat man es mit dem Bewerben fremder Produkte übertrieben und wird daher von der Suchmaschine mit einer gelben oder roten Karte bedacht? Genau dieser Ermessensspielraum ist ein riesiges Problem für die Branche.

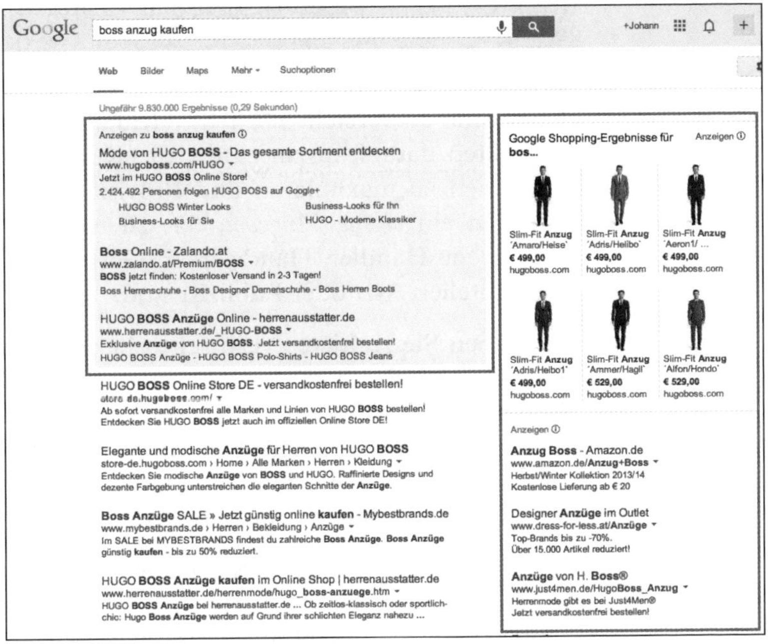

Abbildung 4.1: Im Mittelpunkt stehen Bezahlinhalte, dann erst die „organischen" Inhalte: Sähe Ihre Seite so aus, würden Sie wohl gegen Googles Richtlinien für Webmaster verstoßen

Wie auch in meinem Fall entscheidet nicht ein Google-Algorithmus, was „MFA" ist, sondern ein Mitglied des Qualitätssicherungsteams aus Fleisch und Blut. Diese Art von Strafen wird händisch vergeben und liegt im Ermessen des Google-Mitarbeiters. Wie im Fußball sind menschliche Entscheidungen auch im Internet nicht immer objektiv nachvollziehbar. Im Fall einer Strafe bleibt Ihnen nur, die Webseite von Grund auf neu auszurichten und Google zur Neubewertung vorzulegen. Das funktioniert auch, wie ich aus eigener Erfahrung weiß: Google ist nicht so steril und unnahbar, wie es scheint. Was nach der Änderung Ihrer Homepage, Überarbeitung der Inhalte und Entfernung der übermäßigen Anzeigen allerdings nicht mehr funktioniert, ist Ihr Geschäftsmodell. Was dann?

Wenn Sie nachhaltig erfolgreich sein wollen (und wer will das nicht?), müssen Sie *selbst etwas zu bieten haben*. Das muss kein körperliches Produkt sein. „*You need a product*“ ist im übertragenen Sinn zu verstehen. Nicht nachhaltig ist es, alle Online-Aktivitäten darauf auszurichten, die Kundenzahl *anderer* Unternehmen zu maximieren und Provisionen zu kassieren. Sie brauchen ein *eigenes Angebot*, das zu eigenen Kunden führt, egal, ob Sie Händler, Handwerker, Gastronom, Taxiunternehmer, Hotelier, Arzt oder Publizist sind.

Was haben Sie zu bieten? Ein selbst hergestelltes, körperliches oder digitales Produkt? Ihr Wissen oder Ihre Geschichten in Buchform? Gute Beratung? Tolle Reportagen? Schnelle Reparaturen? Ein gut sortiertes Sortiment von Nischenprodukten, Kunstwerken, ein Portfolio von exklusiven Immobilien-Vermittlungsaufträgen? Ihr „Produkt“ kann viele Gesichter haben.

Der gemeinsame Nenner: Sie haben die Kontrolle über das Angebot, statt einer von vielen (miteinander vergleichbaren) Händlern oder Empfehlungspartnern zu sein.

Verdienst „pro Tag“ optimieren

Im Internet kommt es nicht darauf an, wie viel Sie pro Monat oder pro Jahr verkaufen, verdienen oder leisten. Diese Zeiträume sind viel zu lang, als dass man sie im Auge behalten und optimieren könnte. Ich betrachte meine Einnahmen pro Tag und vergleiche sie miteinander. So kann ich sehr zeitnah sehen, welche Auswirkungen meine Arbeit hat.

Als ich 2008 realisierte, dass ich über mein Online-Wirtschaftsmagazin stabile fünf Euro pro Tag aus Google-Werbung („Google AdSense“) einnehme, ging mir der Knopf auf. „Fünf Euro täglich sind 150 Euro monatlich. Dieses Geld kommt jetzt automatisch, da die bisherigen Inhalte ja online bleiben und ich sie nicht noch mal schreiben muss. Habe ich also zehnmal so viele Inhalte, werde ich 50 Euro pro Tag einnehmen, was 1.500 Euro monatlich entspricht. Und das Beste: Auch die 1.500

Euro werden von selbst eintrudeln, und alles, was ich dann noch leiste, wird meine Einnahmen nur noch weiter steigern!" Glauben Sie mir: Es funktioniert tatsächlich so.

Mein Ziel lag bald bei 100 Euro pro Tag. Ich wusste, damit würde ich das Auskommen finden, denn der laufende Betrieb von Internet-Seiten kostet fast nichts. 100 Euro pro Tag ergeben 3.000 Euro pro Monat, und mit einem Bruttogehalt dieser Größe kann ich gut über die Runden kommen. Also galt es, diesen imaginären Topf der 100 Euro zu füllen. Nach ca. einem Jahr hatte ich es geschafft – seither lebe ich vom Online-Einkommen. Heute belaufen sich meine Tageseinnahmen auf ein Mehrfaches meiner damaligen Ziele, und ich arbeite immer noch mit dieser Grundeinstellung.

Das Verdienstpotenzial ist im Internet nahezu unbegrenzt. Die Schranken befinden sich vor allem im eigenen Kopf, weil uns Konvention, Ethik und Moral diktieren, welches Einkommen sozial gerechtfertigt sei. Es fühlt sich falsch an, pro Monat einzunehmen, was ein anderer pro Jahr verdient. Diese Barriere gilt es zu überwinden.

Internet-Multimillionäre raten: „Mache Deine Jahreseinnahmen zu Monatseinnahmen, Deine Monatseinnahmen zu Wocheneinnahmen, bis Du schließlich pro Tag verdienst, was früher Dein Jahreseinkommen war!" Geht nicht? Gibt's nicht. Alles ist eine Frage des Einsatzes. Ich kenne Webmaster, die nicht ihren Tages-, sondern ihren Stundenertrag als Maßstab heranziehen und optimieren. Mir persönlich erscheint das übertrieben, und ich bin auch nicht so verbissen und geldgierig. Zudem scheint mir die Gefahr groß, dabei statistiksüchtig zu werden und nur noch in die Auswertungen zu gucken. Es genügt mir, ordentlich zu verdienen und das Leben genießen zu können. Für mich ist Zeit der wahre Luxus, den man sich nicht kaufen kann, sondern nehmen muss. Aber lassen Sie sich bloß nicht von mir aufhalten!

Ziele definieren und messen

Dass das weltweite Netz für gehörigen Rückenwind sorgen kann, ist wohl so ziemlich jedem klar. Doch: „Wer nicht weiß, wohin er segeln will, für den ist kein Wind der richtige", wusste schon Seneca im alten Rom. Also: Wen oder was genau wollen Sie im Internet erreichen? Neue Einnahmequellen? Mehr Käufer? Neue Mitglieder? Größere Bekanntheit Ihrer Marke? Stammleser? Höhere Preise? Fans?

Nur wenn Sie sich messbare Ziele setzen, werden Sie beurteilen können, ob Ihnen das Internet nützt oder nicht. Ich habe es oft erlebt, dass Unternehmer den plötzlichen Erfolg nicht dem Internet, sondern sich selbst zurechnen. „O.k., die Anfragen kamen über die neue Homepage, aber abgeschlossen habe ich das Geschäft und nicht die Homepage!" Dass das eine ohne das andere gar nicht möglich gewesen wäre, wird „vergessen". Interessenten werden über die Webseite informiert, vorqualifiziert und deren Kaufbereitschaft gesteigert, auch wenn sie dann tatsächlich „offline" kaufen oder den Vertrag abschließen. Doch am Ende glaubt der Firmenboss allen Ernstes, die Homepage wäre gar nicht nötig gewesen und hätte nur viel Geld gekostet. Ich habe daraus gelernt, niemals ohne eindeutig formulierte, messbare Ziele in ein neues Kundenprojekt zu gehen.

Einige Beispiele für konkrete, messbare Ziele im Internet:

- ✔ 1.000 deutsche Besucher pro Tag aus themenrelevanten Google-Suchanfragen
- ✔ Steigerung der Werbeeinnahmen auf durchschnittlich 100 Euro pro Tag
- ✔ 20 Neukundenanfragen täglich über das Online-Formular
- ✔ Verringerung der Abbruchrate im Bestellprozess auf unter 30 %
- ✔ Verringerung des CPA (Cost per Action, Kosten pro Aktion) auf unter 25 Euro Werbekosten pro Kauf

- ✓ Erhöhung des Warenkorbwerts auf durchschnittlich 500 Euro pro Käufer
- ✓ Die Top 10 der Berliner Hotels auf *HolidayCheck.de* erreichen

Diese Ziele werden mit einem Termin verknüpft, bis zu dem das Ziel erreicht sein soll. Darüber hinaus muss festgelegt werden, wie die Zielerreichung gemessen wird. Ungeeignet, weil nicht messbar, wären z.B. Formulierungen wie „Steigerung der Informationsqualität", „höhere Kaufbereitschaft", „begeisterte Kunden" und andere Wischiwaschi-Vorgaben, die das Papier nicht wert sind, auf dem sie geschrieben stehen. Das Zielcontrolling, also die regelmäßige Gegenüberstellung von Soll und Ist, eventuelle Anpassungen und Festsetzung weiterer Maßnahmen zur Zielerreichung, sollte Ihnen zu einer festen Gewohnheit werden.

Sehr viele Ziele lassen sich komfortabel über die Webseitenstatistik messen. Deshalb sehen wir uns die Tools später noch genauer an.

„Aktionitis" vermeiden

Was sich Firmen so für den schnellen Extra-Euro einfallen lassen! Mit Riesenaufwand wird das eigene Angebot verramscht. Die Kunden sollen sich für wenige Tage oder Wochen darum reißen. Schlussverkäufe, Valentinstagsspecials, Weihnachtsturbos, Rabattcodes, 30-Tage-Wechselboni, 6-Monats-Zinsvorteile und Zahl-eins-nimm-zwei-Aktionen lauern überall. Seien wir mal ehrlich: Wie viele davon kann der Kunde überhaupt noch geistig erfassen? Was mögen Konzeption, Produktion und Distribution der Aktion gekostet haben? Was ist unterm Strich in der Kasse übrig geblieben? Und lässt sich das überhaupt messen?

Ich distanziere mich ausdrücklich von jeder Form von Aktionitis im Internet. Der Aufwand lohnt sich einfach nicht. Welche Rolle kann die kurzfristige Ertragsmaximierung in der langfristigen Entwicklung Ihres Unternehmens spielen? Und wie viel außerplanmäßige Arbeit ist dafür erforderlich? Ich behaupte: Aktionen sind nicht nur nutzlos, sie können Ihnen sogar schaden, wenn Sie z.B. Bestandskunden mit Preisreduktionen oder anderen Belohnungen für Neukunden verärgern. Investieren Sie Ihre Ressourcen lieber in die Verbesserung Ihres dauerhaft verfügbaren Angebots. Kein Kunde soll das Gefühl bekommen, Sie hätten ihn mit psychologischen Tricks und künstlicher Verknappung geködert.

Richten Sie Ihre Webseite möglichst langfristig aus. Nutzen Sie die Tatsache, dass Ihre Homepage 24 Stunden für Sie arbeitet, Tag für Tag, Jahr für Jahr. Es wäre doch schade, dieses Potenzial brachliegen zu lassen, weil Sie zu kurzfristig denken und sich von Aktion zu Aktion hangeln.

Nicht vor der Konkurrenz fürchten

Auch heute noch werden Erfolgsrezepte sorgfältig vor der Konkurrenz in Sicherheit gebracht. Hat man nach langer Suche den „Heiligen Gral" gefunden, der dem Unternehmen zum Durchbruch verhalf, will man ihn doch nicht den Mitbewerbern überlassen!

Warum veröffentliche ich mein eigenes Erfolgsrezept, von dem ich überzeugt bin, dass es „fremde Menschen" erfolgreich machen kann? Noch dazu, wo ich pro Exemplar weit weniger als ein Zehntel von dem verdiene, was Sie für dieses Buch ausgegeben haben? Gebe ich damit nicht den Mitbewerbern die Gelegenheit, meinen Webseiten das Wasser abzugraben, und das zum Beinahe-Nulltarif? Ich behaupte: Es ist genug für alle da, und das für Jahrzehnte. Zigtausende Nischen, Themen und Ideen warten noch darauf, besetzt bzw. umgesetzt zu werden. Es schadet mir überhaupt nicht, wenn Sie nach meinen Methoden arbeiten, denn aus Ihrem Hintergrund, Ihren Fähigkeiten, Ihren Interessen und Ihren Angeboten mixen Sie Ihren ganz individuellen Erfolgscocktail. Kein Mensch auf dieser Erde ist die exakte Kopie eines anderen, und das gilt auch für Webseiten, es sei denn, sie wurden kopiert, was Google schnell aufdecken und bestrafen würde. Selbst wenn Ihre Webseite thematisch vollkommen gleich ausgerichtet wäre, würden wir uns ob der Milliarden möglicher Suchanfragen unserer Besucher nicht oft in die Quere kommen. Einmal sind Sie weiter vorne, einmal ich. Wie gesagt: Es ist genug für alle da!

Viele Firmen sind Geheimniskrämer und würden am liebsten gar nichts ins Internet stellen. Neue Produkte findet man erst, wenn sie schon hundertfach patentiert und abgesichert sind. Über Entstehung und Hintergründe erfährt der Kunde nichts. Die eigenen Mitarbeiter werden versteckt, weil man sich vor Headhuntern fürchtet, die die besten Köpfe abwerben könnten. Online-Prospekte werden zensiert, um den Produktpiraten das Kopieren schwerer zu machen. Fotos und Videos werden streng selektiert, meist vom Vorstand höchstpersönlich. Zulieferbetriebe sind „Staatsgeheimnis". Dienstleister halten ihre selbst entwickelten Tools im Verborgenen, weil sie ja sonst nicht nur Kunden, sondern auch Mitbewerbern nutzen könnten.

Machen Sie diesen Fehler nicht und stehen Sie sich nicht selbst im Weg! Je transparenter Sie sich geben und je mehr Material Sie den Besuchern zur Verfügung stellen, desto schneller kommen Sie im Internet vorwärts. Jedes Produkt, jeder Mitarbeiter, jedes Foto und jedes Tool ist eine neue Chance, Spuren zu hinterlassen, gefunden zu werden und damit Ihren Internet-Erfolg zu steigern.

Vier Beispiele:

- ✔ Wer seine Kunden laufend über Entwicklung, Entstehung und Reifungsprozess seiner Produkte informiert, weckt Neugier, beugt Spontankäufen bei der Konkurrenz „mangels Kenntnis" vor und zeigt sich als lebendiges Unternehmen. Rückschläge und Irrtümer in der Produktentwicklung machen Ihre Firma menschlicher und zeigen, wie viel Ihnen daran liegt, dem Endkunden nur das beste, ausgereifteste Produkt anzubieten.

- ✔ Wer seine Mitarbeiter ausführlich und einzeln auf der Webseite vorstellt, drückt damit nicht nur seine Wertschätzung gegenüber den Arbeitnehmern aus, sondern sorgt auch dafür, dass sein Unternehmen Gesichter bekommt, „menschlicher“ wird – und breiter im Internet aufgestellt ist. So finden neue Besucher zu Ihnen, die nach dem Namen eines Mitarbeiters gesucht haben. Mit dem Spruch: „Ach, das wusste ich ja gar nicht, dass Du bei XY arbeitest, da könnten wir doch gleich mal …“, kann man auch zu neuen Kunden kommen.
- ✔ Wenn Sie sich von Ihren Mitbewerbern dadurch unterscheiden, dass Sie nicht nur das päpstlich abgesegnete, copyrightgeschützte Standard-Produktfoto anbieten, sondern gleich mehrere professionelle Fotostrecken zur (lizenz)freien Verwendung und Verbreitung durch die Internet-Community, werden Sie nicht nur wesentlich mehr Publicity (und natürliche Backlinks) ernten, sondern auch viel öfter über die Google-Bildersuche gefunden werden. Deren Potenzial sollten Sie niemals unterschätzen, vor allem, wenn Sie etwas produzieren, das über visuelle Anreize verkauft wird.
- ✔ Ein Finanzdienstleister, der für eigene Beratungsleistungen ein Kalkulationsprogramm auf Excel-Basis programmiert hat (z.B. einen Tilgungsrechner für Kredite, ein Haushaltsbuch, einen Liquiditätsplaner oder Ähnliches), könnte dieses seinen Besuchern zum kostenlosen Download anbieten. Über die natürliche Weiterverbreitung gelangen neue Interessenten zu ihm, denen er sich mit dem kostenlosen Tool schon als kompetent präsentiert hat. Was schadet es da, wenn andere Finanzberater das Tool ebenfalls verwenden, solange es zu seinem Erschaffer zurückverweist?

Ich behaupte: Je mehr (Qualitäts-)Inhalte, desto besser. In den allermeisten Branchen wird der Nutzen einer offenen, vollumfänglichen Unternehmenskommunikation den möglichen Schaden bei Weitem übersteigen. Füttern Sie Ihre Webseite, und sie wird sich revanchieren. Und geben Sie der Konkurrenz nicht mehr Stellenwert, als sie verdient.

Auf den Besuchernutzen konzentrieren

Eine Webseite nützt dem Besucher nur dann, wenn er findet, was er sucht. Ich habe bereits davor gewarnt, zu sehr auf optische Spielereien zu setzen, die noch dazu sehr teuer werden können. Ihre Werbeagentur mag behaupten, was sie will, doch die Auffindbarkeit von Inhalten ist wesentlich wichtiger als die Frage, ob ein Besucher Ihrer Seite ob deren geballter Schönheit spontan in Ohnmacht fällt. Viel wahrscheinlicher ist es, dass er von den eigentlichen Zielen abgelenkt wird oder aufgrund grauenvoll langsamer Ladezeiten Ihres pompösen Web-Auftritts das Weite sucht. Ihre Homepage soll zwar nicht ausschauen wie 1990, doch der Grundsatz lautet immer: Je schneller der Besucher findet, was er sucht, desto besser! Das gilt sowohl für Ladezeiten als auch für die eigentliche Auffindbarkeit der nützlichen Informationen und Ihrer Ziele, wie etwa des Shops, der Kontaktdaten oder des News-Bereichs. Wahre Profi-Webseiten, die den Königen unter den Online-Geldverdienern Millionen einbringen, sind nicht schön, sondern funktional, schnell erreichbar und benutzerfreundlich. Die Mundwinkel des Grafikdesigners mögen sich ob ihres Anblicks verziehen, als hätte er gerade in eine Zitrone gebissen, doch oft ist ein simpler Textlink wesentlich effizienter als ein strahlender Button, ein selbst geschossenes Foto eines Durchschnittsbürgers in der Ecke authentischer als das auf Plakatgröße aufgezogene gephotoshoppte Einheitsgesicht, das den gesamten Webseitenhintergrund einnimmt und vom Inhalt ablenkt.

Glauben Sie nicht, es wäre eh alles bestens. Setzen Sie Ihre Großmutter, Ihren Onkel oder beliebige Leute von der Straße vor Ihre Webseite und Sie werden staunen, was man alles nicht finden kann. Der Link zur Zielseite, der Ihnen sonnenklar in die Augen sticht, kommt Ihren Besuchern vielleicht vor, als sei er auf der Rückseite des Mondes versteckt. Genau das passiert auf Ihrer Homepage Tag für Tag. So schön Ihr Auftritt sein mag: Die Benutzbarkeit entscheidet über den Erfolg. Schönheit liegt im Auge des Betrachters, Benutzbarkeit betrifft alle.

Die Besucher kennen(lernen)

Wer sind Ihre Besucher? Woher genau kommen sie, wie haben sie Ihre Webseite gefunden, wie lange sind sie bei Ihnen geblieben und was haben sie sich dabei angesehen? Haben sie gefunden, was sie suchten? Auf welcher Seite gehen die meisten Gäste verloren, weil sie den Zurück-Button ihres Browsers oder einen externen Link anklicken? Wie viele – und welche – Besucher sind ernsthaft an Ihrem Angebot (bzw. Ihrem Ziel) interessiert? Bei Onlineshops: Warum kaufen manche Nutzer und andere nicht, und was haben die Käufer vorher bei Google eingetippt? Warum wird der Bestellprozess meist auf ein und derselben Seite abgebrochen? Welche Abfragen führen nie zu Käufen, und warum landen diese Leute ausgerechnet bei Ihnen und nicht bei Ihrem Mitbewerber?

Solche und noch viele andere Fragen können Sie durch regelmäßiges Kontrollieren der Webseiten-Statistik beantworten. Je mehr Sie über Ihre Besucher wissen, desto eher lässt sich der Wunschbesucher finden. Man entwickelt ein Gefühl dafür, wie dieser Mensch aussieht, woher er kommt, was er sucht und denkt, in welcher Lebenssituation er steckt und vieles andere. Diesen typischen User müssen Sie kennen und anvisieren, um wirklich erfolgreich zu werden – ohne jedoch den Großteil Ihrer Zeit in die Statistikanalyse zu stecken.

Never Change A Winning Site!

Wie oft habe ich schon erfolglos an meinen Seiten herumgebastelt! Um auch den letzten Rest potenzieller Werbeeinnahmen herauszukitzeln, bereitete ich z.B. meine allererste und damals erfolgreichste Seite wochenlang auf einen „Relaunch“, also einen Neustart vor. Von der Konzeption bis zu den letzten Tests investierte ich jede Menge Zeit und Know-how, und ich bin mir auch heute noch sicher, dass die Lösung – vom technischen und theoretischen Standpunkt aus betrachtet – sehr raffiniert und chancenreich war. Sie unterschied sich sowohl optisch als auch in ihrer Funktion deutlich von ihrem Vorgänger und bot wesentlich mehr Kontroll- und Vermarktungsmöglichkeiten. Ich wechselte also per Knopfdruck zur neuen Version, und was passierte? Gar nichts. Die Leistungskennzahlen blieben dieselben, mit dem Nachteil, dass die Seite nun viel langsamer, weil komplizierter aufgebaut war. Ich hätte eine Menge Geld in leistungsfähigeres Webhosting stecken müssen, um alle Möglichkeiten der neuen Seite nutzen zu können. Unterm Strich wäre es wohl wieder ein Nullsummenspiel gewesen. Nach wenigen Wochen wechselte ich zurück zur alten Version. Einmal mehr bestätigte sich, dass der Inhalt auf der Seite wesentlich mehr Einfluss auf das Besucherverhalten nimmt als Optik und Funktion. Unterm Strich blieb eine Menge verschwendeter Zeit, aber auch eine wichtige Erkenntnis: Was funktioniert, sollte man niemals radikal umkrempeln.

Ich warne jeden Seitenbetreiber davor, zu viel an Webseiten herumzuspielen, die grundsätzlich gut funktionieren. Jeder Eingriff birgt die Gefahr, dass sich Fehler im Code einschleichen, die schwer zu erkennen sind. Plötzlich erscheint ein Teil der Seite nicht mehr, an den Sie gar nicht gedacht haben. Besucher und der Google-Bot (der elektronische „Google-Spürhund", der Ihre Webseite regelmäßig nach Inhalten durchsucht) sehen wirre Fehlermeldungen. Sie selbst rätseln, warum die Einnahmen einbrechen und Ihre Seiten in den Suchergebnissen nach unten rutschen. Alles wegen eines klitzekleinen Flüchtigkeitsfehlers beim Herumexperimentieren! Zudem kann es z.B. auch passieren, dass Sie optische Eingriffe vornehmen, die in Ihrem Browser (z.B. Firefox) ordentlich angezeigt werden, doch allen Benutzern des Internet Explorers Resultate anzeigen, die eher an einen Schrottplatz als Ihre alte Webseite erinnern. Sie können von Glück reden, wenn Ihre Stammbesucher so nett sind, Sie darauf aufmerksam zu machen, statt das Weite zu suchen. Oder Sie entfernen einen Link oder ein Auswahlmenü, weil Sie das entsprechende Element für unwichtig hielten, und plötzlich finden die Benutzer nicht mehr zum gewünschten Ziel. Gefahren lauern überall, und daher sollten Veränderungen an der Webseite nur mit Bedacht und nach ausgiebigen Tests erfolgen.

Können Sie sich noch an Ihre Kindheit erinnern, wie erstaunt Ihre Großeltern, Tanten und Onkel stets waren, wie sehr Sie doch seit dem letzten Treffen wieder gewachsen sind? Ihrer Mutter ist das gar nicht aufgefallen, denn sie sah Sie jeden Tag. Auch Webseiten wachsen über die Zeit. Man könnte sagen, das Design gewöhnt sich an den Inhalt, der Besucher an beides – und umgekehrt. Kleine Änderungen hie und da bringen viele kleine Verbesserungen, die insgesamt dazu führen, dass die Seite über die Zeit viel besser wird, man könnte sagen: organisch wächst. Ihnen fällt das gar nicht auf, schließlich sehen Sie die Homepage jeden Tag. Den langsamen, organischen Wachstumsprozess von Webseiten mit einem radikalen Neuanfang übertrumpfen zu wollen, ist vermessen.

Unterschätzen Sie niemals den Gewöhnungseffekt, der sich bei Ihren Stammbesuchern einstellt. Man kennt Ihre Seite, deren Navigation und Funktion und begegnet Änderungen zunächst skeptisch. Nicht ohne Grund sind Betreiber großer Portale dazu übergegangen, größere optische oder funktionale Eingriffe stets mit Feedbackmöglichkeit zu versehen (z.B.: Wie finden Sie unser neues Design? Hier bewerten). Es mag nach einer abgedroschenen Floskel klingen, doch es ist wahr: Der Mensch ist ein Gewohnheitstier. Die meisten von uns lehnen Veränderungen ab. Ich persönlich sage immer: „Veränderungen sind gut." – Aber glauben Sie mir: Das ist die Ausnahme und nicht die Regel. Wenn Sie es übertreiben und Ihren wiederkehrenden Besuchern und Kunden von einem Tag auf den anderen eine radikal neue Seite vorsetzen, könnten sich diese genauso gut bei einem alternativen Anbieter umsehen, statt ihre Gewohnheiten an den neuen Look anzupassen. Möglicherweise spielt ein Teil Ihrer Kundschaft schon länger mit dem Gedanken, den Anbieter zu wechseln? Der Leidensdruck war vorher vielleicht noch nicht groß genug, bis dann das neue Design kam, worauf der Server Fehlermeldungen ausspuckte, die Seite für Stunden oder Tage vom Netz genommen werden musste, der Kundenbereich nicht mehr auffindbar war und überhaupt alles anders aussah – und Sie den Kunden damit in die Arme der Mitbewerber trieben.

Wie dem auch sei – wenn Sie kleine oder große Veränderungen vornehmen wollen, so stellen Sie sicher, dass Sie erstens den Unterschied Vorher : Nachher empirisch messen können, zweitens immer einen einfachen Weg zurück (= Backup, Sicherheitskopie) haben, wenn der Plan in die Hose geht, und drittens Ihre Kunden Veränderungen vielleicht völlig anders empfinden als Sie.

Nicht binden: Anziehen!

Internet-User sind keine Schafe in einer Herde. Sie lassen sich weder zusammentreiben noch an den eigenen Zaun binden noch einsperren. Das mussten viele Firmen lernen, die glaubten, sie hätten ein Besitzrecht an ihren Kunden. Um die Community (Benutzergemeinde) zu Geld zu machen, werden kleine Veränderungen an den Angeboten und der Seitenfunktionalität vorgenommen, Anzeigen eingeblendet oder Daten der Benutzer an Dritte weitergegeben. Und plötzlich ist die Herde weg.

Benutzergemeinden entstehen, wenn die Voraussetzungen dafür stimmen. Informative Angebote, gute Funktionen und die Einhaltung allgemein anerkannter Grundrechte, wie jenes auf freie Meinungsäußerung, erhöhen die Bereitschaft, sich bei Ihnen zu registrieren und Ihnen treu zu bleiben. Dies geschieht freiwillig, und das muss auch so bleiben. Hat eines Ihrer Schäflein das Gefühl, von Ihnen gemolken, belästigt, bevormundet, gebunden oder eingesperrt zu werden, wird es ganz schnell fort sein, zusammen mit vielen anderen. Gott sei Dank leben wir in einer freien Welt, in der jeder so ziemlich alles tun kann, das erlaubt ist und ihm beliebt. Selbst das beste Unternehmen oder das größte Forum der Welt wird „seine“ Community nie besitzen, sondern lediglich einen gemeinsamen Nenner seiner Benutzer verkörpern. Das Vertrauen der User ist Ihnen aber nur geliehen und weder Eigentums- noch Erbrecht.

Beschränken Sie offensive Kommunikation wie z.B. einen Newsletter auf das absolut notwendige Minimum. Wie Sie vielleicht schon gemerkt haben, bin ich kein Fan dieser Form der

Kontaktaufnahme. E-Mail-Adressen zu sammeln und deren Besitzer fortan regelmäßig mit Belanglosigkeiten und Aktionitis zu nerven, käme mir niemals in den Sinn. Der eigene Stellenwert im Leben des Kunden wird von den meisten Firmen maßlos überschätzt. 99 % aller Newsletter-Inhalte sind bedeutungsloses Gewäsch, das nur der CEO bemerkenswert findet. Kontaktieren Sie Kunden nur dann, wenn Sie ihnen wirklich (!) etwas Nützliches (!) zu bieten haben. Seien Sie dabei selbstkritisch. Die siebzehnte Supersonderaktion gehört nicht dazu.

Der neumodische Marketing-Terminus „Kundenbindung“ hängt mir schon zum Hals heraus. Wie viele Firmen versuchen jeden Tag, mich an sie zu binden. Mit Katalogen, Kundenkarten, Produktregistrierungen „zwecks Garantieverlängerung“, Online-Boni und Preisalarmen aller Art wird geworben, bis auch der letzte Marketingkanal bedient wurde. Ich höre gar nicht mehr hin, und Sie? Eben. Genau deshalb sollten Sie niemals versuchen, Menschen an sich zu binden, weder on- noch offline. Die Kunden kommen von selbst, oder gar nicht. Erzeugen Sie lieber einen Sog, indem Sie das Kundenbindungsbudget streichen und das Geld in die Erhöhung und Bekanntmachung Ihrer Angebotsqualität stecken. Der Kunde 2.0 wird es Ihnen danken.

Seien Sie nicht „billig“

Billige Angebote bringen billige Kunden. Und: Was billig ist, ist nichts wert. Je teurer Ihr Angebot, desto teurer (und treuer) Ihre Kunden, und desto höher ist die Wertschätzung, die Ihrem Angebot entgegengebracht wird! Wer sein Heil aber in Dumpingpreisen sieht, macht sich selbst das Leben schwer. Er muss mehr verkaufen, um denselben Erlös zu erzielen wie ein Hochpreisanbieter. Das klingt machbar, denn der Günstigste zu sein, ist doch ein gutes Argument. Die höhere Kundenzahl des „Billigheimers“ hat aber schwer wiegende Schattenseiten: Seine Klientel setzt sich hauptsächlich aus Schnäppchenjägern zusammen, die am liebsten alles gratis hätten und beim geringsten Anlass ordentlich auf die Pauke hauen. Sein Kundenstock setzt sich aus Menschen zusammen, die man kurz und knapp als billig bezeichnen kann. Dies führt zu einem exponentiellen Anstieg von Stornierungen, Schadensfällen, Reklamationen, Zahlungsausfällen und Schlechtbewertungen. Der teure Anbieter reibt sich die Hände: Für den gleichen Umsatz braucht er wesentlich weniger Kunden, hat weniger Abwicklungsaufwand, mehr Zeit für die Kundenbetreuung, seine Abnehmer sind verständnisvoller und toleranter, obwohl – und das ist durchaus paradox – sie mehr bezahlen, um das Gleiche zu bekommen. Und wer sie nett fragt, wird auch noch gerne positiv bewertet. Die paar Schnäppchenjäger, die an Mitbewerber verloren gehen, lässt man einfach ziehen. „Besser, man schimpft über meine Preise, als über mein Angebot!"

Vor einigen Jahren fragte ich einen Hotelier nach dessen Erfolgsgeheimnis. Er erzählte mir voll Stolz: „Vor zwei Jahren drängte mich die Bank, wegen rückläufiger Buchungslage meine Preise zu reduzieren und meine Auslastung zu erhöhen. Ich tat das Gegenteil und erhöhte meine Preise! Für den Massentourismus war ich plötzlich uninteressant. Da die Busse ausblieben, stieg die Zufriedenheit der Individualreisenden. Diese empfahlen mein Hotel weiter, weil sie den Aufenthalt nun als familiär, ruhig und gehoben empfanden. Ich bekam dann auch einen Stern dazu, weil pro Gast mehr Personal zur Verfügung stand. Das zog weitere, besser zahlende Gäste an. Da ich weniger zu tun hatte als mit den Massengruppen, konnte ich mich auf jeden Einzelnen konzentrieren. Heute geht es mir besser denn je. Hätte ich auf meine Bank gehört und die Zimmer verschleudert, wäre ich längst pleite!"

Dieses Denken ist auch für den Internet-Erfolg ausschlaggebend. Kaufen Sie sich niemals Ihre Kundschaft über günstige Preise ein. Versuchen Sie niemals, der Billigste zu sein. Es wird immer jemanden geben, der noch ruinösere Preise bietet als Sie. Preisdumping zieht Sie in eine Abwärtsspirale, aus der es kein Entkommen gibt. Die billigen Kunden, die Sie dadurch bekommen, werden Ihnen das Leben zur Hölle machen. Deshalb: Seien Sie niemals billig!

Auf Vorauskasse bestehen

Im Internet hat sich die Vorgangsweise etabliert, zuerst zu zahlen und dann zu liefern oder zu leisten; siehe z.B. eBay, Reiseanbieter, Amazon und die meisten anderen Onlineshops. Wer auf Rechnung kaufen will, muss lange nach einem Anbieter suchen, Stichwort „Rechnungskauf" bzw. „Kauf auf Rechnung". Ich nenne die Gruppe der Rechnungskäufer „Kopfwehpartie".

Sie sollten niemals versuchen, einen Wettbewerbsvorteil zu erlangen, indem Sie als einziger Anbieter offene Forderungen zulassen, d.h. zuerst liefern oder leisten, und erst mit der Lieferung oder gar danach die Zahlung anfordern. Nach übereinstimmender Meinung vieler „gebrannter Kinder", ich selbst inklusive, müssten Sie sich auf Forderungsausfälle von mindestens 30 % – Tendenz steigend – einstellen. Mögen Sie die Kunden persönlich kennen oder nicht, für sie gar die Hand ins Feuer halten – das blaue Wunder ist garantiert. In jedem dritten Fall wären Inkassoschritte nötig. Das Riesen-Versandhaus kann es sich leisten, eine „Standleitung" zu Geldeintreibern und Schufa zu unterhalten. Irgendwie kommt man schon zum Geld, auch wenn man ein Jahr darauf warten oder es gerichtlich einklagen muss. Die Mitarbeiter der Rechtsabteilung wollen schließlich auch beschäftigt werden. Für kleinere Unternehmen stellen offene Forderungen eine viel größere Belastung dar, sowohl finanziell als auch emotional. Manchen Boss bringen die offenen Rechnungen um den Schlaf. Sparen Sie sich das! Wie oben beschrieben, führen billige Angebote zu billigen Kunden. Der Kauf auf Rechnung zieht Menschen an, die nicht zahlen wollen. Das ist die Regel, auch wenn Arbeitnehmervertretungen und Konsumentenschützer von einzelnen schwarzen Schafen sprechen und ihren Mitgliedern raten, nur in Webshops einzukaufen, bei denen man hinterher bezahlen kann. Aber lieber sperre ich meinen Onlineshop zu, als Rechnungskauf zuzulassen. Sie wären schlecht beraten, Rechnungskäufern Ihr Vertrauen zu schenken.

Die Reputation schützen und wahren

„Ist der Ruf erst ruiniert, lebt es sich ganz ungeniert“, gilt NICHT für das Internet. Wessen Ruf zerstört ist, der hat ausgespielt. Das weltweite Netz lässt sich mit dem Gedächtnis eines Elefanten vergleichen. Es vergisst nichts. Wer seine Kunden enttäuscht, wird früher oder später negativ bewertet werden. Wer unprofessionell agiert und Kämpfe online austrägt, gießt zusätzliches Öl ins Feuer. Wem sein Ruf egal ist, der muss sich auf konstanten Gegenwind einstellen, denn jeder potenzielle Kunde, der nur ein wenig über Sie und die Seriosität Ihres Angebots recherchiert, wird die entsprechenden Einträge schneller finden, als Sie bis drei zählen können.

Es gibt Tricks, einen angeschlagenen Ruf kosmetisch zu verbessern. Man kann dafür sorgen, dass kritische Stimmen nicht allzu weit vorne zu finden sind. Man kann positive Bewertungen aktiv fördern. Man kann viele, viele Domains über sich und seine Angebote bauen und diese nach vorne pushen, damit die kritischen Stimmen nach unten rutschen. Beispiel: fischler.cc → fischler-bewertung.cc, fischler-erfahrungsberichte.cc, fischler-positiv-oder-negativ.cc, fischler-kundenmeinung.cc, fischler-als-arbeitgeber.cc … Es gibt einige schwarze Schafe, die so versuchen, berechtigte Kritik aus den Suchergebnissen bei Google zu verbannen, indem sie sich selbst mittels vieler Domains breitmachen, die ja durchaus parallel auffindbar sein können. Auch sie können jedoch auf Dauer keine Wunder bewirken.

Wer im Internet agiert, muss zeitnah wissen, wie es um seine Reputation steht. Neue Berichte, Bewertungen, Rezensionen und Meinungen, die das eigene Unternehmen betreffen, sollte man schnell finden und angemessen darauf reagieren. Nichts ist schlimmer, als gar nicht von Falschaussagen oder miesen Ratings zu erfahren. „Wer schweigt, stimmt zu!“, könnte ein Leser meinen und das Gefundene weiterverbreiten. Dabei ist es durchaus schwer zu entscheiden, worauf man reagiert und worauf nicht, weil es unprofessionell wäre. Lassen Sie sich auch niemals dazu verleiten, auf einen Kritiker „draufzuhauen“, mag seine Kritik noch so sehr aus der Luft gegriffen sein. Wir tendieren dazu, Unternehmen gedanklich auf eine höhere Stufe zu stellen als deren Kunden, und wenn dann der Stärkere den Schwächeren verhaut, weil der sich erlaubt hat, seinen Mund zu öffnen, wird der Schaden noch größer.

Ich komme später dazu, wie und was Sie selbst zu Ihrer Reputation beitragen können.

Flexibel bleiben und Augen offenhalten

In den wenigen Jahren, in denen ich nun selbständig bin, habe ich es auf eine stattliche Anzahl von Projekten gebracht. Manche gingen schief, andere funktionieren noch Jahre, nachdem ich sie das letzte Mal angefasst habe.

Von Beginn an hielt ich die Augen offen und versuchte, neue Ideen zu finden und Trends zu erkennen, selbst wenn die bisherigen Ansätze schon gut funktionierten. Dabei ging es mir vor allem darum, mehrere Standbeine zu haben. Sollte das eine oder andere Vorhaben nicht mehr dem Zeitgeist entsprechen oder von Google abgedreht werden, wollte ich weitere Pfeile im Köcher haben.

Jedes meiner bisherigen Projekte funktionierte mehr oder weniger gut und unterstützte meine weiteren Vorhaben. Wichtig war, kein Projekt halbfertig liegenzulassen, sondern eines nach dem anderen „auf Schiene" zu bringen. Was heute in Summe nach einem wilden Durcheinander klingt, ist in Wahrheit nur eine logische Kette von Lernfortschritten, Ereignissen und Einsichten, so individuell wie das Leben (und man selbst) eben ist. Sie müssen mir dieses exzessive Experimentieren nicht nachmachen. Vielleicht kennen Sie Ihre Berufung ja schon und können gleich in ihre Richtung losstarten. Wenn nicht, fangen Sie mit etwas Naheliegendem an, um Erfahrungen zu sammeln – aber bleiben Sie flexibel.

Flexibilität ist eine der wichtigsten Voraussetzungen für den Erfolg im 21. Jahrhundert. Was heute noch erfolgreich ist, kann schon morgen ein „alter Hut“ sein. Wer im Internet arbeitet, muss sich darüber im Klaren sein, dass sich das weltweite Netz ebenso laufend wandelt wie die Bedürfnisse und Vorlieben seiner Benutzer. Die Plattform Second Life kam, hatte ihren Hype und verschwand im Nichts. AltaVista war vor nicht allzu vielen Jahren die Suchmaschine im Internet. Musik- und Filmindustrie wurden vom Internet überrollt und haben immer noch Mühe, ihre Elefantenfüße ins digitale Zeitalter zu setzen. Heute leben wir in Zeiten von Google, Facebook, Instagram, Smartphones und WhatsApp – was geht unter, was wird ersetzt, was kommt neu hinzu? Wie lange wird es den Handel mit digitalen Produkten (Musik, Software, E-Books, Filme, ...) überhaupt noch geben, wo Piraterie bereits so verbreitet ist, dass es kein Wertbewusstsein für digitale Güter mehr gibt? Wie lange wird es noch gedruckte Zeitungen und Zeitschriften geben, wie lange noch Elektrogeschäfte oder Reisebüros? Die digitale Durchdringung verändert unser Leben radikal. So unendlich die Möglichkeiten des Internets sind, so sehr ändert es sich und die reale Welt gleich mit. Wer sich nicht darauf einstellen kann, unflexibel auf Veränderungen reagiert, sich nicht immer wieder anpasst und sich nicht hin und wieder gänzlich neu erfindet, wird womöglich auf der Strecke bleiben.

Das Internet ist wie geschaffen für Experimente. Es ist einfach und günstig, eine neue Webseite aufzubauen. In Zeiten des viel zitierten „Web 2.0“ braucht man dafür weder Programmierer noch Computerfachmann zu sein. Ihr Einsatz ist Ihre Zeit, und ob Sie mit einer oder gleich fünf Homepages starten, spielt bei den Ausgaben (fast) keine Rolle. Das bietet die Chance, sehr viele unterschiedliche Ansätze auszuprobieren, ohne gleich wirtschaftlichen Schiffbruch zu erleiden. Mit mehreren Homepages könnten Sie z.B. bei Zielgruppen, Regionen oder Nischenthemen variieren und dann mit der Seite weitermachen, die den besten Start hingelegt hat. Es ist wahrscheinlicher, dass eine von fünf Homepages erfolgreich wird, als dass Sie von Beginn an genau wissen, was funktioniert und was nicht. Denn das weiß niemand! Irren ist menschlich, und sich zu irren gehört im Internet einfach dazu. Selbst Google gibt offen zu, nicht schlauer zu sein als die User, und vertraut ausschließlich auf das Prinzip „Versuch und Irrtum“ und damit dem Urteil der Kunden. Jede klitzekleine Änderung an Googles Webseite und seinen Diensten wird im Echtbetrieb getestet, indem man die neue Version einer Gruppe von Benutzern vorsetzt und danach misst, welche Variante besser funktioniert. Die Masse der Besucher ist schlauer als der klügste Webentwickler, Wahrscheinlichkeitstheoretiker oder CEO – und weiß dabei nicht mal, dass sie gerade an einem Testprogramm teilnimmt, das Google verbessern wird. Die Milliarden Seitenaufrufe machen es Google leicht, immer wieder Neues zu versuchen und „live“ zu testen. Die smartesten Uni-Abgänger der Welt stehen Schlange vor Googles Personalbüro. Die Crème de la Crème der IT konzipiert neue Dienste und schickt die besten Ideen ins Rennen. Doch wenn ein Projekt (wie z.B. Google Wave, angekündigt als „Der E-Mail-Nachfolger“) nicht ankommt, hat man sich eben geirrt und es wird wieder eingestellt und niemand ist böse. Stattdessen geht es gleich weiter zur nächsten Idee. Google hält die Augen offen und experimentiert, wo es nur geht.

Kleinere Unternehmen haben gegenüber Google den Vorteil, schlechter funktionierende Projekte einfach online lassen zu können. Google ist zum Erfolg verdammt, denn Webseiten sind ihr Geschäft. Der Google-Stempel soll sich nur auf dauerhaft erfolgreichen Projekten finden. Für „normale“ Firmen sind Internet-Auftritte nur Mittel zum Zweck, Akquisitionstools oder Verkaufsinstrumente. Da deren Betrieb nahezu kostenlos ist, werden auch die „Underdogs“ unter mehreren Homepages ihr Scherflein zu Ihrem Erfolg beitragen und trotz schwacher Performance den einen oder anderen Umsatz bringen. Ein kleiner Hinweis dazu: Die Summe der Einnahmen meiner Projekte, die ich als „Irrtum“ bezeichne, würde ausreichen, um meine laufenden Kosten zu decken. Auch Kleinvieh macht Mist! Jeder neue Versuch ist eine neue Chance auf den großen Treffer. Und weil Versuche im Internet sehr günstig unternommen werden können, sollten Sie viel versuchen, statt sich vor Fehleinschätzungen und Irrtümern zu fürchten. Starten Sie einen Testballon nach dem anderen, und wenn er nicht so recht an Höhe gewinnen will, lassen Sie ihn einfach in der Luft hängen.

Das tote Pferd erkennen

Man sollte nicht nur immer wieder Neues ausprobieren, sondern auch wissen, wann man etwas beendet, weil es nicht funktioniert. Ein alter Indianerspruch lautet: „Wenn du merkst, dass du auf einem toten Pferd sitzt, steig ab!" Soll heißen: Man kann unendlich viel Zeit in Projekte stecken, die trotzdem nie funktionieren werden. Die Kunst liegt darin, zu erkennen, wann das Pferd tot ist und besser begraben werden sollte, bevor es zu riechen beginnt.

Ein Beispiel aus meiner Praxis: Gemeinsam mit einem Freund investierte ich viel Zeit in den Aufbau einer „Content-Plattform", über die wir Artikel von freien Dienstleistern einkaufen und auf verschiedene Webseiten verteilen wollten. Drei Jahre Entwicklungsarbeit und mehr als 2.000 eingekaufte Artikel später beschloss Google, eben solchen Content-Plattformen den Garaus zu machen, und bestrafte jede Webseite, die auch nur den Anschein erweckte, eine „Content-Farm" zu sein. Darunter versteht man Webseiten, deren Hauptzweck es ist, möglichst viel Inhalt zu produzieren, diesen in Suchmaschinen auffindbar zu machen und darüber Werbeeinnahmen zu generieren. Im Unterschied zu klassischen Magazinen und Online-Auftritten von Zeitungen wird nur wenig auf Qualität und Besuchernutzen geachtet, sondern alles veröffentlicht, was man bekommt. Zwar überarbeiteten wir jeden einzelnen Artikel, doch unterm Strich waren wir dann eben eine der besseren Content-Farmen – und die wollte Google nicht mehr auf den vorderen Plätzen haben. Der große Fehler, den wir in der Konzeption des Projekts machten: Wir stellten die Einnahmen statt des Besuchernutzens in den Mittelpunkt. Die Artikel interessierten uns wenig, die Werbeeinnahmen sehr. Die Folge des „Panda" genannten Google-Updates: Jeden Tag kamen weniger Besucher von der Suchmaschine zu uns. Mittlerweile haben wir nur noch ein Zehntel der Besucher früherer Tage. Die Werbeeinnahmen tendieren Richtung null. So sehen tote Pferde aus.

Sollte Ihrem Geschäftsmodell Ähnliches widerfahren, so klammern Sie sich nicht zu lange daran fest. Versuchen Sie, den Fehler im System zu erkennen und spähen Sie nach Alternativen ohne diesen Fehler.

Googeln

Google stellt Ihnen das Wissen der Welt sorgfältig analysiert und nach Relevanz gereiht zur Verfügung. Es ist sehr wahrscheinlich, dass Sie schnell finden, wonach Sie suchen, egal, was es sein mag. Anders als genervte Eltern beantwortet Google auch Ihre tausendste Frage mit derselben Geduld, Geschwindigkeit und Ausführlichkeit wie die erste. Ich habe mir viel von meinem Internet-Wissen „ergoogelt" und zu jedem Problem eine Lösung gefunden, sei es in Foren, Online-Datenbanken oder Blogbeiträgen freundlicher Problemlöser. Das Internet ist das perfekte Antwortbuch und Google die dazugehörige Stichwortsuche. Nur selten ist es wirklich erforderlich, aktiv zu fragen, indem man z.B. einen Arbeitskollegen aus der Konzentration reißt oder einen Bekannten anruft, der sich „mit Computern" auskennt. Stattdessen sucht man einfach nach existierenden Lösungen!

Doch immer noch rauben sich Menschen gegenseitig ihre Zeit, indem sie Fragen stellen, die bereits hundertfach beantwortet wurden. Es ist doch bereits alles da – man muss es nur suchen! Durch den Google-Algorithmus stehen die Chancen gar nicht schlecht, dass die hilfreichste Antwort ganz vorne steht. Wozu noch jemanden fragen? Es ist unwahrscheinlich, dass der Befragte eine bessere Antwort parat hat, als jene, die Sie im Internet finden.

Abbildung 4.2: Gewollt ironisch: Der animierte Dienst „Lass mich das für dich Googlen“, *lmgtfy.com,* visualisiert den Suchprozess bei Google. Besonders geeignet für Zeiträuber, die Sie mit Allerweltsfragen nerven. Gesucht, gefunden. Und – war das so schwierig?

Durch geschicktes Suchen und Studieren der Fundstellen könnten Sie sich autodidaktisch zu einer Koryphäe auf Gebieten machen, von denen Sie heute noch keine Ahnung haben. Ganz ohne auf Bücher, Studienlehrgänge oder andere Menschen angewiesen zu sein. Junge Menschen googeln, was sie wissen wollen. Den mittleren und älteren Semestern fällt diese Querverbindung von Problem und im Internet vorhandener Lösung noch schwer.

Hier ein paar Suchanfragen, die sich für Anfänger eignen (Fragezeichen und Groß- bzw. Kleinschreibung brauchen Sie eigentlich gar nicht):

- ✔ Was ist eine Webseite?
- ✔ Was ist Hosting?
- ✔ Wozu brauche ich eine Domain?

Ein Rat für alle Fälle: Wollen Sie sich über Personen, Firmen, Produkte, Leistungen, Problemlösungen oder die großen Rätsel des Universums informieren, googeln Sie. Sind Sie im Zweifel, googeln Sie. Bevor Sie sich mit „dummen“ Fragen angreifbar machen oder womöglich Ihr Gesicht verlieren, googeln Sie. Stolpern Sie über Dinge, die Sie aufgrund mangelnden Wissens oder Erfahrung überfordern, googeln Sie.

Kurz: Frage? Problem? Zweifel? Googeln!

TEIL III

Konkrete Umsetzung

Und los geht's! Mit dem geschärften Blick für Gefahren aller Art und der richtigen Philosophie machen wir uns jetzt an die einfache Umsetzung Ihrer Online-Maßnahmen. Neben Voraussetzungen und Handgriffen zeige ich Ihnen auch, wie Sie Ihrer Internet-Lösung Leben einhauchen und was Sie tun, wenn unvorhergesehene Probleme auftreten.

KAPITEL

Ihr Auftritt, bitte!

Was bedeutet all das Fachchinesisch eigentlich? Wie kommt man einfach und kostengünstig ins Internet? Was will man dort überhaupt erreichen? Ist Erfolg messbar? Wie behält man die Kontrolle und sichert seine Aktivitäten ab?

5

5 Ihr Auftritt, bitte!

Technische Grundlagen

Fachbegriffe

Verwirrendes Fachchinesisch hindert viele Menschen daran, sich mit neuen Dingen auseinanderzusetzen. „Das klingt alles so kompliziert", also lässt man es lieber gleich bleiben. Was steckt hinter Blogs, Hosting, Podcasts, Affiliate-Marketing, SEO, SEM, Conversions & Co. – denglischer Unfug oder essenzielles Wissen?

Ich habe gute Nachrichten für alle Neulinge: Man braucht keine Fachbegriffe, um Erfolg zu haben. Das Internet ist keine Schule, Ihre Tätigkeit keine Prüfung. Man lernt die Fremdwörter früh genug, und eigentlich auch nur, um damit den Fachmann herauszukehren. Das Internet lässt sich ganz einfach verstehen. Um die Hemmschwelle etwas zu senken, möchte ich Ihnen dennoch ein einfaches Grundvokabular zur Verfügung stellen, mit dem Sie über die Runden kommen sollten.

- ✔ *Browser:* Der Browser ist das PC-Programm, das Sie öffnen, um ins Internet zu gehen. Dabei handelt es sich z.B. um Chrome, Firefox, Safari, den Internet Explorer und andere. Ein Browser dient dazu, den wirren Code, den ein Webserver auf Anfrage an Ihren PC ausliefert, in die schöne Webseite zu verwandeln, die Sie schließlich angezeigt bekommen.
- ✔ *Webserver:* Und schon sind wir beim nächsten elementaren Baustein des Internets – den Servern. Das sind Rechner, die man mit einem normalen PC vergleichen könnte, aber anders konfiguriert sind als Ihr Heimcomputer, ohne eigene Bildschirme zu Hunderten in Rechenzentren untergebracht sind und an einem besonders schnellen Internet-Kabel hängen. Die meisten *Webmaster* (Eigentümer/Betreiber einer

Homepage, also z.B. Sie oder ich) mieten sich einen Platz *(Webspace)* auf so einem Internet-Server. Dort ist schon alles vorinstalliert, was man brauchen könnte. Diesen Service nennt man *Webhosting* oder *Nethosting*. Theoretisch könnten Sie Ihre Homepage auch auf den heimischen PC legen, nur müsste dieser dann rund um die Uhr laufen und Ihre Verbindung wäre vermutlich viel zu langsam. Zudem müssten Sie entsprechende Software installieren und sich vor Angriffen aus dem weltweiten Netz schützen, wozu Sie Computerspezialist sein müssten. Auf den Webservern liegen die Homepages, welche auf Anfrage an den PC-Browser des Webseitenbesuchers ausgeliefert und von diesem schließlich dargestellt werden.

- ✔ *Webseite:* Eine normale Internet-Seite. Auch als *Homepage, Internet-Auftritt, Webpräsenz* oder *Website* bekannt. Google ist ebenso eine Webseite wie eBay, Amazon, die Homepage des Präsidenten, der Auftritt des US-Geheimdienstes NSA, Ihre Unternehmensseite oder der Katzenbilder-Blog, auf dem vielleicht Ihre Schwester gerne herumsurft.

- ✔ *Domain:* Der Name, unter dem eine Webseite erreichbar ist. Diesen tippen Sie oben im Browser ein, um die Homepage direkt aufzurufen. Einzelne Beispiele für Domains sind z.B. *google.com*, *ebay.de* oder *malerei-meier.de*. Eigentlich sind Webseitenadressen numerisch, z.B. „`173.194.70.94`“. Das ist die so genannte IP (denglisch ausgesprochen „ai pieh“). Um es den Menschen einfacher zu machen, werden diese IPs mit Namen verknüpft, die man sich leichter merken kann: den Domains. In unserem Beispiel ist `173.194.70.94` mit *google.de* verknüpft. Sie können auch `173.194.70.94` statt `google.de` in Ihre Browser-Adressleiste eintippen, doch „google.de“ ist wohl leichter zu merken und geht schneller.

- ✔ *Subdomain:* Wie sich leicht vermuten lässt, haben Subdomains auch etwas mit Domains zu tun. Diese „Unter-Domains“ werden einer Domain vorangesetzt. Ein paar Beispiele: *blog.malerei-meier.com*, malerei-meier.*blogspot.com*, kundendienst.*fischler.cc* oder www.*google.com*. Ja, richtig gelesen, auch beim berühmten „www" handelt es sich nur um eine Subdomain, die verdeutlichen soll, dass es sich um eine Präsenz im weltweiten Netz handelt. Nötig ist sie aber nicht. Subdomains werden von Google gleich behandelt wie selbständige, einzelne Domains. Durch die Verwendung von Subdomains lassen sich viele eigenständige Webseiten unter einem gemeinsamen Namen betreiben, die noch dazu auf ganz unterschiedlichen Webservern liegen können.

✔ *http://:* Eine vollständige Internet-Adresse fängt mit „http://" an, z.B. *http://www.fischler.cc.* Das HTTP oder Hypertext Übertragungsprotokoll ist die gemeinsame Sprache, über die Ihr PC und ein Webserver am anderen Ende der Leitung kommunizieren. Beim täglichen Surfen können Sie dieses Kürzel weglassen. Wenn Sie aber z.B. einen Link zu einer externen Webseite veröffentlichen wollen, ist „http://" am Anfang Pflicht.

✔ *Blog:* Ein Blog ist eine normale Homepage (oder Webseite) mit dem kleinen Zusatzmerkmal, dass die aktuellen Beiträge im Mittelpunkt stehen und sich öfter was tut als auf einfachen Informationsseiten. Den neuesten Inhalt findet man meist ganz vorne bzw. „oben". Ursprünglich waren Blogs „Netz-Tagebücher" oder „We**blog**s", und wurden deshalb vor allem privaten Webmastern zugerechnet. Das stimmt schon lange nicht mehr. Heute bloggt jeder, vom Schüler bis zum Großkonzern. Anders gesagt: Man stellt öfter neue Informationen bzw. News ein als früher. Unternehmenswebseiten in Form von Blogs bieten viele Vorteile, unter anderem den, dass Google sie gerne hat. Deshalb werden wir uns vor allem mit dieser Art von Webseitenstruktur beschäftigen.

✔ *CMS:* Ein *Content-Management-System* oder Inhaltsverwaltungssystem ist der Motor Ihrer Webseite. Sie können sich in das CMS-*Backend* (den Administratorbereich oder internen Bereich Ihrer Seite) einloggen und Ihre Beiträge, Seiten und Einstellungen verwalten, z.B. ändern, löschen oder neue Inhalte hinzufügen. Wer ein CMS verwendet, braucht keine Ahnung von Programmiersprachen zu haben. Der Start ins

Internet wird dadurch extrem vereinfacht. Bekannte Content-Management-Systeme sind z.B. *WordPress* oder *Joomla*. CMS sind bei den meisten Webhostingdiensten bereits vorinstalliert oder lassen sich mit wenigen Klicks kostenlos einrichten. Einfacher geht es nicht! Meist wird eine *Datenbank* verwendet, in die das CMS Ihre Inhalte ablegt und bei Bedarf wieder herausholt, aber das müssen Sie eigentlich gar nicht wissen.

✔ *Statische Webseiten:* Ein Online-Auftritt geht auch ohne CMS. Vor allem kleinere Homepages werden nicht selten statisch programmiert. Der Programmierer öffnet dazu ein PC-Programm (den Editor), gibt ein paar einfache Zeilen ein, speichert das Ganze als *index.html*, lädt die Datei auf den Server, und fertig ist die einfachste aller Webseiten. Für Anfänger ist diese Methode dennoch ungeeignet, da man CMS heute ähnlich einfach installieren kann wie ein neues PC-Programm auf dem Heimcomputer. Wozu also über HTML, PHP, JavaScript & Co. (das sind übrigens Programmiersprachen) Bescheid wissen?

Das mit der Homepage

Bei der Darstellung der Fachbegriffe habe ich Ihnen bereits erklärt, wie „das mit der Homepage" grundsätzlich funktioniert. Eine Webseite liegt auf einem Webserver und wartet darauf, vom Browser des Besuchers abgefragt und auf dessen Bildschirm dargestellt zu werden. Um selbst zum Webmaster zu werden, brauchen Sie vor allem zwei Dinge: Ihre Homepage und einen Platz auf einem Webserver, der die Homepage speichert und bei Bedarf ausliefert. Unabhängig davon können Sie natürlich auch fremde Webseiten nutzen, ohne einen eigenen Webspace zu benötigen, wie z.B. bei Facebook, Google Blogger oder WordPress.com.

Man mag unter „Web 2.0" die verschiedensten Dinge verstehen, doch bei der Inhaltsverwaltung hat sich im Vergleich zur Anfangszeit des Internets tatsächlich ein Quantensprung ereignet. Heute kann jeder Mensch in fünf Minuten selbst zum Publizisten werden und mit seiner Seite die ganze Welt erreichen, ohne einen Funken Ahnung von der technischen Umsetzung zu haben. Ob im Arabischen Frühling, unter diktatorischen Regimen oder in der demokratischen Welt – wer etwas zu sagen hat, kann dies tun, ohne vorher ein Sprachrohr finden und überzeugen zu müssen.

Der Start im Netz ist in drei unterschiedlichen Schwierigkeitsgraden machbar: ultraeinfach, einfach und leicht nachzukochen. Auf Facebook oder Xing können Sie sich mit potenziellen Kunden vernetzen, Interessensgruppen gründen und eigene Seiten aufbauen. Manche Unternehmen verzichten überhaupt auf die eigene Homepage, da Social Networks, Foren, Auktionsplattformen, Marktplätze und Portale so praktisch und einfach nutzbar sind. Ich würde Ihnen aber davon abraten, da Sie damit erstens Ihre Inhalte verschenken und zweitens auf Gedeih und Verderb von fremden Entscheidungen abhängen. Diese ultraeinfachen Möglichkeiten der Internet-Nutzung sind daher nur als Ergänzung Ihres eigenen Auftritts geeignet.

Wer sich bei Google Blogger *(blogger.com)* registriert (die „einfache" Lösung), wird binnen fünf Minuten zum Webmaster, ohne sich über Hosting und Software Gedanken machen zu müssen. Lassen Sie sich vom Namen „Blogger" nicht täuschen, denn Sie können dort eine ganz normale Webseite betreiben, es muss kein Blog sein. Richten Sie Ihre Seite ein, und los geht's – zum Nulltarif! Sie können sogar die eigene Domain verwenden und diese mit Ihrer Blogspot-Seite verknüpfen. Ihre Homepage erscheint dann nicht mehr unter dem etwas gewöhnungsbedürftigen Namen *malerei-meier.blogspot.com*, sondern z.B. unter *malerei-meier.de* – wie eine richtige Homepage eben. Mit einfachen Maßnahmen können Sie das Aussehen Ihrer Blogger-Seite so anpassen, dass niemand den Unterschied zu einer selbst „gehosteten" Variante (mehr dazu gleich im Anschluss) bemerkt. Zu Demonstrationszwecken habe ich meine Seite *www.fischler.cc* bei *blogspot.com* eingerichtet. Die Google-Lösung bietet viele weitere Vorteile. So gehört der aufgebaute Inhalt Ihnen alleine und lässt sich später leicht sichern und auslagern. Der Google-

Dienst ist sehr verlässlich, überaus schnell und kann auch größte Besucherzahlen mühelos bewältigen. Es steht Ihnen sogar frei, Werbung auf Ihrer Blogger-Seite einzublenden und damit Geld zu verdienen. Und das Beste: Der Dienst ist kostenlos! Daher wird diese Lösung noch ausführlich behandelt. Sie ist ein echter Geheimtipp, funktioniert perfekt und senkt die laufenden Kosten Ihrer Webseite auf null.

Wer gleich mit der unabhängigsten und solidesten Variante beginnen möchte, dem sei das „leicht nachzukochende" Erfolgsrezept empfohlen: Werden Sie Kunde bei einem Webhosting-Provider und mieten Sie sich einen Platz auf dessen Servern. Einsteigervarianten sind für wenig Geld zu haben. Ein kleines Hostingpaket samt Ihrer eigenen Domain, E-Mails und solider technischer Grundausstattung kostet weniger als zehn Euro pro Monat. Die meisten Anbieter geben Ihnen umfangreiche Befugnisse für Ihren Account. Im Administratorenbereich lassen sich alle Einstellungen kontrollieren, obwohl bereits alles für den typischen Nutzer (= den Anfänger) vorkonfiguriert ist. Ausführliche Dokumentationen, Kundensupport und Hilfeforen sorgen dafür, dass keine Frage unbeantwortet bleibt. Ihre Webseite lässt sich mit wenigen Klicks installieren. Vom Homepage-Baukasten bis zu Standard-CMS wie WordPress oder Joomla brauchen Sie keine Ahnung von Technik und Programmiersprachen zu haben. Wer jemals ein Programm auf seinem PC installiert hat, wird auch diese „Herausforderung" meistern.

High-End-Lösungen zum Nulltarif

Je nach Ihren Vorkenntnissen und Ihrer Bereitschaft, sich auf neue Dinge einzulassen, sind noch viel ausgefeiltere Varianten denkbar. Ein Beispiel: Meine Domain *fischler.cc* wird von einem unabhängigen Domainhoster verwaltet. Über ihn habe ich volle Kontrolle über den Namen meiner Webseite, losgelöst vom Webhosting-Provider. Die Domain lässt sich recht einfach selbst konfigurieren, sodass *www.fischler.cc* auf meine Homepage bei Google Blogger führt, während man bei Eingabe von `login.fischler.cc` ganz woanders landet – bei der Log-in-Seite meiner

Firmen-Groupware, vergleichbar mit Microsoft Outlook oder Lotus Notes. Mit dem kleinen Unterschied, dass die Webseite (Google Blogger) kostenlos ist und die Groupware wenige Euro pro Mitarbeiter und Nutzer kostet – ein Bruchteil dessen, was ein Microsoft-Exchange-Server und dessen Wartung kosten. Jeder Mitarbeiter bekommt einen riesengroßen Speicherplatz für Mails und Dokumente. So ließe sich die gesamte IT kleiner Unternehmen einfach auslagern. Für diese unter dem Namen Cloud-Computing bekannt gewordene Lösung benötigen Ihre Mitarbeiter nur noch PCs oder andere Endgeräte mit verlässlicher Internet-Verbindung. Teure Server, Vernetzungen, Backups und EDV-Wartungsverträge gehören der Vergangenheit an. Ein Feuer vernichtet Ihre Firmenzentrale? Kein Problem! Die Firmendaten sind nicht auf dem Firmenserver, sondern in der „Cloud“. Bits und Bytes sind bei Google besser aufgehoben als irgendwo sonst. Neue Hardware anschließen und weiter geht die Arbeit. Bedenken bezüglich Privatsphäre, Datenschutz & Geheimdiensten mögen berechtigt sein, doch sieht man sich die Möglichkeiten und tatsächlich erfolgten Grundrechtsverletzungen durch NSA & Co. an, ist wohl kein Datensatz dieser Welt geheim zu halten, wo auch immer er zu finden ist und wie auch immer er verschlüsselt sein mag. Im Zweifel vertraue ich dann doch eher auf die Datensicherheit der Google-Cloud als den Microsoft-Server im Nebenzimmer.

Es ist vieles machbar, wenn man es sich nur zutraut. Für den Anfänger gilt: Je schneller und einfacher Sie starten, desto besser. Schnelle Erfolge motivieren zum Weitermachen. Ihren Auftritt können Sie später immer noch erweitern und ausfeilen.

Wichtige Vorüberlegungen

Obwohl der Start ins Internet einfach und schnell möglich ist, sollten Sie nicht kopflos beginnen. Ein paar elementare Überlegungen sorgen dafür, dass sich der Erfolg schnell einstellt und auch als solcher erkannt werden kann.

Das Thema

Zuerst sollten Sie darüber nachdenken, was Sie den Besuchern Ihrer Webseite bieten wollen. Das Thema des Auftritts sollte möglichst interessant, einzigartig und individuell sein. Versuchen Sie nicht, andere Seiten oder Erfolgsbeispiele zu kopieren, denn das sind nicht Sie.

Ein paar Fragen für Unentschlossene, die es erleichtern, ein interessantes Grundthema zu finden:

- ✔ Was macht Sie, Ihr Unternehmen oder Ihr Produkt aus?
- ✔ Was interessiert Sie persönlich? Was ist Ihnen wichtig?
- ✔ Welche Hobbys haben Sie?
- ✔ Wofür können Sie sich begeistern?
- ✔ Worüber könnten Sie stundenlang reden, ohne dass es langweilig wird?

Suchen Sie nicht ausschließlich das Naheliegende. Ich machte den Fehler, mich zu Beginn meiner Selbständigkeit voll auf Finanz- und Unternehmensberatung zu konzentrieren, nur weil ich vorher fünf Jahre lang in Banken gearbeitet hatte. Doch ich „brannte" nicht für das Thema, und deshalb gelang es mir auch nicht, das Interesse potenzieller Kunden zu wecken. Wenn ich jedoch über das Internet und seine Möglichkeiten zu reden beginne, muss man mir irgendwann den Mund zukleben, damit ich wieder aufhöre.

Beobachten Sie sich selbst, um auf Ihr eigenes Lieblingsthema zu kommen. Fragen Sie Ihren Partner, Bekannte und Verwandte, wo man Sie bremsen muss, damit auch andere noch am selben Tag die Gelegenheit haben, zu Wort zu kommen.

Selbst wenn dieses Thema nichts damit zu tun hat, wofür Sie ausgebildet wurden oder was Sie vorher gemacht haben, kann der Start einer Webseite die Chance sein, zu seiner eigentlichen Berufung zu finden. Ihre Begeisterung wird anstecken, nach und nach eine eigene Community wachsen lassen und schließlich auch zu monetären Erfolgen führen, mag Ihr Steckenpferd nun „Geldanlage“, „Deutsche Filme“ oder „Geriatrische Heilmassage“ heißen. Mögliche Themen und Nischen für neue Homepages sind so vielfältig wie das Leben selbst. Wer nach Themen googelt oder fremde Beispiele nachahmt, statt tief in sich selbst hineinzuhören, beschränkt sich von Anfang an selbst.

Der Name Ihrer Webseite, die „Domain“

Suchmaschinenoptimierung vs. Merkbarkeit

Die Domain ist, wie bereits erwähnt, der Name Ihrer Webseite, also z.B. malerei-meier.de. Wählen Sie ihn mit Bedacht! Suchmaschinenoptimierer werden Ihnen erzählen, dass möglichst viele relevante Keywords (Schlagworte) im Namen enthalten sein sollen. Das sorgt für Vorteile bei Google und wird so auch vom Suchmaschinenriesen selbst bestätigt. Vereinfacht ausgedrückt, unter Ausklammerung aller anderen Entscheidungsfaktoren: Die Domain malerei-meier-berlin.de sollte mit der Suchabfrage „malerei berlin“ weiter vorne landen als die Domain kreativ-meier.de, da sowohl „Malerei“ als auch „Berlin“ Teile des eigenen Webseitennamens sind. Diese Weisheit hat bereits einen Bart, und dementsprechend umkämpft sind Keyword-Domains. Google musste zuletzt Kritik dafür einstecken, dass unter schlagwortgespickten Webseitennamen oft Spamseiten zu finden sind, und reduzierte den Einfluss dieses Kriteriums im eigenen Algorithmus.

Was von den Experten oft vergessen wird, sind Merkbarkeit und Unverwechselbarkeit Ihrer Domain. checkfelix.com und opodo.de brennen sich viel leichter ins Gedächtnis als pauschalreisen-vergleiche-24.com. Das führt zu mehr wiederkehrenden Besuchern, die leichter zu Stammbesuchern werden. Diesen Branding-Effekt bekommt auch Google mit, was sich wiederum positiv auf Ihr Ranking (die Position in den Ergebnislisten) auswirkt und das Fehlen wichtiger Keywords in der Domain wettmacht.

Da Domainhändler die meisten Keyword-Domains kontrollieren, muss ein solcher Name teuer erkauft werden. Ich persönlich würde eher in meine Inhalte investieren als in die Domain. Ich rate daher: Bei der Wahl Ihrer Domain sollten Sie die Balance zwischen Suchmaschinenoptimierung und Merkbarkeit finden und im Zweifelsfall einer unverwechselbaren, leicht zu merkenden Bezeichnung den Vorrang geben.

Welche Endung: .de, .com, .eu ...?

Es gibt eine ganze Reihe unterschiedlicher Top-Level-Domains (TLD), wie man die Domainendungen auch bezeichnet. Neben *.com* haben sich bei uns vor allem die länderspezifischen Endungen *.de*, *.at* und *.ch* eingebürgert. Die Auswirkungen auf Suchmaschinenpositionen halten sich in Grenzen, wobei die *.at*-Endung bei Suchen über Google Österreich konkret messbare Vorteile bringt. Deutsche Unternehmen verwenden *.de* vor allem aufgrund der großen Beliebtheit und der Bezugnahme auf die Region, in der man tätig ist. Vorteile bei *google.de* sind mit einer *.de*-Domain nicht wirklich feststellbar.

Im Zuge der Erweiterung möglicher Domainendungen kommt eine ganze Fülle neuer „gTLDs" bzw. „Generic Top Level Domains" auf uns zu, z.B. .berlin, .guru, .xxx und viele andere. Meiner Einschätzung nach wird sich deren Beliebtheit in räumlichen und thematischen Grenzen halten, während der Großteil aller Webseiten weiterhin mit den altbekannten Kürzeln .com, .de, .at, .ch .net, .org, .info oder .biz versehen sein wird.

Was also tun? Das Kriterium „Region" ist für mich entscheidend. Sind Sie weltweit tätig, ist eine weltweit bekannte TLD wie *.com* oder *.net* ratsam. Europaweit agierende Firmen sind mit *.eu* gut bedient, der österreichische Regionalbetrieb mit *.at* und deutschlandweit operierende Unternehmen mit *.de*.

Domain und Hosting trennen?

Ich habe mir angewöhnt, Domain und Webhosting voneinander zu trennen. Der Name meiner Seite stellt den höchsten Wert dar, er ist das Kapital jeder Homepage. Ist er weg, ist auch die Webseite weg. Mit ihm ist die Seite in Google auffindbar – oder eben nicht. Das Webhosting hingegen ist nicht mehr als der technische Dienst, der meine Homepage ausliefert. Versagt der Provider oder setzt er mich aufgrund zu hoher Zugriffszahlen vor die Tür, so suche ich mir einfach einen anderen und ziehe Dateien und Datenbanken zum neuen Anbieter hinüber. Da ich selbst meine Domain über einen eigenen Domainhoster kontrolliere, ist dieser Wechsel eine Sache von wenigen Stunden, während ich mich sonst vielleicht noch mit dem alten Hoster über die Domain und deren Transfer bzw. Umleitung auf den neuen Webhoster streiten darf.

Domains sind ein lukratives Zusatzgeschäft der Webhosting-Provider. Daher wird der Anschein erweckt, ein Hostingpaket sei nur mit Neuregistrierung oder Transfer einer Domain erhältlich. Doch alle Hoster, die ich bisher kennenlernte, stellen auch den Serverplatz alleine zur Verfügung und bestehen keinesfalls auf die gleichzeitige Verwaltung Ihrer Domain.

Glauben Sie mir: Mit Webspace-Anbietern kann man sein blaues Wunder erleben. Vor allem dann, wenn die Seite erfolgreich wird und immer mehr Besucher den Server des Providers auslasten. Mit meiner erfolgreichsten Seite wurde ich bereits mehrfach vor die Tür gesetzt oder musste mich über tagelange Ausfälle ärgern. Domaintransfers dauern, und man ist vom Wohlwollen des Webhosters abhängig. Nicht zuletzt sind Domains ein Druckmittel, das von unseriösen Hostern als „Kundenbindungsinstrument“ gegenüber wechselwilligen Kunden eingesetzt wird. Daher trenne ich Domains vom Webhosting und verwalte meine Namensrechte selbst. Das ist noch dazu billiger, da reine Domain-Dienstleister („Registrars“, „Domainhoster“) wie GoDaddy (*www.godaddy.com*) oder InterNetworX (*www.inwx.de*) Riesen-Kontingente einkaufen und den Preisvorteil an ihre Kunden weitergeben. Bei GoDaddy, dem nach eigener Aussage weltgrößten Domain-Registrar, haben Sie neben günstigem Domainkauf die Möglichkeit, ohne zusätzliches Hosting-

Paket E-Mail-Adressen und E-Mail-Weiterleitungen sowie eine Minimal-Webseite anzulegen.

Profis trennen Domain und Webspace. Das können Sie später immer noch nachholen (lassen). Doch solange Ihre Webseite geringe Zugriffszahlen aufweist (durchschnittlich unter 1.000 Besucher pro Tag) und noch nicht Ihr Hauptumsatzbringer ist, spricht nichts gegen die einfachere All-in-one-Lösung, welche Ihnen standardmäßig angeboten wird.

Welche Ziele kann ich/will ich erreichen?

Was wollen Sie im Internet erreichen? Haben Sie ein konkretes Ziel vor Augen? Wenn nicht, dann überlegen Sie sich jetzt, worin der (in Zahlen messbare) Erfolg Ihrer Homepage liegen kann. Einige Beispiele:

- ✔ Besucherzahlen
- ✔ Ausgefüllte Anfrageformulare
- ✔ Buchungen und Verkäufe
- ✔ Facebook-Fans
- ✔ Newsletter-Abonnenten
- ✔ Prospekt-Downloads
- ✔ Werbeeinnahmen aus dem Homepage-Anzeigenverkauf

Definieren Sie, welche Ziele für Ihr Unternehmen relevant und wichtig sind. Richten Sie alle Internet-Aktivitäten darauf aus.

Wie messe ich diese Ziele?

Setzen Sie sich nicht zum Ziel, mit diesem oder jenem Suchbegriff auf die erste Seite oder den ersten Platz bei Google zu kommen. Gute Suchmaschinenpositionen sind eine feine Sache, doch für sich genommen bringen sie Ihnen noch keinen Cent. Zudem wird das Potenzial von Top-Positionen bei einzelnen Schlagworten und Wortkombinationen überschätzt. Ich bin mit dem stark umkämpften Suchwort „Kredit“ sehr weit vorne zu finden, doch das führt nur zu wenigen Besuchern pro Tag. Zudem ist der Platz an der Sonne nur vorübergehend. In Wahrheit zählt, was unterm Strich in Ihrer Erfolgsrechnung übrigbleibt, und nicht, was Google in einzelnen Abfragen von Ihnen hält.

Firmenbosse machen gerne den Fehler, Webseiten-Erfolg über die Sichtbarkeit des Firmennamens bei Google zu definieren. Das Ziel sei erreicht, wenn der Suchende `Malerei Meier` eintippt und die eigene Seite *malerei-meier.de* ganz oben findet. Das ist Humbug und zudem unsportlich, da zu einfach. Wie viele Menschen suchen wohl nach „Malerei Meier“? Wohl nur jene, die das Unternehmen schon kennen. Möchte man also keine Neukunden haben oder wie sind solche Ziele sonst zu verstehen? Sportlicher wäre es, mit der Suchanfrage `Malerei in Berlin` vorne zu landen. Aufmerksame Leser kennen meine Meinung wohl schon: Überlassen Sie Ranglisten-Wettkämpfe den „Spezialisten“ und konzentrieren Sie sich voll und ganz auf Ihre Webseite samt direkt beeinflussbarer Messgrößen.

Es gibt Ziele, die sehr einfach zu messen sind, wie etwa die Besucherzahlen auf Ihrer Homepage, Verkäufe und Buchungen, abgeschickte Anfrageformulare, Webseiten-Einnahmen und Downloads von Informationsmaterial. Dann gibt es solche, die gar nicht messbar (und daher sinnlos) sind, wie etwa die Steigerung Ihres Markenwerts. Dazwischen gibt es jedoch genügend Spielraum für vage Ziele, wie etwa die Umsatzsteigerung in Ihrem „richtigen“ Geschäftslokal. Auch das lässt sich mit etwas Phantasie messen. Bieten Sie auf Ihrer Homepage einen Gutschein an, den Käufer dann ausgedruckt in Ihre Verkaufsräume mitbringen sollen, und schon lässt sich der Umsatz zuordnen.

Bei aller Kreativität möchte ich Ihnen aber raten, sich auf einfach messbare Ziele zu beschränken, am besten solche, die mit wenigen Mausklicks und vor allem kostenlos überprüfbar sind.

Was sind realistische Zielgrößen?

Jede neue Webseite startet bei null und beginnt mit kleinen Schritten. Es kann durchaus frustrierend sein, über Wochen und Monate an Inhalten zu arbeiten und nicht mehr als ein paar Dutzend Besucher täglich auf die Homepage zu bekommen. Doch mit stetiger Arbeit geht es auch vorwärts. Der große Vorteil des Internets besteht darin, dass man auf Erreichtem aufbauen kann, statt jeden Tag von vorne beginnen zu müssen. Eine ertragsoptimierte Homepage, die bei Google gut gelistet ist, neben Suchmaschinen auch andere Besucherquellen anzapft und Stammbesucher generiert, kann zum sprichwörtlichen Arbeitsroboter werden und Ihnen zu passivem Einkommen verhelfen, während Sie die Hände frei haben, um Neues zu schaffen. Die Webseite, wie sie zum Tag X im Netz steht, läuft auch am Tag Y, ohne dass Sie einen Finger rühren müssten. Arbeiten Sie weiter, erhöht sich Ihr passives Einkommen, ohne den laufenden Aufwand zu vergrößern. Es lohnt sich also, dranzubleiben!

Was konkret in Ihrem Fall erreichbar ist, lässt sich nur schwer sagen. Es kursieren die schillerndsten Geschichten über Minderjährige, die binnen Monaten zu Internet-Millionären wurden. Das sind Lottosechser und keine realistischen Ziele.

Da ich nun schon einige Jahre im und mit dem Internet arbeite, hat sich dennoch so etwas wie ein „ehernes Erfolgsgesetz" herauskristallisiert, das für alle Branchen und Geschäftsmodelle gültig war, die ich bisher angefasst habe.

Das Fischler'sche Internet-Erfolgsgesetz

Das Muster, welches ich zu erkennen meine, möchte ich so formulieren:

Jeder mit dem Internet verbundene Aufwand muss seine Gewinnschwelle nach maximal einem Jahr erreichen.

Schlussfolgerungen aus dieser These:

- ✔ Konzentriere ich mich ein Jahr lang gänzlich auf ein neues Projekt, so muss ich nach diesem Jahr ein fiktives Gehalt aus den Erträgen dieses Projekts ziehen können, welches meinem Marktwert entspricht.
- ✔ Stelle ich einen Mitarbeiter für das Internet ab, so muss sein Einsatz nach maximal einem Jahr profitabel sein (ungeachtet der Personalkosten des ersten Jahres, welche aus den fortan entstehenden Überschüssen zu decken sind). Konkret formuliert: Kostet der Mitarbeiter inkl. aller Nebenkosten 4.000 Euro pro Monat, muss mir seine Arbeit nach einem Jahr mindestens 4.000 Euro an monatlichen Erträgen einbringen. Bei Weiterbeschäftigung des Mitarbeiters steigt der laufende Ertrag, während die Kosten gleich bleiben (Überschuss = „passives Einkommen"). Ziehe ich den Mitarbeiter ab, bleibt der Ertrag erhalten, während die Kosten entfallen.
- ✔ Ein Jahr harter Internet-Aufbauarbeit muss es Ihnen ermöglichen, sich aus dem gesellschaftlichen „Hamsterrad" zu befreien.

Eine Bestätigung dieser These ergibt sich auch aus der Tatsache, dass der Wert von Webseiten üblicherweise mit einem Jahresgewinn festgesetzt wird. Bringt mir die Homepage nach Abzug aller Kosten 1.000 Euro pro Monat, so ist sie nach gängigen Bewertungsmodellen 12.000 Euro wert. Sie soll sich für einen Käufer also nach maximal einem Jahr zu rechnen beginnen. Dass sich Firmenwerte üblicherweise aus acht und mehr Jahresgewinnen ergeben (Ertragswertverfahren), gilt leider nicht fürs Internet.

Vereinfacht gesagt muss sich also jeder Internet-Einsatz nach einem Jahr lohnen. Solange müssen Sie in Vorleistung gehen, in Form von Geld (Beschäftigung von IT-Mitarbeitern, Inhaltsproduzenten, Beratern oder Spezialisten, Webseitenkauf ...) oder Ihrer eigenen Arbeitsleistung. Da Letztere „nichts" kostet, und man sich selbst jedes Jahr ein volles Einkommen draufpacken kann, gibt es so viele „One-Man-Shows" im Internet.

Was, wenn sich das Gesetz nicht bestätigt? Die Richtigkeit meines Internet-Erfolgsgesetzes habe ich in unterschiedlichen Themen und vielfältigen Methoden unter Beweis stellen können. Doch ich musste auch erleben, dass sich manche Projekte nicht daran hielten. Meist lag es daran, dass

- ✔ ich nicht mit vollem Einsatz bei der Sache war,
- ✔ mich das Thema nicht interessierte oder
- ✔ das Projekt einen grundlegenden Fehler in seiner Konzeption hatte.

Im Lauf der Jahre ging ich dazu über, das Gesetz auch in Entscheidungen anzuwenden, welche Projekte ich weiterverfolgen möchte und welche nicht. Webseiten, bei denen sich mein Einsatz nicht nach einem Jahr bezahlt macht, lasse ich im Netz stehen, kümmere mich aber nicht mehr darum. Stattdessen konzentriere ich mich auf Vorhaben, die dieses Kriterium erfüllen, oder stelle eine neue Seite auf die Beine.

Wer (und wo) sind meine Kunden?

Kennen Sie Ihre Kunden? Altgediente Unternehmer sind wohl versucht, diese Frage mit einem vorbehaltlosen „Ja!“ zu beantworten. Aber ist es tatsächlich so, dass Sie Ihren Zielkunden in seiner Gesamtheit vor Augen haben? Kennen Sie …

- ✔ Geschlecht, durchschnittliches Alter und Lebenssituation?
- ✔ regionale Herkunft und soziales Umfeld?
- ✔ typische, persönliche Interessen, Hobbys und Probleme?

Je vollständiger Ihr Bild, desto besser können Sie Ihr Internet-Angebot auf den Zielkunden ausrichten. Vielleicht können Sie einige typische Probleme dieses Individuums auf Ihrer Homepage ansprechen und kostenlose Ratschläge, PDF-Ratgeber, Tools und Hilfestellungen anbieten? Damit hätte Ihr Online-Angebot einen konkreten Nutzen für Besucher, was nicht nur diesen, sondern auch Google gefällt. Über solche Umwege können Sie sich teure, direkt auf Ihr Ziel ausgerichtete Internet-Kampagnen sparen und dennoch genau Ihre potenziellen Kunden erreichen.

Wenn Sie mit Ihrer Firma schon länger tätig sind, können Sie auf Bestandsdaten zurückgreifen, um sich ein besseres Bild vom typischen Kunden zu machen. Gründer und Start-ups müssen sich an anderen Unternehmen und deren Klientel orientieren. Kommt man im Lauf der Zeit darauf, dass bei der ursprünglichen Erhebung Fehler gemacht wurden, kann man den Archetyp immer noch anpassen. Wichtig ist, dass man von Beginn an eine Vorstellung von ihm hat.

Mit diesem Wissen wird es Ihnen auch leicht fallen, folgende Fragen zu beantworten:

- ✔ Auf welchen Seiten („wo") hält sich mein Kunde im Internet auf?
- ✔ In welchen sozialen Netzen (Facebook, Xing, LinkedIn ...) und Communitys (Foren, Mitgliederportalen aller Art) könnte er sich registriert haben?
- ✔ Welche Probleme und Fragen tippt er in die Google-Suche ein und wie genau lauten typische Anfragen bei der Suchmaschine?
- ✔ Auf welche Seiten führen diese Ergebnisse und warum reiht Google ausgerechnet diese Homepages an vorderster Stelle – was könnte sich die Suchmaschine dabei „gedacht" haben?

Sie sehen, wir werden nun schon sehr konkret, und im Laufe unserer Überlegungen und Nachforschungen haben Sie mit Sicherheit schon einige Ideen für Ihren Webauftritt gefunden. Da die virtuelle Marktforschung so wichtig ist, möchte ich Ihnen nun zwei essenzielle Tools präsentieren, die Ihnen die Arbeit enorm erleichtern können.

Wonach suchen meine Kunden?

Um diese Frage zu beantworten, stellt Ihnen Google zwei kostenlose Tools zur Verfügung. Das erste, Google Trends *(http://*

www.google.de/trends) gibt Auskunft über die Entwicklung konkreter Suchanfragen. Sie können dort auch Anfragen miteinander kombinieren und diese räumlich, zeitlich sowie nach Kategorien und Suchart filtern. Ein konkretes Beispiel:

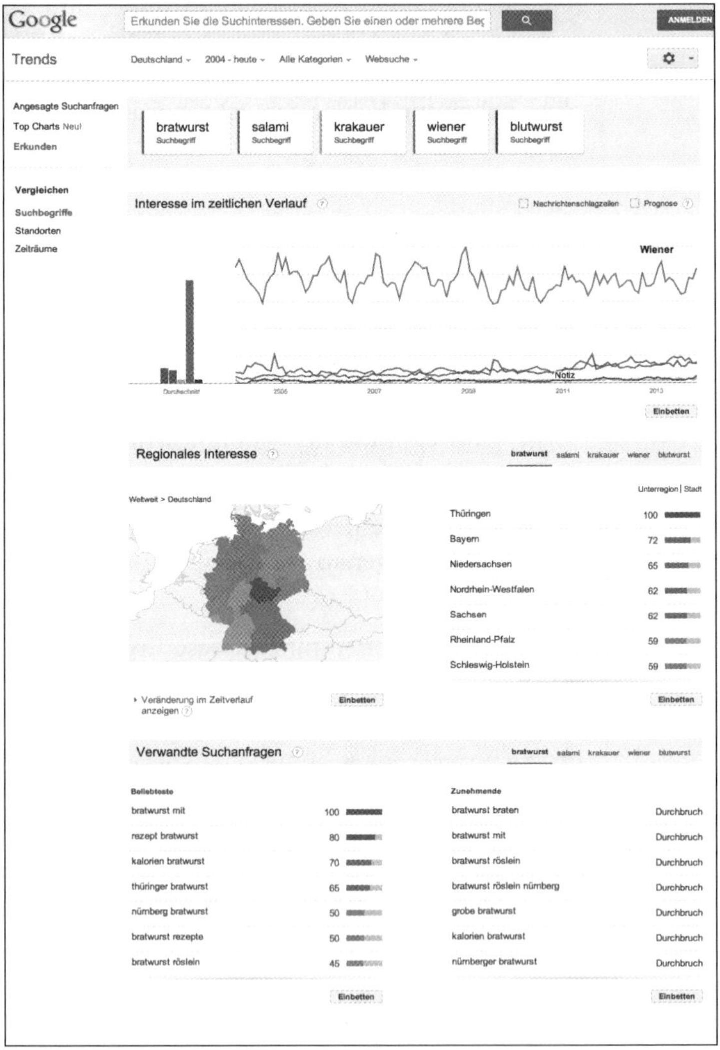

Abbildung 5.1: Abfrage bei Google Trends: „Wiener" beliebteste Wurst Deutschlands?

Die oben zu sehende Abfrage vergleicht die Beliebtheit und zeitliche Entwicklung der Google-Suchen nach „Bratwurst", „Salami", „Krakauer", „Wiener" und „Blutwurst" in Deutschland. Ich habe das Wurst-Vergleichsrennen deshalb veranstaltet, weil es Ihnen sowohl die Chancen als auch Tücken von Google Trends vor Augen führt. Mit Hilfe dieses Tools können Sie sehr gut recherchieren, was potenzielle Kunden interessiert, und wie sich dieses Interesse im Lauf der Zeit entwickelt. Das erleichtert strategische Entscheidungen, zum Beispiel, auf welche Einzelprodukte ein Händler setzen sollte, weil das Interesse daran (und damit auch die Nachfrage) steigt, während sich andere aufgrund sinkender Suchvolumina zu Ladenhütern entwickeln könnten. Neben der regionalen Auswertung führt Google auch Beliebteste und *Zunehmende Suchanfragen* an, welche dem zuerst eingegebenen Suchbegriff („Bratwurst") zugeordnet werden. Google Trends ist ein tolles Marktforschungsinstrument, das Ihnen das Kennenlernen Ihrer Zielkunden und die Ausrichtung Ihres Internet-Auftritts sehr erleichtern kann. Ich setze es beinahe täglich ein. Ausprobieren lohnt sich!

Ziehen Sie jedoch keine voreiligen Schlüsse aus den Anfragen. In unserem Beispiel wäre „Wiener" die beliebteste Wurst Deutschlands. Machen wir nun eine neue Abfrage, nur mit „Wiener" als Suchbegriff, ergibt sich das in Abbildung 5.2 auf der folgenden Seite dargestellte Bild.

Beachten Sie bitte die Liste *Beliebteste Suchanfragen* unten links. Von „Wurst" keine Spur, vielmehr sind die Suchenden an Sarah Wiener, der Stadt Wien, Schnitzeln, dem Wiener Kongress und dem Wiener Walzer interessiert. Ganz abgesehen davon, dass englischsprachige Suchende, die „Wiener" eintippen, wohl ganz anderes suchen … Würstchen ist eben nicht gleich Würstchen. Zurück zu Deutschland: „Wiener" schlug die „Bratwurst" im schmackhaften Vergleichsrennen mit unlauteren Mitteln. Selbstverständlich ist die Bratwurst immer noch beliebter als Wiener Würstchen, aber weniger beliebt als die Currywurst – prüfen Sie es einfach selbst bei Google Trends nach.

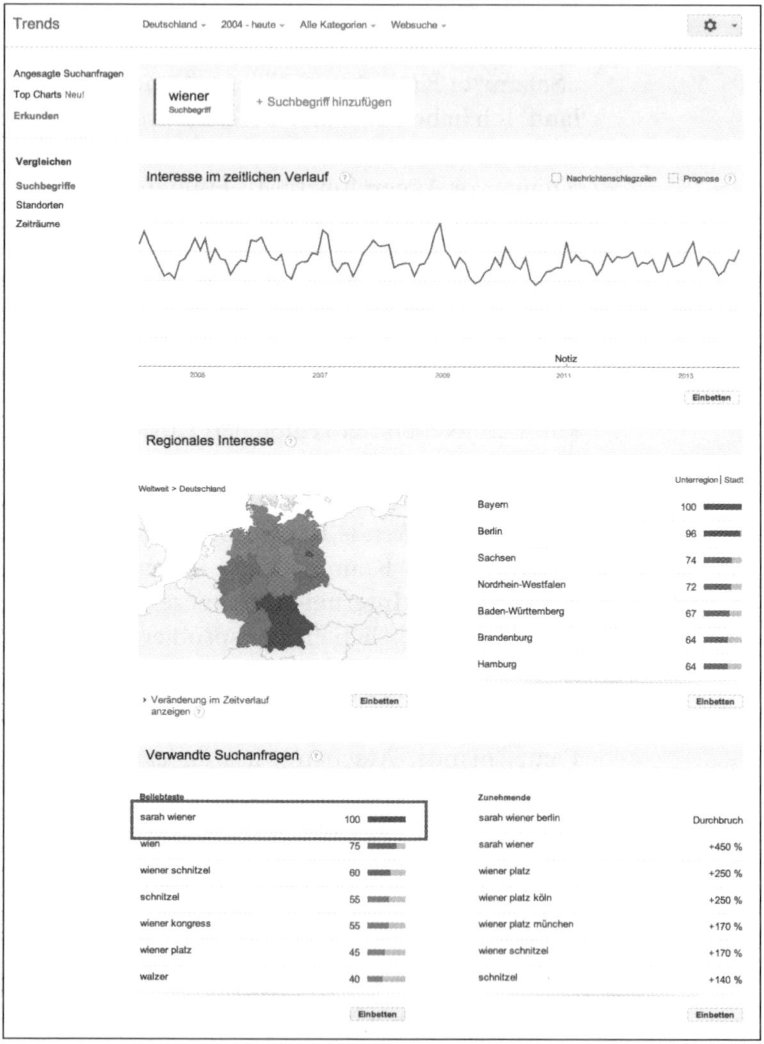

Abbildung 5.2: Trugschluss: „Wiener" sind nicht nur Würstchen!

Haben Sie interessante Begriffe gefunden, so kombinieren Sie diese mit anderen Worten oder klicken Sie direkt auf ein Ergebnis unter den *Top-Suchanfragen*, um deren Eignung und Unverwechselbarkeit zu verifizieren. Wie erwähnt: Google Trends ist sehr praktisch, doch ziehen Sie niemals voreilige Schlüsse.

Das zweite interessante Tool ist eine kostenlose Beigabe zu Googles Anzeigendienst, Google AdWords. Der Keyword-Planer (*https://adwords.google.com/, Tools und Analysen / Keyword-Planer*) macht es leicht, Ideen für „Keywords“ zu finden, gibt Auskunft über die Menge an Suchanfragen sowie ähnliche Suchen, die sehr aufschlussreich sein können. Keywords sind Schlagworte, die zu Ihrem Angebot passen und die Suchende bei Google eintippen könnten, woraufhin – im Idealfall – Ihre Webseite in den Suchresultaten oder in der Werbung auftauchen sollte. Ein Beispiel: Wenn Sie nach „passives Einkommen“ googeln, wäre es schön, wenn meine Seite *www.fischler.cc* angezeigt werden würde. „Passives Einkommen“ ist eine Keyword-Kombination aus „passives“ und „Einkommen“.

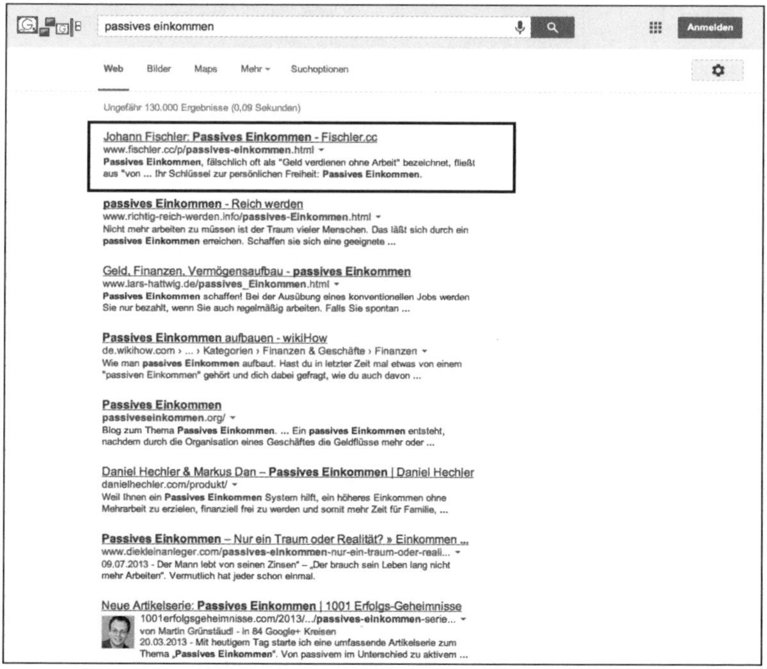

Abbildung 5.3: Wie schön: Meine Seite *www.fischler.cc* „rankt" bei der Abfrage „passives Einkommen" auf *google.at* (Österreich) auf Platz 1

An dieser Stelle gleich ein wichtiger Hinweis: Die meisten Menschen tippen mehr als nur ein einziges Wort bei Google ein. Schließlich wäre es unwahrscheinlich, dass Google genau wüsste, was ich suche, wenn ich „PC", „Geld" oder „Abflussrohr" eingebe. Mit „PC startet nicht", „Geld anlegen Zinsen" und „Abflussrohr verstopft Hamburg" ist es schon wahrscheinlicher, dass mich die anschließend angezeigten Resultate einer Lösung näherbringen. Überlassen Sie den Kampf um Einzelwort-Rankings Ihren Mitbewerbern und konzentrieren Sie sich auf Keyword-Kombinationen aus zwei oder mehr Wörtern, welche Ihr spezifisches Angebot aus Sicht des Suchenden erfassen.

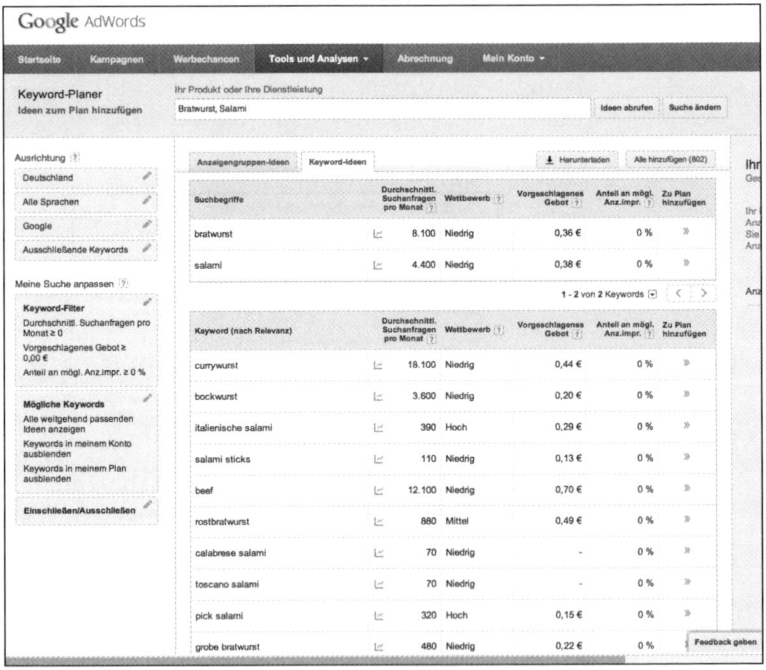

Abbildung 5.4: Google AdWords *Keyword-Planer:* Zahl der Suchen nach „Bratwurst" und „Salami" und was Google diesen Begriffen zuordnet

Ich suchte nach den Schlagworten „Bratwurst" und „Salami", eingeschränkt auf Deutschland. Nach monatlichen lokalen Suchanfragen sortiert, wird „Bratwurst" in Deutschland 8.100

Mal pro Monat gesucht. Das ist die Gesamtzahl aller Suchen, die das Wort „Bratwurst“ beinhalten – sowohl alleine als auch in Kombination mit anderen Wörtern. Nicht gerade besonders viel! „Currywurst“ scheint mit 18.100 Anfragen pro Monat schon mehr Potenzial zu haben.

Auch beim Keyword-Tool gilt: Lassen Sie sich nicht ins Bockshorn jagen, und recherchieren Sie ausgiebig. Das lohnt sich, denn neben der absoluten Zahl an Suchenden lässt Sie Google auch in die Karten blicken, welche sonstigen Wörter und Wortkombinationen Ihrem Suchbegriff zugerechnet werden. In unserem Beispiel finde ich interessant, dass Suchende (und damit folgerichtig auch Google) „Currywurst“ und „Bockwurst“ in enger thematischer Verwandtschaft zu „Bratwurst“ und „Salami“ sehen. Beim Aufbau von Webseiten-Inhalten sollte man diese Gelegenheiten nutzen. Einfacher ausgedrückt: Wem es um die Bratwurst geht, der sollte trotzdem nicht auf die Currywurst verzichten, selbst wenn sie nicht zum eigenen Angebot zählt. Wie wäre es z.B. mit einer Wurst-Enzyklopädie samt ausführlicher Fotodokumentation im Unterbereich Ihrer Webseite? Das nützt den Besuchern, wird gerne verlinkt und Google wird Sie dafür lieben. Last, but not least: Currywurstesser von heute sind vielleicht die Bratwurstkunden von morgen.

Wonach suchen meine Kunden nicht?

Wer auf seiner Webseite umfangreiche Inhalte, Sammlungen, kostenlose Tools und Problemlösungen anbietet, dem geht es vor allem darum, möglichst viele Suchende auf die eigenen Seiten zu bekommen. Je mehr Traffic (Besucherverkehr) auf der Webseite, desto besser. Da können gerne auch Leute mit dabei sein, die in nächster Zeit garantiert nicht zu Kunden werden. Einzelne werden sich trotzdem an Sie erinnern und irgendwann zurückkehren.

Wenn Sie aber daran denken, Besucher einzukaufen, dann sollten Sie Ihr Werbebudget nicht mit der Gießkanne verstreuen. Bei Google AdWords bezahlen Sie pro Klick, also pro Besucher, der auf Ihre Seite gelangt. Viele Unternehmen kaufen ein, was

AdWords hergibt, inklusive potenzieller NICHT-Kunden. Dabei wäre es so einfach, diese auszusortieren. Dafür muss man aber nicht nur wissen, wonach die potenziellen Kunden suchen, sondern auch, wonach sie NICHT suchen. Ein Beispiel:

Nehmen wir an, ich wäre Herausgeber einer Börsenzeitschrift, die neue Abonnenten sucht. Als mögliche(s) Keyword(-Kombinationen), auf die ich Anzeigen schalten möchte (wie das geht, sehen wir später), habe ich „Aktien", „Aktien für Anfänger", „Aktien Analyse" und „Aktiencheck" identifiziert. Nun muss man wissen, dass die überwiegende Mehrheit der Suchenden sich niemals für mein Abo interessieren wird, denn deren Suchen lauten vollständig ungefähr so:

- ✔ Aktiencheck gratis
- ✔ Aktien Depot eröffnen
- ✔ Aktien für Anfänger kostenlose Info
- ✔ Online Aktien-Analyse
- ✔ Echtzeit-Kurse Aktien
- ✔ … und viele ungeeignete Anfragen mehr

Die vollständigen, genauen Suchanfragen können Sie Ihrer Webseitenstatistik (z.B. Google Analytics oder Google Webmaster-Tools, siehe weiter unten den Abschnitt „Analyse") sowie AdWords selbst entnehmen. Um die weniger sinnvollen Begriffe herauszufiltern, kann man bei Google AdWords auszuschließende Keywords wie „gratis", „eröffnen", „kostenlos", „online" oder „Echtzeit" definieren. Wer diese Wörter in Kombination mit Ihren relevanten Schlagworten eintippt, bekommt Ihre Werbung nicht mehr zu Gesicht. Diese Negativworte sind aber nicht nur für bezahlte Kampagnen entscheidend, sondern sie helfen Ihnen auch, Ihre „organisch auffindbaren" Inhalte (jene, die Google unbezahlt anzeigt) besser auf Ihre Zielkunden auszurichten.

Wie findet man einen guten Webhoster?

Das ist eine spannende Frage. Am Anfang reicht jeder Allerweltsanbieter für den Betrieb Ihrer Homepage aus. Mit wenigen Hundert Besuchern täglich werden Sie ihm nicht einmal auffallen. Die *Uptime,* darunter versteht man die Zeit, in der der Server, auf dem Ihre Homepage liegt, funktioniert, ist bei allen bekannteren Webhosting-Providern in Ordnung. Merkbare Unterschiede gibt es nur in der Geschwindigkeit, wobei diese nicht ausschlaggebend für den anfänglichen Erfolg ist. Suchen Sie sich einen der großen Anbieter aus und Sie sind für den Beginn recht gut aufgehoben.

Interessant wird es, wenn Sie es auf mehrere Tausend Besucher pro Tag gebracht haben. Auch dann, wenn Sie unvermittelt im Rampenlicht stehen und von einem Moment auf den anderen mehrere Besucher pro Sekunde eintrudeln, trennt sich die Spreu vom Weizen. Der kleine Webhosting-Vertrag um fünf Euro pro Monat, der zu Beginn mehr als ausreichend ist, kann schnell zu klein werden. Ob plötzlich oder schleichend, irgendwann sind die Grenzen erreicht und Ihr Webhoster meldet sich. Die Konsequenzen des überhandnehmenden Besucherverkehrs reichen von höheren Kosten bis zum gänzlichen Rausschmiss. Letzteres ist mir schon mehrmals passiert – wegen Erfolgs vor die Tür gesetzt, könnte man sagen. Glauben Sie nicht, dass sich Ihr Hosting-Provider über den Erfolg Ihrer Homepage freut. Am liebsten wäre ihm, Sie würden verlässlich Ihre fünf Euro zahlen und die Homepage läge brach. Denn dann könnte er noch mehr Kunden auf den Server packen, welchen Sie sich schon jetzt mit vielen anderen Webmastern teilen. Nicht selten wird ein einziger Rechner mit mehreren Hundert Kunden vollgepackt.

Bedienen Sie sich eines Gratis-Hosters, mögen die üblichen lauen Besucherströme für ihn noch in Ordnung gehen. Beim ersten Ansturm fliegen Sie jedoch schneller raus, als Sie bis drei zählen können. Manchmal sind dann auch Ihre Daten futsch, denn was nichts kostet, ist eben nichts wert, und Sie sind kein Kunde, sondern bloß geduldeter Trittbrettfahrer ohne Rechte. Ich rate Ihnen von Gratis-Hosting ab. Der New Yorker Autor Seth Godin drückt es so aus: „I like having a service I can pay for, because when you buy something, you're the customer, not the product." Also: „Ich nehme gerne einen Dienst in Anspruch, den ich bezahlen kann, denn wenn ich etwas kaufe, bin ich der Kunde und nicht das Produkt." Alles hat seinen Preis, im Fall von Gratis-Diensten bezahlen Sie mit Ihren persönlichen Daten, dem Konsumieren von Werbung, dem Verlust Ihrer Privatsphäre oder Schlimmerem.

Typische Webseiten kleiner und mittlerer Unternehmen kommen mit Standard-Hosting-Verträgen aus. Selbst wenn man sich für die Luxusvariante dieses „Shared Webhosting" (viele Kunden teilen sich einen Server) entscheidet, übersteigen die Kosten selten 150 bis 200 Euro pro Jahr.

Gleichwohl gibt es Webseiten, die mehrere Tausend Euro pro Monat an Hostingkosten verursachen. Wer ein beliebtes Internet-Portal besitzt, braucht viele Server, die ihm ausschließlich und ungeteilt zur Verfügung stehen, inklusive fortgeschrittener Lastverteilungs-, Datenabgleichs- und Backupverfahren. Möglich ist vieles, doch sollten Sie einmal in solche Regionen vorstoßen, können Sie mit Ihren Erträgen aus der Webseite eigene Leute anstellen, die Ihnen „das mit dem Hosting" abnehmen. Ich selbst komme immer noch mit einem einzigen Shared Webspace aus, der mich um die 10 Euro pro Monat kostet und auf dem alle meine „selbst gehosteten" Webseiten liegen.

Wenn Sie Ihre Homepage auf Google Blogger (*www.blogger.com*) aufbauen, können Sie das Hosting überhaupt Google überlassen. Einige sehr angesagte Homepages werden über Blogger betrieben. Der Dienst ist nicht nur kostenlos, sondern „wächst mit". Ihre Webseite befindet sich in der „Google Cloud", einem Speicheruniversum, das aus Hunderttausenden Servern in Rechenzentren rund um die Welt besteht. In diesem kollektiven Bewusstsein konsumiert selbst die Google-Suche nur einen

Teil der verfügbaren Ressourcen. Während der einzelne Server bei normalen Hostingverträgen die Grenze vorgibt, ist er bei Google nur ein winziger Baustein des „großen Ganzen“. Ihre Daten liegen nicht auf einem einzigen Server, sondern auf vielen zugleich, sehr wahrscheinlich in mehreren Rechenzentren parallel. Das minimiert auch das Risiko, Daten zu verlieren. Sie können diese Datenwolke aber jederzeit wieder verlassen und bleiben im Besitz aller Ihrer Rechte. Ich stelle Ihnen die Blogger-Lösung noch ausführlich vor.

Aktuelle Informationen und Empfehlungslisten zum Thema „Webhosting“ finden Sie auf *www.fischler.cc*.

Markenschutz im Internet

Das Internet bietet die Gelegenheit, sich gute Namen kostengünstig und umfassend zu sichern. Mit den hier vorgestellten Maßnahmen nehmen Sie Trittbrettfahrern wirkungsvoll den Wind aus den Segeln, egal, ob Sie zusätzlich eine offizielle Marke anmelden oder nicht.

Namensideen finden

Zuerst präsentiere ich Ihnen ein Tool, das Ihnen die Kreativarbeit der Namensfindung immens erleichtert: Wordoid (*www.wordoid.com*), siehe Abbildung 5.5.

Selektieren Sie die Sprache Ihrer Wahl und geben Sie eine Zeichenkette ein, die nach Wunsch vorne, in der Mitte oder am Ende des zu findenden Wortes vorkommen soll. Auch die Maximallänge der Neuschöpfung lässt sich begrenzen. Nun noch ein Klick auf *Create*, und kurzweiliges Entertainment ist garantiert.

Das Tolle an dem Dienst sind nicht nur die ausgespuckten Wortkreationen, sondern auch die gleichzeitige Prüfung, ob *.com*- und *.net*-Domains noch frei sind. Wer öfters auf der Suche nach neuen Markennamen ist, wird an dem Tool seine helle Freude haben.

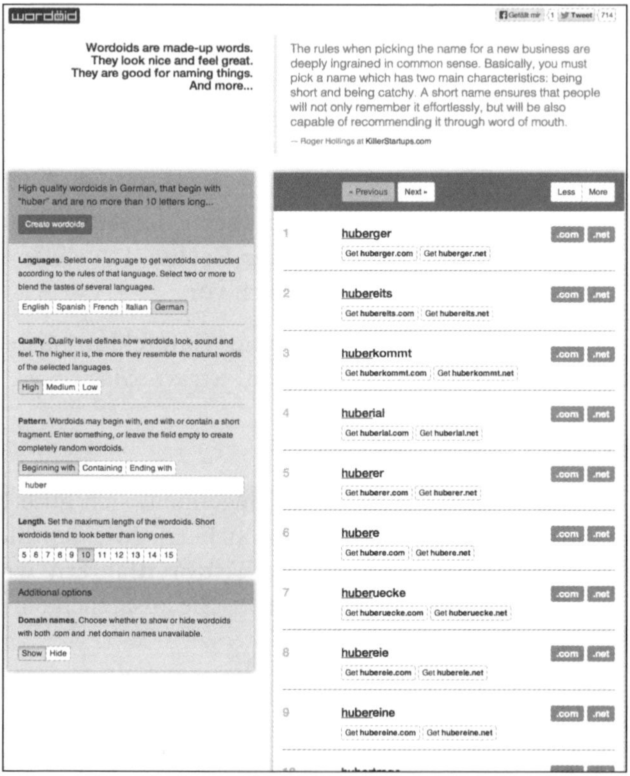

Abbildung 5.5: *www.wordoid.com:* Namen und freie Domains finden

Namensrecherche

Sie haben Ihren Wunschkandidaten gefunden? Dann prüfen Sie zunächst, ob Ihre Marke wirklich noch frei ist. Suchen Sie bei Google nach dem Wort, sowohl mit als auch ohne Anführungszeichen. So erhalten Sie genaue und weitgehend übereinstimmende Suchergebnisse. Gibt es Hinweise darauf, dass bereits Schutzrechte bestehen? Wenn Sie nur wenige Ergebnisse finden, ist das unwahrscheinlich. Doch gibt es die Marke bereits, werden Sie viele, möglicherweise Tausende Suchtreffer erhalten, und ganz vorne das Unternehmen finden, welches sehr wahrscheinlich die Rechte daran besitzt.

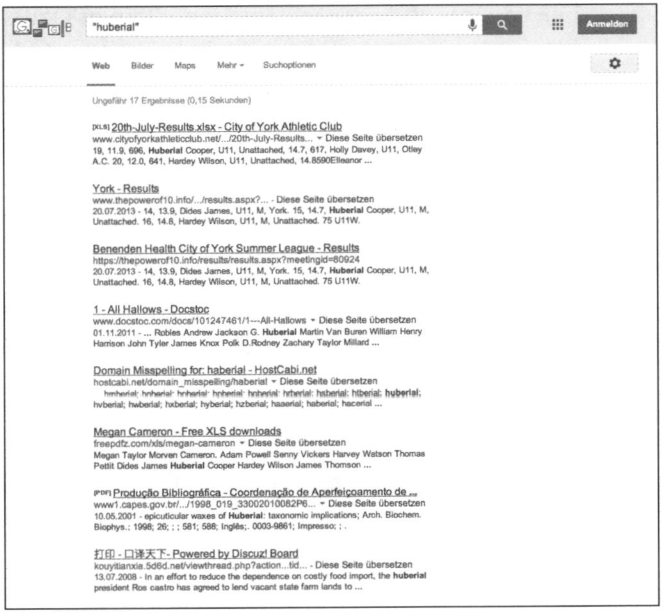

Abbildung 5.6: *Genaue Google-Suche (unter Anführungszeichen) nach huberial : nur 17 Ergebnisse!*

Sie heißen Huber und suchen eine Marke? Zum Zeitpunkt meiner Abfrage sieht es mit „Huberial" gut aus – nur 17 Ergebnisse sind überhaupt auffindbar. Dabei scheint es sich v.a. um persönliche Namen und keine Marken zu handeln. Es ist damit sehr unwahrscheinlich, dass Sie mit „Huberial" markenrechtliche Probleme bekommen könnten.

Um ganz sicherzugehen, dass es die Marke tatsächlich noch nicht gibt, wenden Sie sich an offizielle Auskunftsstellen wie das Patent- und Markenamt. Eine Übersicht über aktuelle Online-Abfragedienste und Datenbanken bietet das Europäische Patentamt (*www.epo.org/searching/free_de.html*).

Domains sichern

Nur weil es keine offizielle Marke und keine Suchtreffer gibt, heißt das noch lange nicht, dass die Domains noch frei sind.

Die von mir oft kritisierte und vor allem in Deutschland gängige Praxis des Domain-Reservierens zum Zweck des späteren Verkaufs macht viele gute Namensideen zum teuren Spaß. Ohne jemals selbst ein Projekt darauf betreiben zu wollen, reservieren sich Domainhändler und Domaingrabber vielversprechende Domains im Großpack. Dann hoffen sie darauf, irgendwann einen Dummen zu finden, der viel Geld für die Markendomain der Träume bezahlt. Was für ein Geschäftsmodell.

Geben Sie Ihren Wunschbegriff auf Seiten wie *www.inwx.de* ein, so erhalten Sie sofortige Auskunft zu verfügbaren Domains:

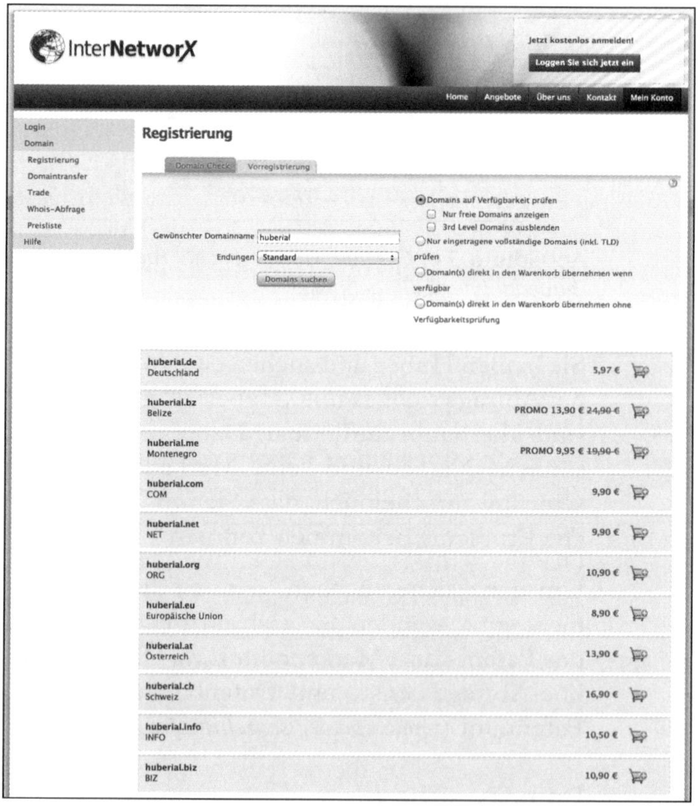

Abbildung 5.7: Gute Nachrichten: Alle Domains noch frei! Und ab damit in den Warenkorb?

Nun wissen Sie, was frei, also zum Minimalpreis einer Jahresgebühr zu haben ist. Wenn sich Ihr Begriff sinnvoll per Bindestrich trennen lässt, suchen Sie auch nach dieser Variante, um unliebsame Überraschungen zu vermeiden.

Welche der oben angebotenen Top-Level-Domains sind überhaupt interessant? Das hängt ganz davon ab, was Sie vorhaben und welche Mittel Ihnen zur Verfügung stehen. Ich halte *.com*, *.net*, *.org*, *.info* sowie die Länderdomain Ihres Zielmarktes (*.de*, *.at*, *.ch*, *.it* ...) für wichtig. Selbst wenn Sie Ihr Projekt nur auf einer dieser Endungen laufen lassen möchten, ist es trotzdem sinnvoll, anderen die wichtigsten Alternativen wegzuschnappen. Sie wollen sich doch später nicht mit einem schrägen Vogel herumstreiten, der sich die *.com* zu Ihrer *.de*-Domain holt und nun versucht, Ihre wachsende Popularität für eigene Zwecke einzusetzen. Weil sich die Kosten einer Domain mit ca. zehn Euro pro Jahr in Grenzen halten, greifen Sie herzhaft zu. Für weniger als 100 Euro haben Sie die wichtigsten Endungen in der Tasche. Je nach Budget und Ambitionen (ist huberial ein zukünftiger Weltkonzern?) kann man auch weit darüber hinausgehen: Alle erhältlichen Domains, dasselbe in Bindestrich-Variationen und mit Tippfehlern und so weiter. Wenn es denn Sinn macht.

Doch was tun, wenn die Domain schon vergeben ist? Sehen Sie nach, ob es einen Webauftritt mit dieser Adresse gibt, über den sich der Inhaber ausforschen lässt. Nein? Dann bedienen Sie sich öffentlich zugänglicher Register wie z.B. *www.whois.sc*. Der Eigentümer der Domain wird als „Registrant“ oder „Owner“ bezeichnet. Ist ein solcher nicht ersichtlich, lässt er sich über die weiteren angegebenen Kontakte (admin-, tech- oder billing-Kontakt) erreichen. Der Rest ist zwischenmenschliche Kommunikation und Verhandlungsgeschick. Je nach Kaufsumme kann es sich lohnen, einen Rechtsbeistand mit der Sache zu beauftragen. Für die technische Abwicklung bedient man sich am besten eines Webhosts, der den Domaintransfer nicht selten kostenlos für Sie abwickelt. Firmen wie Sedo ( ) haben sich auf Domainvermittlung spezialisiert und können Ihnen helfen, in den Besitz Ihrer Wunschdomain zu gelangen. Unterm Strich ist es teuer und mühsam, Domains zu kaufen. Ich rate Ihnen daher, so lange nach freien Namen zu suchen, bis Sie schließlich erfolgreich sind. Die investierte Zeit lohnt sich definitiv.

Benutzername und URLs in sozialen Netzwerken sichern

Nachdem Sie jetzt im Besitz der wichtigsten Domains sind, machen wir uns an die sozialen Netzwerke. Hier geht es um Facebook, Twitter, YouTube & Co. Das Ziel lautet, sich so viele Benutzernamen und URLs (z.B. *www.facebook.com/huberial*) wie möglich zu schnappen, bevor es andere tun. Ein weiterer praktischer Tipp für Sie: namechk (*http://namechk.com*) verschafft Ihnen den Durchblick.

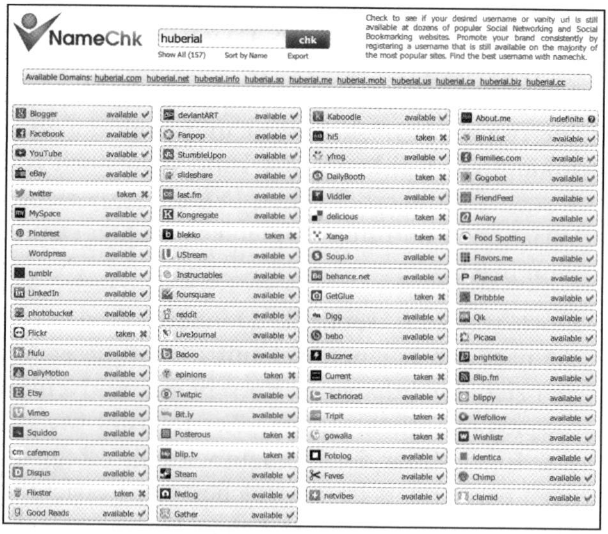

Abbildung 5.8: *namechk.com:* Welche Namen und URLs sind in den Social Networks noch frei? Bei „huberial" sieht es gut aus – schade nur, dass *twitter.com/huberial* schon vergeben ist

Registrieren Sie sich bei den wichtigsten (übrigens kostenlosen) Netzwerken mit dem Markennamen als Benutzernamen bzw. URL-Erweiterung. Je nach Ihrer Branche könnten Sie hier auf wertvolle Bereicherungen stoßen, wie z.B. eine Mitgliedschaft bei deviantART für alle Kreativen, eine bei Good Reads für Autoren und so weiter. Zu meinem Standardprogramm gehören Facebook, Twitter und YouTube, doch je mehr, desto besser!

Nun sollten Sie schon recht sicher vor Nachahmern und Trittbrettfahrern sein. Wenn Sie es mit den Domains nicht übertrieben haben, liegen Sie bei einem finanziellen Aufwand von unter 100 Euro. Da tut es nicht weh, wenn Sie schon bald einen noch besseren Begriff finden sollten. Besser heute einen Namen zu viel reservieren, als sich nach Jahren harter Aufbauarbeit mit Domaingrabbern, Trittbrettfahrern und Identitätsdieben herumzuärgern. Nur so am Rande: Weggeschnappte oder bereits vergebene Domains werden gewöhnlich im vier- und fünfstelligen Eurobereich gehandelt.

Wird es mit dem Vorhaben ernst und strebt man höhere Dimensionen an, führt wohl kein Weg am althergebrachten, wesentlich aufwändigeren Markenschutz vorbei. Ein kleiner Tipp: Die EU-weit gültige europäische Gemeinschaftsmarke ist vergleichsweise günstig erhältlich! Damit sichern Sie sich die Markenrechte für alle EU-Länder im Paket. Nähere Informationen finden Sie unter *http://oami.europa.eu* und bei jedem Markenanwalt. An dieser Stelle gleich eine Warnung aus eigener Erfahrung: Nachdem Sie eine EU-Marke erfolgreich registriert haben, bekommen Sie Post von Gaunern, mit der Ihnen immer wieder hohe Beträge für Einträge in dubiose Register in Rechnung gestellt werden (siehe auch Kapitel „Achtung: Stolpersteine"), deren Namensgebung und Aussehen stark den offiziellen Markenregistern ähneln. Keine Angst: Sie müssen die Marke nur einmal bezahlen, weitere Rechnungen schmeißen Sie am besten in den Müll. Um ganz sicherzugehen, googeln Sie den Namen des Absenders und sehen Sie sich die ersten beiden Ergebnisseiten an – kommen darin mehrmals Wörter wie „Betrug", „Falle" oder „Abzocke" vor, ist der Fall erledigt. Warum man solchen (offensichtlich bestens funktionierenden) Gaunereien nicht längst den Garaus gemacht hat, kann ich in Zeiten weltweiter Vernetzung und allmächtiger Geheimdienste beim besten Willen nicht verstehen.

Kann ich Google vertrauen?

In den vorangegangenen Kapiteln habe ich Ihnen schon viele Google-Tools und Google-Anfragen präsentiert. Man könnte meinen, es gäbe nur noch Google, Google und nochmals Google. In gewisser Hinsicht stimmt das auch. Google beherrscht das Internet wie kein anderes Unternehmen. Die Suchmaschine hat im deutschsprachigen Raum einen Marktanteil von über 80 %, in manchen Themengebieten und Regionen sogar deutlich darüber. Kaufmännisch gedacht macht es daher keinen Sinn, sich auf andere Anbieter zu konzentrieren.

Dank seiner Monopolstellung verfügt Google über einen unvorstellbar großen Datenpool. Deshalb wird der Suchmaschinenkonzern auch „Datenkrake" genannt. Neben der immer besser werdenden Suchqualität stellt Google seinen Benutzern wichtige Auswertungen und Tools kostenlos zur Verfügung. Dazu gehören z.B. die bereits erwähnten Marktforschungsinstrumente Google Trends und der AdWords Keyword-Planer. Außerdem kommt die Datenflut indirekt den Benutzern des E-Mail-Dienstes Google Mail (Gmail) zugute, wo Spammails schneller aufgedeckt werden, als Spammer bis 0,03 zählen können. Mein Posteingang bleibt verschont. Google weiß alles und Google sieht alles, und in vielen Zusammenhängen ist mir das nur recht.

Der Suchmaschinengigant unterhält riesige Serverfarmen rund um die Welt. Anders wäre der laufende Betrieb nicht machbar. Auch an dieser Infrastruktur lässt Google seine Benutzer kostenlos partizipieren. Über Google Blogger können Sie Ihre eigene Webseite veröffentlichen, ohne ein eigenes Webhosting zu benötigen. Google Apps bietet Firmen eine kostengünstige Groupware (E-Mails, Kalender, Dokumentverwaltung, Kontaktmanagement und mehr) in der Datenwolke, die schneller und sicherer ist als jede interne EDV-Lösung. Immer mehr private und staatliche Konzerne sowie öffentliche Körperschaften und andere Organisationen bilden ihre Firmen-IT in Google Apps und damit in der so genannten „Google-Cloud“ ab, statt teure Server, Software und Netzwerke zu unterhalten. Google Analytics zeigt Ihnen, was auf Ihrer Homepage passiert. Mit Google AdSense werden Sie zum kommerziellen Publizisten und können auf Ihrer eigenen Webseite Geld verdienen. YouTube, ebenfalls Teil des Google-Universums, gilt bei der jüngeren Generation als Nachfolger des Fernsehers. Google Chrome ist einer der schnellsten und sichersten Internet-Browser. Viele weitere Dienste machen das tägliche Leben leichter.

Dieses Rundum-sorglos-Paket wirft viele Fragen auf:

- Wo ist der Haken?
- Kann ich Google meine Daten anvertrauen?
- Was, wenn sich Google morgen anders entscheidet und die kostenlosen Angebote verschwinden?
- Was, wenn Google selbst gehackt wird oder meine Daten verliert?
- Wird Google meiner Firma irgendwann das Licht ausknipsen?
- Liest Google meine E-Mails?
- Was ist mit meiner Privatsphäre?

Die Bedenken der Nutzer reichen von gerechtfertigter Sorge bis zur Paranoia. Es gibt Internet-Profis, die einen großen Bogen um Google machen und jeden Kontakt vermeiden. Der enorme Aufwand, der für eine solche Vorgehensweise im modernen Internet nötig ist, steht jedoch in keinem Verhältnis zum beabsichtigten Nutzen – wenn es überhaupt einen solchen gibt. Es widerspricht dem Bedürfnis nach Sicherheit, sich „auf Gedeih und Verderb“ von einem einzigen Unternehmen abhängig zu machen. Doch mangels Alternativen bleibt vernünftig denkenden Unternehmern nur eine Wahl: Mitmachen und nach den Regeln spielen.

Ich mag Google trotz seiner marktbeherrschenden Stellung. In Wahrheit ist es gerade dieses Monopol, das für die ersehnte Sicherheit sorgt. Google könnte sich niemals leisten, Ihre Daten zu verlieren oder zu missbrauchen. Würde Google von heute auf morgen wichtige Dienste einstellen, wäre der Aufschrei enorm, und Hunderttausende Benutzer würden in die offenen Arme der Mitbewerber laufen. Nicht einmal Google hat ein Besitzrecht an seiner „Community". Deshalb tut Google alles, gut auf die anvertrauten Informationen aufzupassen und das Kundenerlebnis laufend zu verbessern. Googles Dienste gehören zu den sichersten der Welt, der hauseigene Browser Chrome gilt als unhackbar. Im Vergleich dazu sind Firefox, Internet Explorer und Co. offene Türen in Ihren PC. Keiner „feindlichen" Regierungsbehörde oder Terrororganisation gelang es bisher, dem US-Unternehmen Google größeren Schaden zuzufügen oder Dienste für länger als ein paar Stunden lahmzulegen. Ich finde das schon ziemlich sicher. Und keine Angst: Google liest keine Mails, denn einen solch unproduktiven Einsatz seiner Mitarbeiter kann sich nicht mal Google leisten.

Ein Warnhinweis zum Umgang mit den Google-Diensten: Wer nicht nach den Regeln spielt, riskiert den Rauswurf. Deshalb warne ich bei jeder Gelegenheit vor krummen Touren nach dem Motto „Man wird's wohl mal probieren dürfen". Denn „Einmal ist keinmal!" gehört nicht zu Googles Sprachschatz. Mutieren Sie nicht zum Spammer, und versuchen Sie keine („Optimierungs-")Tricks. Im schlimmsten Fall finden Sie sich vor verschlossenen Toren wieder und können „das mit dem Internet" vergessen. Google ist knallhart im Umgang mit denen, die die Regeln mutwillig verletzen. Diese sind von gegenseitiger Fairness geprägt. Seien Sie fair zu Google und Google wird fair zu Ihnen sein.

Die Webseite zum Nulltarif

Jetzt kommen wir endlich zur konkreten, technischen Umsetzung Ihrer Homepage. Ich werde Ihnen drei Varianten präsentieren: Den bereits erwähnten Geheimtipp Google Blogger, sowie zwei Varianten, für die Sie einen Webhosting-Provider benötigen: Die Homepage per Baukasten sowie WordPress als Inhaltsverwaltungssystem, dem die Zukunft gehört.

Google Blogger (Blogspot.com, Blogger.com)

Warum Blogger?

Wie bereits erwähnt halte ich Blogger von Google für einen echten Geheimtipp, wenn es um die kostengünstige, einfache und schnelle Umsetzung von Webseiten geht. Wenn Sie jedoch Zusatzfunktionen wie Shop, Forum oder Buchungssystem benötigen, rate ich Ihnen gleich zur selbst gehosteten, beliebig erweiterbaren WordPress-Variante, welche ich noch ausführlich behandeln werde.

Was macht mich zum Blogger-Fan? Dazu möchte ich Ihnen eine kleine Geschichte erzählen. Vor einigen Jahren kontaktierte mich die Pfarrei meines Heimatortes und ersuchte mich, eine Homepage für sie zu programmieren. Das bereitete mir Kopfweh, da ich wusste, dass die handelnden Personen wenig mit dem Internet anfangen konnten und vor einer großen Schwelle standen. Ich wollte auf alle Fälle vermeiden, in Zukunft selbst die Seitenpflege „aufs Auge gedrückt zu bekommen", weil es sonst keiner kann bzw. lernen will. Eine weitere Gefahr sah ich darin, dass die Homepage wie ihre Vorgänger irgendwann brachliegen würde und Passwörter verloren gingen, woraufhin der nächste Neustart anstehen würde. Aufgrund dieser Überlegungen drückte ich mich monatelang vor der Umsetzung des Webauftritts.

Da mir der intuitive Umgang mit Blogger von früher bekannt war, wagte ich eines Tages doch noch den Versuch der Umsetzung. Ich installierte im Beisein der Verantwortlichen eine Seite und zeigte ihnen die ersten Schritte. Was daraufhin geschah, übertraf meine Erwartungen und die der früheren Webmaster bei Weitem: Vom ersten Tag an wurde gepostet, was das Zeug hielt. Mit Informationen zu pfarrlichen Gruppen,

Angeboten und Kontaktmöglichkeiten, Predigten, Fotoalben, Gottesdienst-Ankündigungen und vielem mehr wurde die Blogger-Homepage zum wichtigen Sprachrohr der Gemeinde. Die Zugriffszahlen können sich für eine kleine Pfarrgemeinde durchaus sehen lassen! Weil Blogger so einfach und intuitiv zu handhaben ist, wird das System auch verwendet. Das ist die Grundvoraussetzung des Erfolgs einer Webseite.

Auch meine Webseite *www.fischler.cc* wird über Blogger betrieben. Hier die wesentlichsten Vorteile:

- ✔ Ihre Homepage wird kostenlos, schnell und sicher von Google gehostet
- ✔ Hochlast-Webseiten werden von der Google-Infrastruktur mühelos gestemmt
- ✔ Installation und laufende Inhaltspflege sind kinderleicht
- ✔ Blogger-Webseiten können optional mit eigenständigen Domains verknüpft werden – ganz ohne Tricks und voll suchmaschinentauglich
- ✔ Das Angebot ist keinesfalls auf „Blogs“ beschränkt, nur weil der Dienst so heißt
- ✔ Aussehen, Stil und Funktionen Ihrer Webseite lassen sich leicht steuern
- ✔ Statische Informationsseiten (Über uns, Kontakt, Team, ...) und News-Artikel sind getrennt, wie bei einer „richtigen“ Webseite eben
- ✔ Alle Inhalte bleiben in Ihrem Eigentum und dürfen von Ihnen vermarktet werden
- ✔ Ihre Blogger-Webseite lässt sich einfach exportieren und sichern
- ✔ Eine kleine Webseitenstatistik ist bereits integriert
- ✔ Die Anknüpfung zu anderen Internet-Portalen wie YouTube und Picasa ist sehr einfach

Berühmte Beispiele

Zwei Beispiele interessanter und hoch frequentierter Seiten, die mit Blogger betrieben werden, sind:

- ✔ Der offizielle Google-Blog: *googleblog.blogspot.com*
- ✔ Der Postillon: *www.der-postillon.com*

Der Herausgeber der bekannten Satire-Publikation Der Postillon spart sich sämtliche Webhostingkosten, die seine Seite sonst verursachen würde – ich vermute, sie lägen sonst im drei- bis vierstelligen Eurobereich pro Monat. Ein 5-Euro-Hostingvertrag mag für Klein- und Mittelbetriebe ausreichen, doch ab einigen Zigtausend Besuchern (pro Tag) geht es ans Eingemachte: Schnell werden mehrere eigene Server, Lastverteilung und ausgeklügelte Backup-Systeme nötig, damit die Webseite nicht binnen Sekunden in die Knie geht. Die Macher Blogger-gehosteter Seiten überlassen diese Kopfschmerzen lieber Google. Geschickt gemacht, merkt niemand den Unterschied zu einer anderen Webseite. Daher starte ich neue Webseiten nur noch bei Google Blogger.

Einrichtung und Grundkonfiguration

So geht's, Schritt für Schritt:

Abbildung 5.9: Schritt 1: *Anmelden* bzw. *Konto erstellen* im Google-Universum

Abbildung 5.10: Ein Google-Konto erstellen

Wenn Sie noch nicht über ein eigenes Google-Konto verfügen, können Sie gleich hier eines eröffnen. Nach Eingabe Ihrer Daten bekommen Sie eine E-Mail zugesandt, mit welcher Sie Ihr Konto bestätigen können.

Abbildung 5.11: Nach dem ersten Log-in: *Blog jetzt erstellen. Wer übrigens Raffael Niemandes ist,* erfahren Sie in den Fallbeispielen

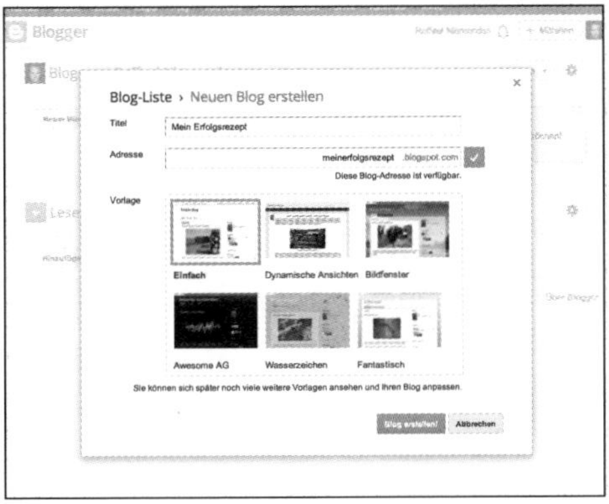

Abbildung 5.12: Titel und Adresse definieren, Vorlage auswählen

Geben Sie Ihrer Webseite einen Namen (*Titel*) und wählen Sie eine verfügbare Subdomain aus. Später können Sie stattdessen eine eigene Domain für Ihre Blogger-Homepage verwenden. Statt *meinerfolgsrezept.blogspot.com* könnte ich auch *meinerfolgsrezept.com* verwenden, müsste in diesem Fall aber die entsprechende Domain erwerben. Das Design (*Vorlage*) können Sie später immer noch ändern.

Abbildung 5.13: Erfolg! Und los geht's gleich mit *Neuer Post*

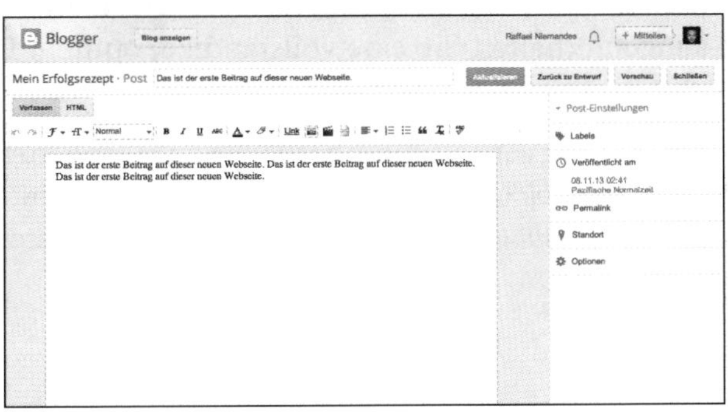

Abbildung 5.14: Ersten Beitrag schreiben

Nach dem Klick auf *Legen Sie los* öffnet sich der Post-Editor und Sie können Ihren ersten Beitrag schreiben. Gehen Sie nach dem Klick auf Veröffentlichen auf *Blog anzeigen*, sehen Sie Ihre neue Webseite in Betrieb:

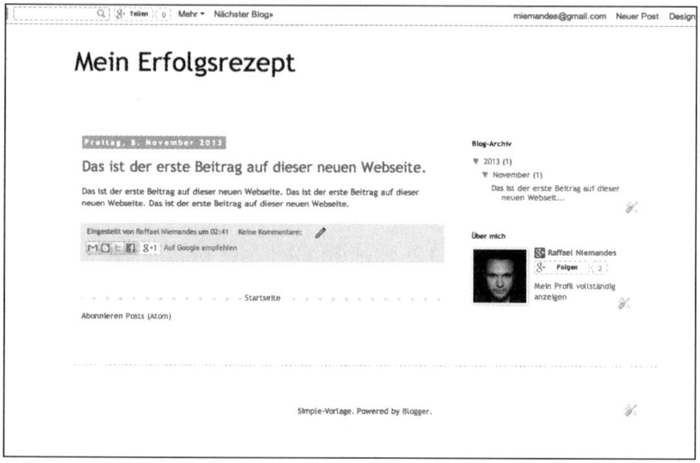

Abbildung 5.15: Nach Veröffentlichung des ersten Beitrags

Nun werden wir die Seite anpassen. Neben zusätzlichen Seitenleisten-Elementen fügen wir statische Informationsseiten hinzu und entfernen die ganz oben angezeigte Leiste (*Teilen, Mehr, Nächster Blog,*). Außerdem sorgen wir dafür, dass die Beiträge in den Suchmaschinen besser indexiert werden, indem wir den Standard-„Title“ umkonfigurieren. Mit diesen kleinen Anpassungen erhalten Sie eine vollständige, optimal funktionierende und professionelle Webseite.

Um auf die Verwaltungsoberfläche zu gelangen, können Sie einfach *www.blogger.com* in Ihrem Browser aufrufen. Nun sehen Sie Ihr *Dashboard* mit allen angelegten Webseiten:

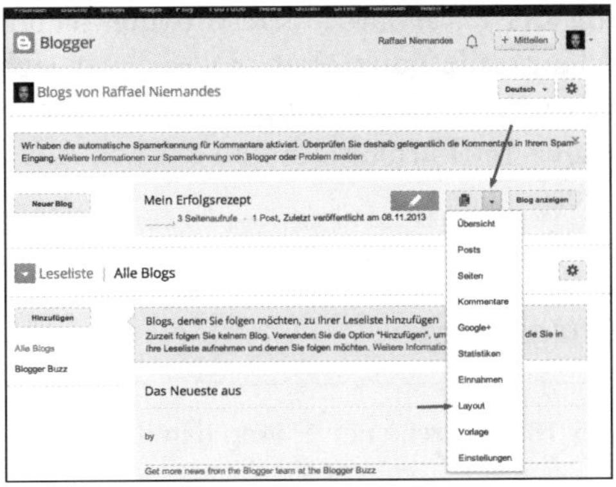

Abbildung 5.16: Das Blogger Dashboard

Über den Aufruf des Menüs und dort des Punktes *Layout* können Sie Ihrem Blog Seitenelemente hinzufügen und per „Drag & Drop" an verschiedene Positionen Ihres Layouts verschieben.

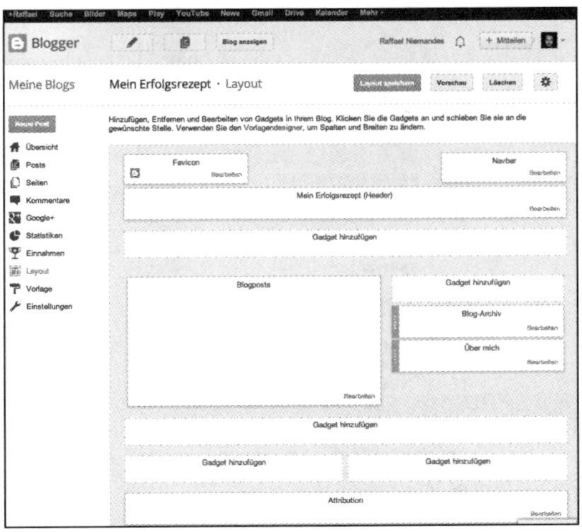

Abbildung 5.17: Unterpunkt *Layout* im Blogger-Dashboard: Seitenelemente bearbeiten

„Gadgets" sind Layout-Erweiterungen. Mit Hilfe dieser Gadgets können Sie Ihr Design beliebig weiterentwickeln.

Entfernung der „Navbar“: Viele Blogger-Webmaster nervt die Standard-Kopfzeile ganz oben. Diese lässt sich per Klick auf *Navbar* / Bearbeiten im Unterpunkt Layout entfernen. Wählen Sie statt einer der Farbvariationen einfach Aus und klicken Sie auf Speichern.

Abbildung 5.18: Kopfzeile nervt? Weg damit!

Mit Klick auf *Gadget hinzufügen* öffnet sich eine Bibliothek möglicher Erweiterungen.

Abbildung 5.19: *Gadget hinzufügen*

Nach Auswahl der gewünschten Erweiterung öffnet sich ein Konfigurationsfenster, in dem Sie die notwendigen Einträge vornehmen.

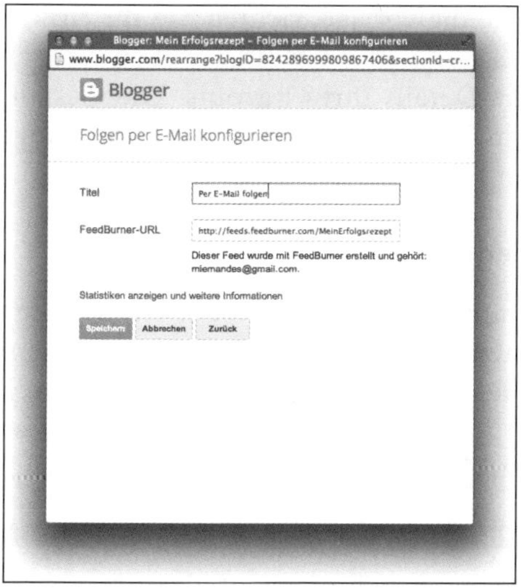

Abbildung 5.20: *Gadget hinzufügen:* Konfigurationsfenster

Sie können Ihr Grunddesign aber auch komplett ändern und das Layout im Detail anpassen. Wechseln Sie hierfür in den Unterpunkt *Vorlage* und klicken Sie dort *Anpassen*.

Abbildung 5.21: Der Blogger-*Vorlagendesigner*

Wechseln Sie die Vorlage, richten Sie Ihr eigenes Hintergrundbild ein, passen Sie das Grundlayout an oder ändern Sie unter *Erweitert* die Details Ihres Layouts. Die Gestaltung Ihrer Webseite ist mit Blogger einfach und flexibel möglich, ganz ohne irgendeinen Programmierbefehl zu benötigen.

Seiten anlegen

Sehen wir uns im nächsten Schritt an, wie Sie statische Informationsseiten (z.B. *Über uns* oder das *Impressum*) hinzufügen können. Diese 2010 eingeführte Funktion macht Blogger endgültig zum vollwertigen Inhaltsverwaltungssystem. Rufen Sie im Dashboard den Unterpunkt *Seiten* auf.

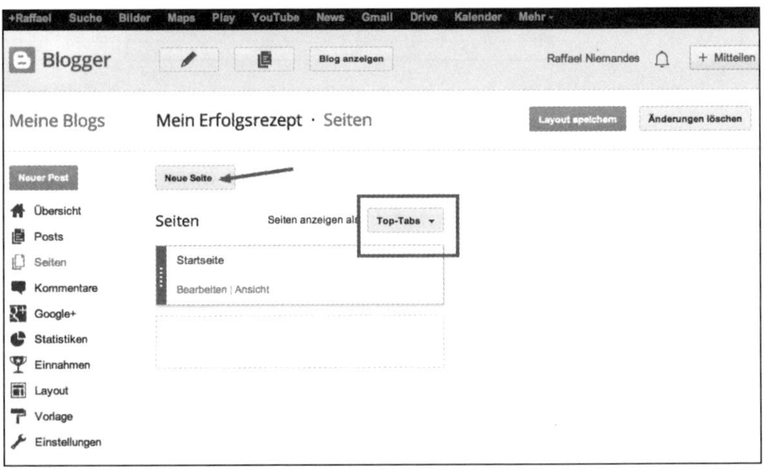

Abbildung 5.22: Seiten erstellen und bearbeiten

Unter *Seiten* können Sie bis zu zehn Seiten oder Links anlegen und verwalten. Mit Klick auf *Neue Seite* wechseln Sie direkt in den Editor, um Titel und Text einer Seite zu erstellen. Sie können aber auch nur einen Link anlegen – z.B. zu einem Beitrag oder einer externen Webseite. Wählen Sie *Seite anzeigen als: Top-Tabs*, um die Seiten-Menüleiste zwischen Kopf- und Inhaltsbereich Ihrer Blogger-Webseite anzuzeigen. Am Schluss Layout speichern nicht vergessen.

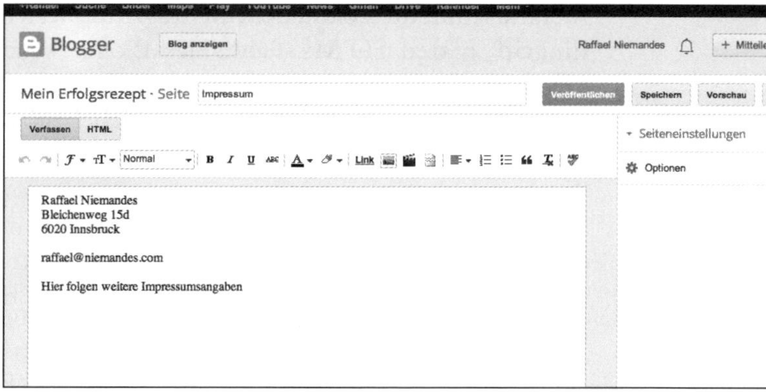

Abbildung 5.23: Neue Seite anlegen

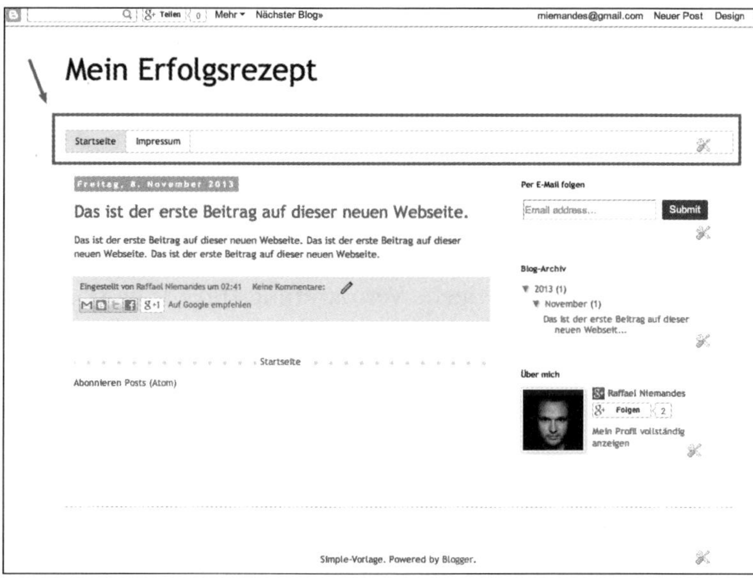

Abbildung 5.24: Seitenleiste zwischen Kopfbereich und Inhalt

Spezialmodifikationen für Blogger

Um das Maximum aus Ihrer Blogger-Webseite herauszuholen, sind noch einige Modifikationen möglich. Dazu gehören z.B.

suchmaschinenfreundlichere Beitragstitel, welche jedoch einen Eingriff in den HTML-Code der Blogger-Vorlage erfordern. Oder die Verwendung Ihrer eigenen Domain statt der Blogspot-Domainendung, wozu man eine Domain erwerben und diese auf Googles Blogger-Adresse konfigurieren muss. So können Sie statt der Standardadresse *malerei-meier.blogspot.com* auch *malerei-meier.de* zu Ihrer Blogger-Adresse machen. Da sich die entsprechenden Einstellungen und Unterseiten aber oft ändern, stelle ich diese Spezialinformationen auf meiner Webseite zur Verfügung.

Alle Zusätze und aktuelle Erweiterungen zum Buch finden Sie hier:

http://www.fischler.cc/p/erfolgsrezept-internet.html

Weitere Anbieter wie WordPress.com, blogigo.de oder twoday.net

Es gibt eine Vielzahl von Anbietern, bei denen man kostenlose Webseiten anlegen kann. Allerdings rate ich Ihnen davon ab, Ihre Homepage dort zu starten, denn irgendeinen der folgenden Nachteile haben sie alle:

- ✔ Die eigene Vermarktung Ihrer Inhalte ist verboten oder der Anbieter des „Gratis"-Blogs will einen Anteil Ihrer Werbeeinnahmen selbst behalten
- ✔ Der Anbieter platziert eigene Werbung auf Ihrer Seite
- ✔ Sie verlieren die Rechte an Ihren Inhalten
- ✔ Sie können Ihre eigene Domain nicht verwenden
- ✔ Hinter den Angeboten stehen fragwürdige Firmen
- ✔ Der Dienst ist instabil und unverlässlich
- ✔ Ihre Daten lassen sich nicht sichern bzw. exportieren

Der größte und seriöseste Mitbewerber von Blogger ist WordPress.com. Dabei handelt es sich um die Fix-&-Fertig-Variante der beliebten CMS-Software WordPress. Letztere erhalten Sie zwar kostenlos auf wordpress.org, doch benötigen Sie dafür noch einen Webhosting-Provider, während Sie auf *wordpress.com* sofort eine Seite starten können. Diese ist dann z.B. unter *malerei-meier.wordpress.com* erreichbar. Das WordPress.com-Netzwerk kommt Google Blogger noch am nächsten, doch selbst dieser Dienst hat gravierende Nachteile, wie z.B. Verbot eigener Vermarktung und schlechte Anpassbarkeit.

Aus diesen Gründen kommt außer Google Blogger für mich kein anderer Gratisdienst für den seriösen, kostenlosen Betrieb Ihrer Webseite in Frage.

Baukastensysteme von Webhosting-Anbietern

Shared-Webhosting-Angebote („Shared" = „Geteiltes" Webhosting) sind praktisch. Zu geringen Kosten mietet man sich einen Platz am Server des Anbieters und hat volle Kontrolle über Domain, Homepage und E-Mails. Die kleinen Verträge sind unter 10 Euro pro Monat erhältlich und reichen für den Betrieb der meisten Homepages aus. Um neuen Kunden die Schwellenangst zu nehmen, hat so gut wie jeder Provider eine Art von Homepage-Baukasten im Angebot. Mit wenigen Mausklicks kann man sich eine Webseite basteln, die dann auf der eigenen Domain erscheint. Oder Sie wählen gar nur die Art Ihres Geschäfts aus, ergänzen ein paar persönliche Daten und fertig – Standard-Inhalte und typische Image-Bilder sind schon vorausgefüllt. Das ist doch eine feine Sache, oder?

Wenn Sie bloß eine „Visitenkarte im Netz" haben wollen, mag eine Baukastenvariante ausreichen. Man erreicht Ihre Seite durch direkten Aufruf, und sie sieht gar nicht so schlecht aus. Wer eine Webseite um ihrer selbst willen braucht, ist damit gut bedient. Sie dürfen sich bei dieser Lösung nur nicht erwarten, dass mögliche Kunden Sie über Google finden oder irgendwann mehr aus Ihrer Homepage wird, denn:

- ✔ Standardtexte, die Ihr Webhoster zur Verfügung stellt, führen zur Duplicate-Content-Problematik („doppelte Inhalte"). Google wird Sie nicht (oder nur sehr weit hinten) in den Index aufnehmen, wenn Sie Inhalte verwenden, die es schon hundertfach im Netz gibt. Wozu soll man Sie finden, wenn Sie nichts Einzigartiges zu bieten haben?

- ✔ Ihre Seite lässt sich nicht oder nur schwer sichern und exportieren, was zu Problemen führt, wenn Sie den Hoster eines Tages wechseln oder ein anderes CMS (Inhaltsverwaltungssystem) verwenden wollen.
- ✔ Baukästen lassen sich nur bis zu einem bestimmten Punkt adaptieren. Sobald Sonderwünsche auftauchen, sind Sie in der Sackgasse.
- ✔ Hilfe gibt es nur beim Anbieter selbst. Eine weltweite Community von Menschen, deren Rat man einholen könnte, sucht man vergeblich.

Baukastensysteme senken die Hemmschwelle für den Einstieg ins Internet. Doch die Nachteile sind gravierend. Sie binden sich an einen einzigen Webhoster und sind ihm und seiner Einzellösung ausgeliefert. Daher empfehle ich Ihnen, einen klitzekleinen Schritt weiter zu gehen.

Beginnen Sie gleich mit dem Inhaltsverwaltungssystem unserer Zeit: WordPress in seiner Open-Source-Variante zum Selberhosten, frei erhältlich auf *http://www.wordpress.org*.

WordPress über Webhosting-Anbieter

Ich bin sehr froh, dass ich mich seit dem Beginn meiner Internet-Aktivitäten mit WordPress beschäftige. Kein anderes CMS (Inhaltsverwaltungssystem) erschien mir so einfach in der Bedienung. Seit 2007 habe ich viele Webseiten auf WordPress aufgebaut, deren Layout erstellt und Dutzende Plug-ins (Erweiterungen) verwendet. Heute betreibe ich viele verschiedene WordPress-Webseiten bei unterschiedlichen Webhostern. Ich bin begeistert, wie schnell sich die kostenlos erhältliche Open-Source-Software weiterentwickelt und dabei immer einfacher und praktischer wird. Der weltweite Erfolg gibt den Entwicklern Recht:

Abbildung 5.25: Weltweite Google-Suchanfragen nach Webseiten-Betriebssystemen (CMS): WordPress überholte Joomla im Jahr 2009 und wächst weiter, während Drupal, TYPO3 & Co. laufend an Interesse einbüßen

Das Interesse an WordPress steigt und steigt. Dabei gäbe es Hunderte Alternativen. Zu Joomla, Drupal, Serendipity, CMS Made Simple und TYPO3 gesellen sich viele kleinere Lösungen, bis hin zu selbst gestrickten Inhaltsverwaltungen. Webagenturen setzen gerne im eigenen Haus programmierte Insellösungen ein, weil nur sie sich damit auskennen und der Kunde damit nicht so leicht zu einem Mitbewerber wechseln wird. Über TYPO3 habe ich mich ja schon weiter vorne ausgelassen: Agenturen lieben es, weil es so kompliziert ist, dass man die Einschulungen gleich mitverkaufen kann – und der Kunde trotzdem garantiert nichts selbst anfassen wird. Wenn doch, kann man das Aufräumen des Scherbenhaufens fürstlich in Rechnung stellen. Der langen Rede kurzer Sinn: Ehrliche Internet-Profis empfehlen WordPress, denn WordPress ...

- ✔ ist das beliebteste CMS (Content-Management-System) der Welt
- ✔ bietet die beste Benutzbarkeit, auch für Anfänger
- ✔ wird laufend weiterentwickelt und sicherer gemacht

- kann sich seit Version 3.7 selbst updaten, womit Sicherheitslücken schnell geschlossen werden
- hat die größte Gemeinschaft an Experten, deren Hilfe man kostenlos in Anspruch nehmen kann
- begeistert PHP-Entwickler aufgrund der schier unbegrenzten, einfachen Erweiterbarkeit
- lässt sich mit Tausenden Designs und Plug-ins (Erweiterungen) perfekt an Ihre Bedürfnisse anpassen, ohne Programmiersprachen zu benötigen

Der einfachste Weg, mit WordPress zu starten, führt über die 1-Klick-Installation. Diese bieten viele Webhoster an, z.B. Host Europe, Alfahosting oder HostGator. So brauchen Sie sich nicht mit FTP, MYSQL-Datenbanken und Systemkonfiguration zu beschäftigen und können Ihre WordPress-Webseite ähnlich komfortabel installieren wie ein PC-Programm.

Ein beliebtes Programm, über das Sie Ihr Webhosting verwalten können, ist cPanel. Dieses setzen viele verschiedene Provider ein. Ich möchte Ihnen anhand meines HostGator-Webhosting-Accounts zeigen, wie einfach sich eine neue WordPress-Webseite installieren lässt. Zuerst logge ich mich in den Account ein (siehe Abbildung 5.26).

Aufgrund seiner Beliebtheit hat man die automatische Installationsroutine für WordPress gleich in die linke Seitenleiste übernommen. Sonst würden Sie sie auch über *Software / QuickInstall* oder ähnliche Bezeichnungen erreichen. Nahezu alle Hoster bieten Funktionen wie diese an, weil sich dadurch eine ganze Menge immer wieder gestellter Supportanfragen erübrigen (siehe Abbildung 5.27):

Nun können Sie WordPress ganz einfach per Mausklick installieren, ohne sich Gedanken um Datenbankeinrichtung, FTP-Datenupload, *wp-config.php*-Konfiguration und Installationsroutine machen zu müssen. Einfacher geht es nicht mehr (siehe Abbildung 5.28).

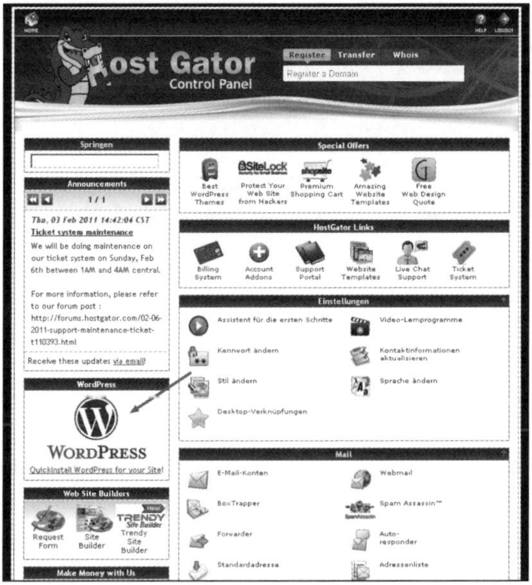

Abbildung 5.26: cPanel: Die Steuerzentrale vieler Hostingpakete

Abbildung 5.27: Ob *QuickInstall, Auto-Install, 1-Klick-Installation:* Hoster bieten komfortable Installationstools für beliebte Anwendungen wie WordPress, die sich nur wenig voneinander unterscheiden

Abbildung 5.28: Dateneingabe für die Schnellinstallation

Im Fall von HostGator müssen Sie nur eine Domain selektieren und wählen, ob Sie WordPress im Hauptverzeichnis oder (wie im Beispiel) im Unterverzeichnis *blog* haben möchten. E-Mail-Adresse, Blogtitel und Vor- und Zuname, und „ab die Post!“

Abbildung 5.29: Gratulation – fertig! Gleich ab zur neu installierten Webseite

Beim Aufruf der von Ihnen angeführten Adresse öffnet sich folgende Webseite:

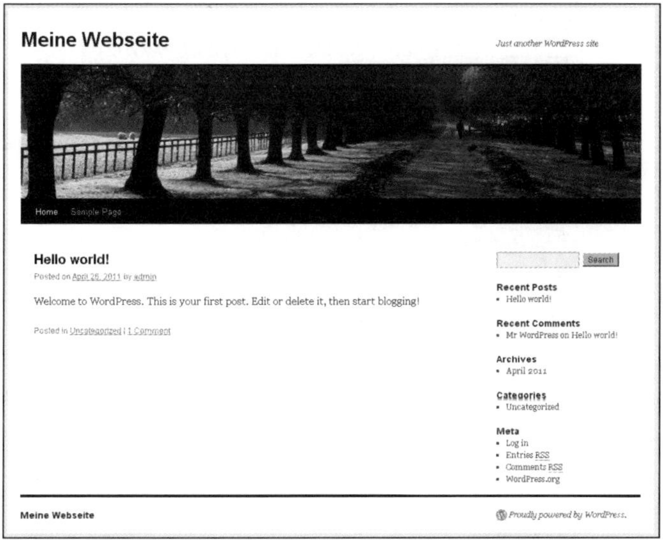

Abbildung 5.30: Das „jungfräuliche" WordPress-Layout mit Beispielinhalten

Nun erhalten Sie Benutzernamen und Passwort für Ihre neue Installation per E-Mail zugesandt. Wenn Sie die Adresse der neuen Webseite um */wp-admin* ergänzen, z.B. *www.ihrblog.de/wp-admin*, gelangen Sie zum Log-in-Formular der Homepage:

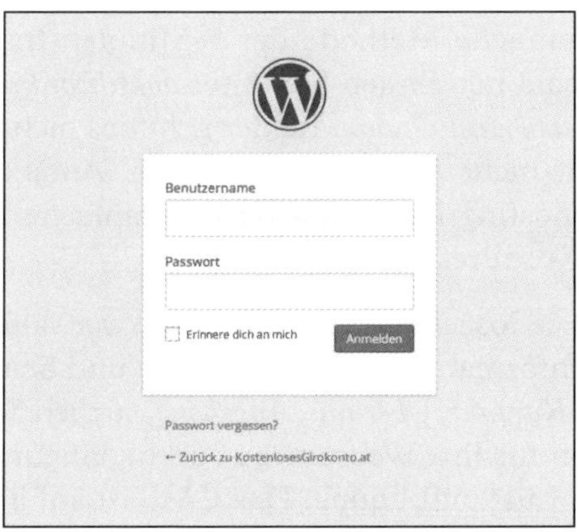

Abbildung 5.31: Die WordPress-Log-in-Oberfläche unter */wp-admin*

Loggen Sie sich mit den zugesandten Benutzerdaten ein, so gelangen Sie zur Startseite Ihrer WordPress-Verwaltungsoberfläche:

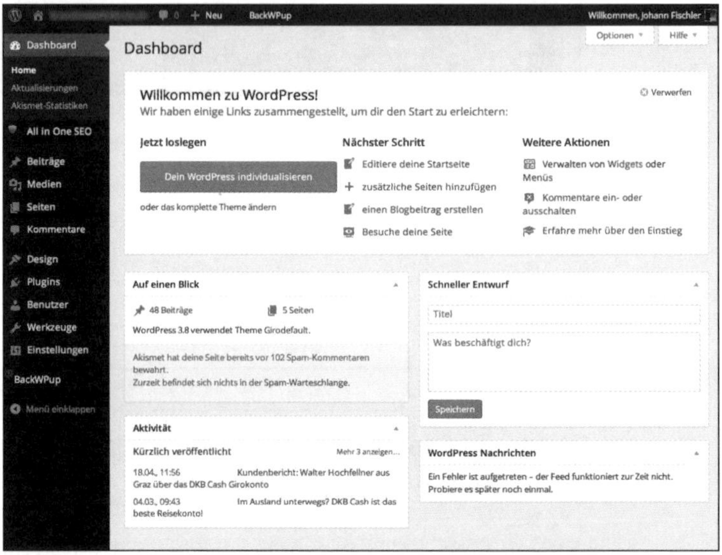

Abbildung 5.32: Die WordPress-Administrationsstartseite („Dashboard")

Neben solchen automatischen Installationsroutinen gibt es auch die herkömmliche Methode der 5-Minuten-Installation, aktuelle Informationen finden Sie unter *doku.wordpress-deutschland.org/5_Minuten_Installation*. Leider geht das nicht per Mausklick und ist mit mehr Aufwand verbunden. Anfänger sollten sich daher Webhosting-Pakete suchen, die einfache Sofortinstallationen von WordPress möglich machen.

Nun kann es losgehen. Schreiben bzw. verwalten Sie Beiträge (Aktuelle Informationen, Einzelartikel) und Seiten („statische" Seiten wie *Kontakt*, *Über uns*, *Angebot*), suchen Sie sich ein schickes Design für Ihre Webseite aus und konfigurieren Sie WordPress nach Lust und Laune. Das CMS ist auf intuitive Bedienbarkeit ausgelegt und erklärt sich großteils von selbst. „Learning by Doing" funktioniert mit WordPress perfekt: Machen

Sie etwas und sehen Sie sich an, was daraufhin passiert. Für den Einstieg empfehle ich Ihnen die Informationen auf *http://doku.wordpress-deutschland.org*. Näher Interessierte werden mit dem Buch „WordPress – Das Praxisbuch“ von Vladimir Simovic den Einstieg in tiefere Regionen des weltweit beliebtesten Homepage-Betriebssystems finden.

WordPress lässt sich mit den „Themes“ genannten Designs und „Plugins“ genannten Funktionserweiterungen in beinahe jede Richtung entwickeln, vom Blog über klassische Unternehmensseiten bis zum Forum oder Webshop. Zigtausende Programmierer rund um den Globus tragen zur Weiterentwicklung von WordPress bei. Die Fülle verfügbarer Erweiterungen und Designs erstaunt jeden Beobachter und bestätigt den Open-Source-Gedanken (freie Software), in dessen Zeichen WordPress steht. Das System ist bereits vorkonfiguriert und ließe sich „out of the box“ verwenden. Ich empfehle Ihnen jedoch folgende zwei Anpassungen, um gleich von Beginn an das volle Potenzial auszuschöpfen:

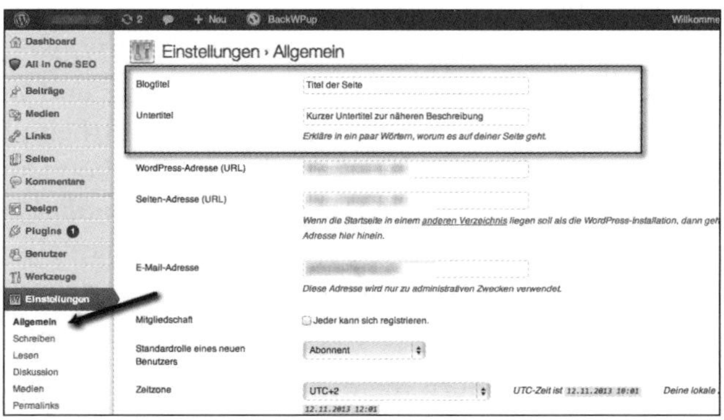

Abbildung 5.33: WordPress-Anpassung 1: Vergeben Sie *Blogtitel* und *Untertitel* in den allgemeinen Einstellungen (Pfeil)

Durch Vergabe eines Seitentitels und einer Beschreibung überschreiben Sie eventuell noch vorhandene Standardtexte und stellen auch für Google klar, worum es auf Ihrer Homepage geht. Nun noch zu den *Permalinks*:

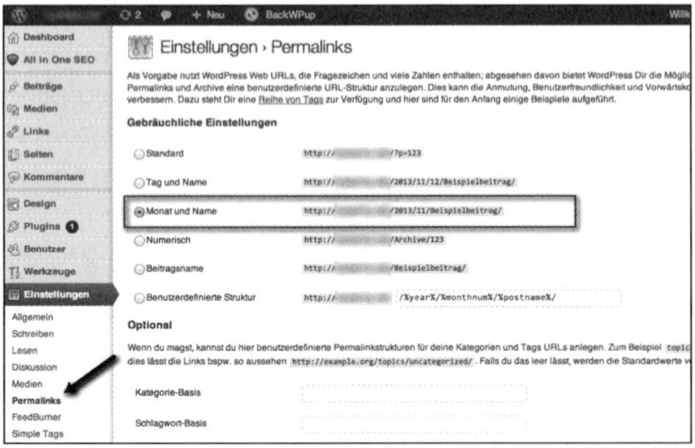

Abbildung 5.34: WordPress-Anpassung 2: Selektieren Sie *Monat und Name* unter *Einstellungen / Permalinks*

Die *Permalinks* sorgen dafür, dass die Adresse Ihrer Beiträge suchmaschinentauglich ist. Der Standard für einen Beitrag mit dem Titel „Aktuelle Angebote im August" wäre z.B. *www.meinehomepage.de/?p=123*. Das sieht ungeschickt aus und lässt WordPress-Anfänger erkennen. Daraus macht die *Permalink*-Funktion *www.meinehomepage.de/2011/08/aktuelle-angebote-im-august/*. Das gefällt nicht nur Google und Ihren Besuchern besser, sondern erleichtert später Ihre Arbeit. Wenn Ihre Seite über die Jahre immer komplexer wird, können Sie ältere Beiträge über „Jahr" und „Monat" im *Permalink* sehr gut finden, verwalten, entfernen, entrümpeln oder aktualisieren. Es ist nur wichtig, dass Sie die entsprechende Einstellung gleich zu Beginn vornehmen.

Achtung: Ändern Sie den Aufbau Ihrer Permalinks beim Start Ihrer Seite, aber KEINESFALLS zu einem späteren Zeitpunkt, wenn Ihre Seite schon einige Monate besteht und viele Inhalte aufweist. Sonst steht zu befürchten, dass Links von Google und anderen Seiten plötzlich ins Leere gehen. Das würde sich sehr negativ auf Ihre Suchmaschinenpositionen und damit die Zugkraft Ihrer bestehenden Inhalte auswirken.

Welche Plug-ins (Funktionserweiterungen) Sie auf Ihre Seite laden könnten, lässt sich nicht erschöpfend ausführen, sondern wäre Stoff für einen dicken Wälzer. Es kommt ganz darauf an, was Sie auf Ihrer Homepage anbieten wollen. Ich vertrete die Philosophie: „Weniger ist mehr." Je weniger Plug-ins, desto besser, denn mit jeder Erweiterung vergrößert sich auch das Risiko einer Sicherheitslücke. Alle Plug-ins finden Sie auf *http://wordpress.org/plugins/*. Auf meiner Seite *http://www.fischler.cc* finden Sie eine ausführliche Basis-Konfigurationsempfehlung für WordPress.

Shops, Buchungssysteme und weitere Applikationen

Es würde den Rahmen dieses Buches sprengen, neben den bereits erwähnten Inhaltsverwaltungssystemen auch auf Speziallösungen einzugehen, die nur ein Bruchteil aller Unternehmen benötigt. Webshops, Buchungssysteme und Foren lassen sich einfach als Plug-ins in WordPress integrieren. Natürlich gibt es auch eigenständige Lösungen, wie z.B. osCommerce für Webshops oder vBulletin für Foren. Mit beiden machte ich gute Erfahrungen, doch in letzter Zeit baue ich komplexe Webseiten immer auf einer WordPress-Grundstruktur auf und verwende Plug-ins für Spezialanwendungen. Warum kompliziert, wenn es auch einfach geht?

Je komplexer die Anforderungen an Ihre Webseite sind, desto weniger vorgefertigte Lösungen werden Sie finden. Ab einem bestimmten Punkt ist es notwendig, Programmierer zu beauftragen. Zum Beispiel, wenn Sie eigene Produktdatenbanken anbinden oder firmeninterne Softwarelösungen, Lagerhaltung und Buchhaltung mit Ihrer Homepage verknüpfen wollen. Wenn Sie nicht wissen, ob sich Ihr Vorhaben auch ohne externe Hilfe umsetzen ließe, kontaktieren Sie mich einfach über meine Seite *www.fischler.cc* und ich helfe Ihnen gerne weiter.

FTP: Wie Sie auf Ihren Server kommen

Ursprünglich habe ich mir vorgenommen, Sie nicht mit dem so genannten File Transfer Protocol (FTP) zu belästigen, weil Sie es für den Start und Betrieb Ihrer Homepage in Zeiten der

1-Klick-Webseiteninstallation eigentlich gar nicht mehr brauchen. Doch für die Sicherung Ihrer Dateien am Server Ihres Webhosts und andere kleine Eingriffe ist es sehr praktisch. Noch dazu benötigen Sie keine Programmierkenntnisse.

So gelangen Sie per FTP auf Ihren Webserver: Mit dem Abschluss eines Hostingpakets erhalten Sie die Zugangsdaten. Neben Webmail und Verwaltungsoberfläche nennt man Ihnen auch den FTP-Benutzerzugang, welcher aus Serveradresse, Benutzernamen und Kennwort besteht. Neben diesen Daten benötigen Sie nur noch ein kleines PC-Programm (einen „Client") und schon können Sie in Ihrem Webserver herumstöbern wie im „Dateiexplorer" Ihres PCs. So geht es konkret:

Laden Sie sich einen FTP-Dienst wie z.B. FileZilla herunter. Achtung: Dieses Programm ist kostenlos – hüten Sie sich vor Online-Abzockern! Über *www.filezilla.de* bzw. *filezilla-project.org* gelangen Sie zum richtigen Download. Installieren Sie die Software wie ein normales PC-Programm und starten Sie die Anwendung. Nun sollte sich Ihnen in etwa folgendes Bild bieten:

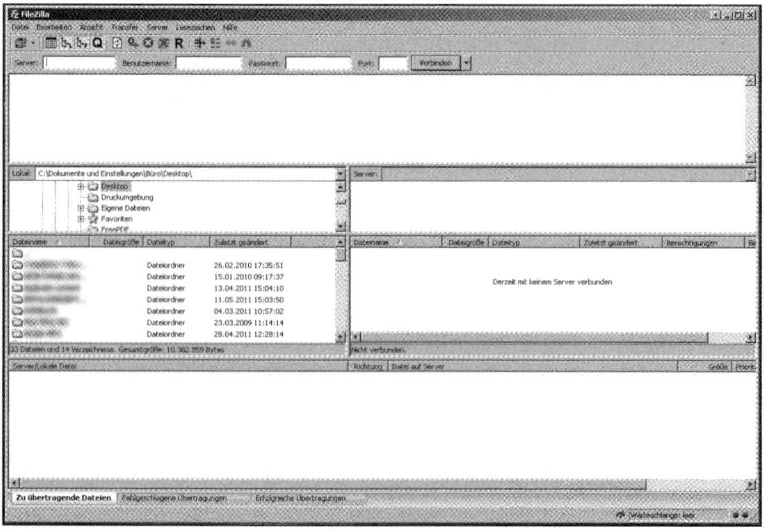

Abbildung 5.35: FileZilla nach dem Start

Nun ist FileZilla geöffnet. Per Aufruf von *Datei / Servermanager* und *Neuer Server* können Sie einen neuen FTP-Eintrag erstellen.

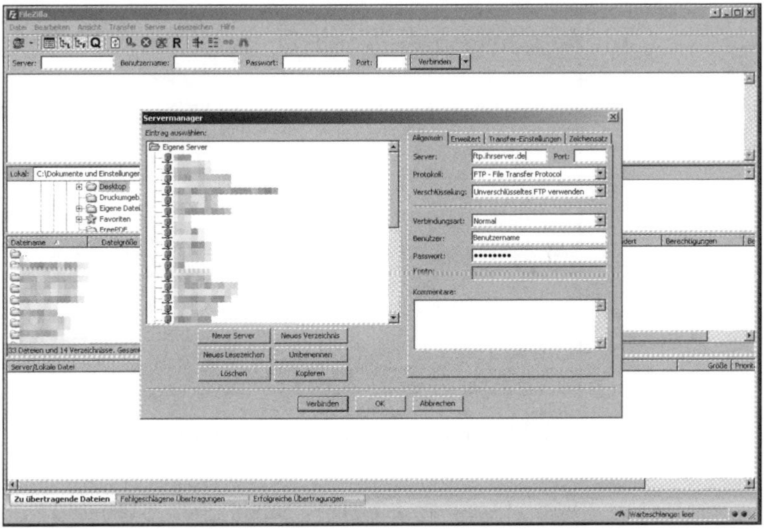

Abbildung 5.36: *Datei / Servermanager / Neuer Server:* Neuen FTP- Server anlegen

Für eine Standardverbindung brauchen Sie nur drei Einträge. Zuerst die Serveradresse Ihres Webservers, die entweder als Domain nach dem Muster `ftp.ihrserver.de` oder als IP, z.B. `74.125.226.52`, eingetragen werden kann. Dann wählen Sie *Normal* als Verbindungsart und geben Benutzernamen und Passwort ein, welche Ihnen vom Hoster genannt wurden. Per Klick auf *Verbinden* stellen Sie schließlich den Kontakt zum Server her.

Ging alles gut, sehen Sie nun rechts die Verzeichnisse auf Ihrem Webserver. Bei Fehlermeldungen kontaktieren Sie Ihren Hosting-Provider und ersuchen diesen um Prüfung der FTP-Verbindungsdaten.

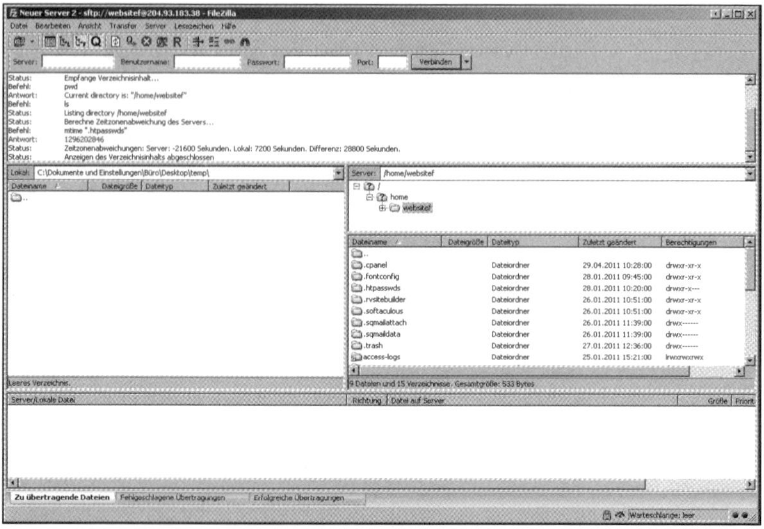

Abbildung 5.37: Die Verbindung zum Server steht

Per „Drag and Drop", also „per Mausklick anfassen, woanders hinziehen und dann loslassen", lassen sich alle oder bestimmte Verzeichnisse oder einzelne Dateien auf Ihren lokalen PC ziehen. So kann man Homepages einfach sichern. Doch Vorsicht: Webseiten bestehen meist aus den Serverdateien und einer verbundenen Datenbank. Ihre Datenbank liegt nicht hier, sondern auf dem Datenbankserver des Anbieters. Diesen erreichen Sie meist direkt über Ihre Hosting-Verwaltungsoberfläche oder über Online-Anwendungen wie z.B. phpMyAdmin, die Ihr Hoster für Sie als „Zugangstür" zu Ihren Datenbanken bereithält. Mehr dazu erfahren Sie weiter unten im Abschnitt „Sicherheit und Backups".

Genau so, wie man Daten herunterziehen, also vom Server auf den PC downloaden kann, geht es auch umgekehrt. Überspielen Sie beliebige Verzeichnisse und Dateien vom PC auf Ihren Server. Darüber hinaus lassen sich Serverdateien einfach löschen, umbenennen, zur lokalen Bearbeitung aufrufen und verschieben. Seien Sie dabei vorsichtig, denn eine Webseite kann man sich schnell durch Flüchtigkeitsfehler wie irrtümlich verschobene Dateien und Verzeichnisse kaputtmachen.

Per Rechtsklick auf Verzeichnisse und Dateien auf Ihrem Server öffnet sich ein Auswahlmenü, das neben anderen Möglichkeiten ganz unten den Befehl *Dateiberechtigungen* anbietet. Nach der Auswahl sehen Sie das:

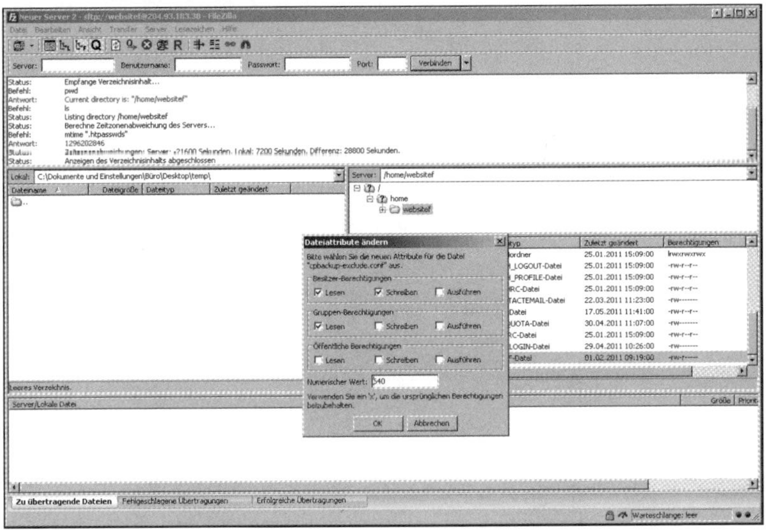

Abbildung 5.38: *Dateiberechtigungen / Dateiattribute ändern*

Sollten Sie jemals zur Änderung von Dateiberechtigungen aufgefordert werden, ist das die richtige Stelle.

Mit dem FTP-Dienst können Sie viele Dinge rund um Ihre Homepage erledigen. Für Webdesigner und Entwickler gehört er zum täglichen Brot. Moderne Möglichkeiten wie 1-Klick-Installationen von Inhaltsverwaltungssystemen machen FTP für Anfänger überflüssig. Doch sobald Sie etwas tiefer in die Materie einsteigen wollen, sollten Sie sich mit Tools wie FileZilla vertraut machen, weil sich damit viele neue Möglichkeiten eröffnen.

Dateien bearbeiten – der Editor

Um Dateien aller Art effizient und fehlerfrei bearbeiten zu können, reichen übliche Windows-Bordmittel nicht aus. Sie brauchen einen so genannten Editor. Ich verwende die kostenlose Open-Source-Lösung Notepad++ (*notepad-plus-plus.org*).

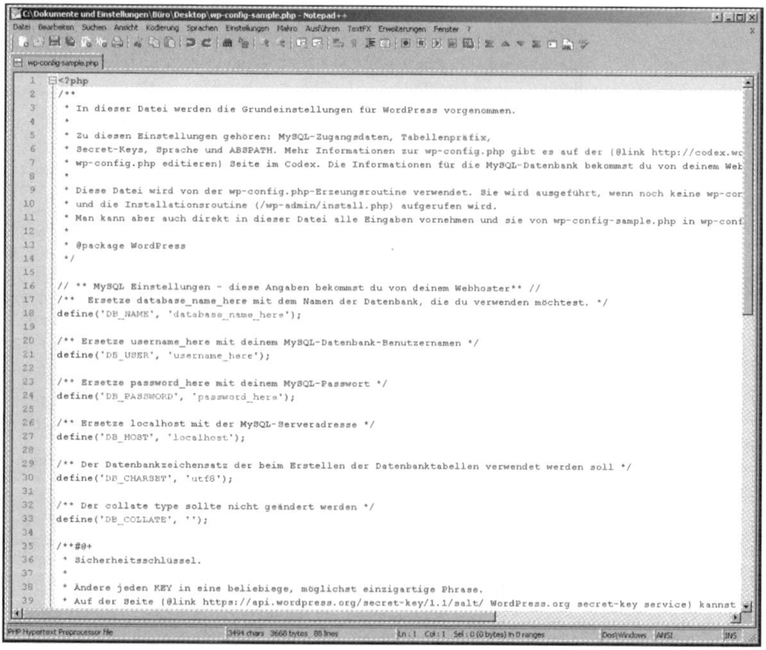

Abbildung 5.39: Editoren wie Notepad++ ermöglichen, die verschiedenen Dateitypen fehlerfrei zu bearbeiten

Mit Editoren dieser Art können Sie auch Dateien auf Ihrem Server direkt bearbeiten, indem Sie nach Rechtsklick auf die zu bearbeitende Datei *Ansehen / Bearbeiten* selektieren. Diese wird dann heruntergeladen und im Editor geöffnet. Nach deren Speicherung werden Sie von FileZilla gefragt: „*Datei wurde geändert. Soll diese Datei zurück zum Server hochgeladen werden?*“ Sehr komfortabel.

Damit Aufruf und Bearbeitung per FTP auch funktionieren, muss FileZilla wissen, mit welchem Programm Dateien zu öffnen sind. Unter *Bearbeiten / Einstellungen* scrollen Sie zu *Bearbeiten von Dateien* hinunter und selektieren rechts *Benutzerdefinierten Editor verwenden*, wobei Sie mit Klick auf *Durchsuchen* die *.exe*-Datei Ihres Editors suchen können.

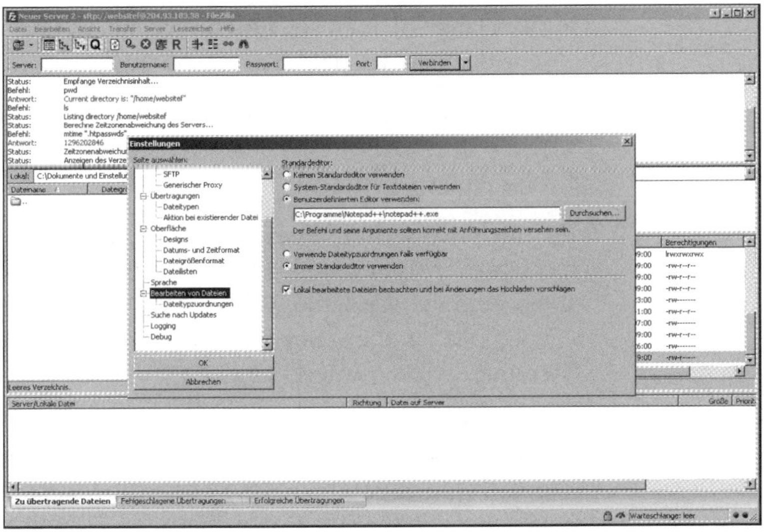

Abbildung 5.40: FileZilla und Notepad++ verknüpfen

Analyse

Ich habe schon mehrfach erwähnt, wie wichtig es ist, seine Besucher genau zu kennen. Den nötigen Einblick verschafft Ihnen die so genannte Webseitenstatistik. Diese zeigt Ihnen, was auf Ihrer Homepage geschieht, zum Beispiel:

- ✓ Wie viele Besucher kommen täglich zu mir?
- ✓ Woher kommen sie? Von Suchmaschinen, Links auf anderen Homepages, Social-Media-Portalen (z.B. Facebook) oder über Direktaufruf? Wenn Suchmaschine: Von welcher, und

wurden sie eingekauft (z.B. über Google AdWords) oder fand man Sie über die unbezahlten (natürlichen/organischen) Suchergebnisse? Was haben die „Visitors“ bei Google & Co. eingetippt, bevor sie Ihre Seite fanden?

- ✔ Aus welchem Land/welcher Region/welcher Stadt kommen sie?
- ✔ Wie lange bleiben sie, und finden sie, wonach sie suchen? Wo springen sie wieder ab?
- ✔ Welches sind die beliebtesten Inhalte? Erreichen die Besucher Ihre Zielseite (z.B. Ihr Leistungsprofil, den Shop oder das Anfrageformular)?

Es gibt viele weitere Berichte und Daten, die Ihnen Analysetools zur Verfügung stellen können, bis hin zur Bildschirmauflösung, dem verwendeten Webbrowser und Computersystem der Gäste. Das ist aber eher für Spezialisten wie Webdesigner und Systementwickler interessant.

Einsteiger sollten sich vor allem mit den oben erwähnten Punkten auseinandersetzen. Ich habe am meisten dadurch gelernt, dass ich mir die Google-Suchanfragen meiner Besucher angesehen habe. Ein kleines Beispiel: Ich veröffentlichte einen Artikel mit dem Titel „Kann die Bank meinen Kredit einfach so kündigen?“. Nach einiger Zeit fand man mich bei Google, wenn man nach „Bank kündigt Kredit“ oder „Kredit gekündigt“ suchte, aber auch, wenn die Eingabe „Bankkonto kündigen“ oder „Arbeit in der Bank kündigen“ lautete. Offensichtlich waren letztere Besucher mit dem gefundenen Artikel weniger gut bedient, und deshalb gleich wieder fort. Also schrieb ich auch für diese Anfragen eigene Artikel und verbesserte so laufend die Qualität und Vollständigkeit meiner Seite. Kurz: Die Google-Suchanfragen meiner Gäste dienten mir als Ideenlieferant für weitere Artikel.

Leider ist gerade diese Möglichkeit im Jahr 2013 eingeschränkt worden: Im Zuge des Spionageskandals beschleunigte Google die Umstellung aller Websuchen auf ein verschlüsseltes Protokoll („https"). Damit ging auch einher, dass genaue Suchanfragen (z.B. „Bank kündigt meinen Kredit was tun") nicht mehr so einfach den Statistiken zu entnehmen sind. Externe Analysedienste, die keinen Zugriff auf verschlüsselte Google-Daten haben, liefern seitdem nur noch ein lapidares „Not Provided", also „Nicht zur Verfügung gestellt" statt genauer Suchanfragen. Der kostenlose Umweg führt über Google, indem man seine Seite zuerst in den Google Webmaster-Tools anmelden, authentifizieren und dann mit dem Google Analytics-Account verknüpfen muss. Auch die Google AdWords-Daten liefern genaue Suchresultate, die Buchung von Klickwerbung ist aber teuer zu bezahlen. Leider ist diese Entwicklung ein weiterer Schritt in Richtung eines totalen Google-Monopols – man muss es wohl oder übel akzeptieren, wenn man weiterkommen will.

Die Analysedaten machten es spannend, den Aufstieg meiner Seite live mitverfolgen zu können. Ich freute mich sehr, als ich an einem Tag mehr als 100 Besucher hatte. Egal, ob 200, 300 oder 3.000 „Visitors per day" – jeder Rekord motivierte mich, weiterzumachen. Parallel dazu stiegen auch meine Einnahmen. Ich konnte mit Hilfe der Statistik herausfiltern, welche Beiträge die höchsten Gewinne brachten, und mehr solche Artikel schreiben.

Dass ich zu oft in die Statistiken schaute, steht auf einem anderen Blatt. Erstarren Sie nicht in Verzückung! Das Internet ist ein phantastisches und mächtiges Marketinginstrument. Die Gefahr ist groß, ein so genannter Statistikjunkie zu werden und das Anwachsen der Zahlen mehrmals täglich zu bestaunen. Nicht nur Drogenabhängige, sondern auch analysesüchtige Webmaster können darüber vergessen, im Leben voranzukommen. Beschränken Sie sich deshalb auf Daten, die Sie vorwärtsbringen, wie z.B. die erwähnten Google-Suchanfragen.

Je länger Sie im Internet tätig sind, desto mehr Kennzahlen werden sich Ihnen ganz von selbst erschließen. Wenn Sie Besucher über Google AdWords einkaufen, erhalten Sie eine Fülle aufbereiteter Daten, die es Ihnen ermöglicht, Ihre Anzeigen und damit Ihr Werbebudget immer genauer auf Ihre Zielkunden auszurichten. Ein gewöhnlicher Internet-Surfer wäre erstaunt, zu erfahren, wie sorgsam und ausgeklügelt er überwacht, klassifiziert und von einer Seite zur anderen geführt wird, um Ziele von Google oder Dritten zu erreichen. Die Auswertungsmöglichkeiten rund um Webseitenbesucher sind (fast) unerschöpflich. Um Anfänger nicht abzuschrecken, präsentieren die Analyseprogramme beim Einstieg nur übersichtliche Zusammenfassungen und Grafiken. Wer es genauer haben will, kann sich in die tiefsten Untermenüebenen durchklicken. Mein Rat: Konzentrieren Sie sich lieber auf das Wesentliche und überlassen Sie die hohe Mathematik den Mathematikern.

Statistiktools

Gängige, kostenfreie Online-Analysetools wie Google Analytics (*http://www.google.com/analytics/*) oder Clicky (*www.getclicky.com*) sind sehr einfach einzubinden. Man registriert sich beim Anbieter, gibt den Namen seiner Webseite an (die Domain) und erhält ein paar Zeilen Code, den man an einer bestimmten Position in die eigene Webseite hineinkopiert. Wer den Anleitungen der Anbieter folgt, kann eigentlich nichts falsch machen. Nun beginnt der Dienst, alle möglichen Daten zu sammeln und für Sie live oder um wenige Stunden verzögert aufzubereiten. Hier der typische Fall der Einbindung von Google Analytics in eine selbst gehostete WordPress-Installation:

Legen Sie – wenn noch nicht vorhanden – ein Google-Konto an und gehen Sie auf die Webseite von Google Analytics: *www.google.com/analytics* (siehe Abbildung 5.41).

Nach Klick auf *Anmeldung* öffnet sich das Fenster *Neues Konto* – befüllen Sie die notwendigen Felder (Name des Kontos, Name der Webseite, Website-URL) und klicken Sie abschließend ganz unten auf *Tracking-ID abrufen* (siehe Abbildung 5.42).

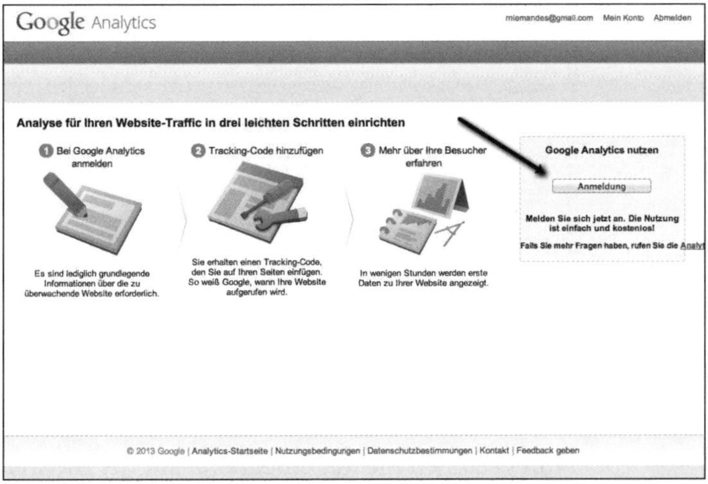

Abbildung 5.41: Die Startseite von Google Analytics

Abbildung 5.42: *Neues Konto*

Auch Google kommt nicht ohne seitenlange Nutzungsbedingungen aus – der letzte Schritt vor Erhalt des Analytics-Codes.

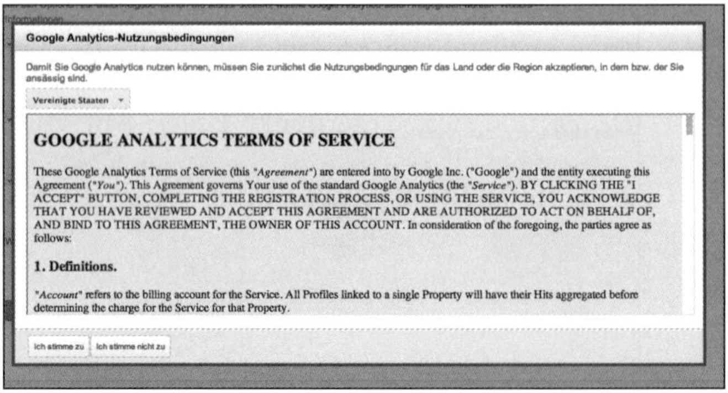

Abbildung 5.43: Nutzungsbedingungen von Google Analytics

Nun gelangen Sie auf eine Seite, auf der Sie weitere Konfigurationen vornehmen können. Für Standard-Webseiten ist bereits alles richtig eingestellt. Nun sollen Sie einen Code auf Ihrer Webseite einfügen. Das ist notwendig, damit Google Ihre Seiten erfassen kann, und klingt komplizierter, als es in Wahrheit ist. Sie sollen die Zeilen *direkt vor dem schließenden Tag </head>* einfügen.

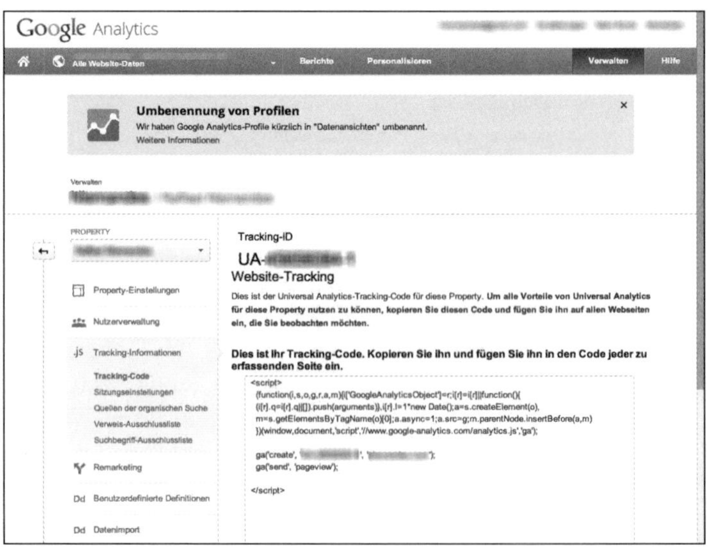

Abbildung 5.44: Der Analytics-Code für Ihre Webseite

Am Beispiel von WordPress: Zuerst müssen wir den erwähnten schließenden Schnipsel `</head>` finden. Gehen Sie in Ihrer Administrationsoberfläche („Dashboard“) auf *Appearance* bzw. *Design* und den Unterpunkt *Editor*. Mit Hilfe dieses Editors können Sie die Dateien Ihres Templates ganz einfach online ändern. Rufen Sie rechts den Punkt *Header (header.php)* auf. Nun suchen Sie nach `</head>`. Gefunden? Dann machen Sie davor ein paar Leerzeilen und fügen den Analytics-Code ein.

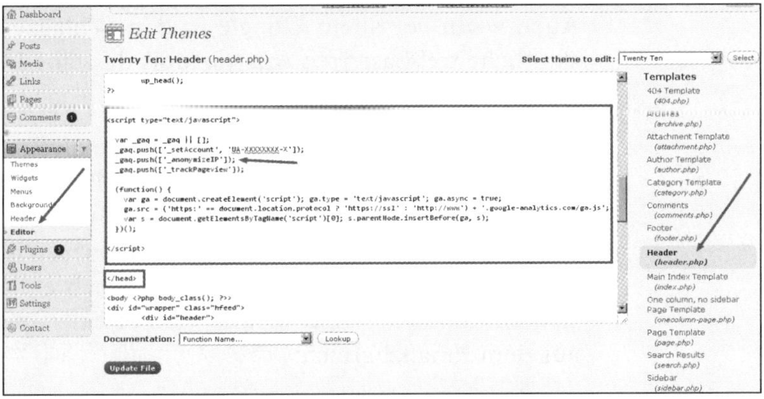

Abbildung 5.45: Analytics-Code in WordPress einfügen

Nach Klick auf *Speichern* befindet sich der Analytics-Code an der richtigen Stelle und Daten werden ab sofort erfasst. Wie oben zu sehen, habe ich den Standard-Google-Code noch um die Zeile

```
gaq.push(['_gat._anonymizeIp']);
```

ergänzt (siehe Pfeil), um die vorgeschlagene IP-Anonymisierung für den Datenschutz zu aktivieren. Warum?

Vor allem in Deutschland ist auch nach jahrelangen Auseinandersetzungen zwischen Datenschützern und Web-Providern sowie Webmastern keinesfalls geklärt, ob sich die Verwendung von Google Analytics mit Datenschutz und Telemediengesetz vereinbaren lässt. Vor allem deshalb, weil die IP-Adresse des Besuchers („Nummerntafel“ seines Internet-Zugangs) für die

Analyse an Google übermittelt wird. Ohne ausdrückliche Zustimmung des Gastes ist es wohl nicht gesetzeskonform, seine IP „hinter den Kulissen“ weiterzureichen. Es fragt sich jedoch, wie man dieses O.K. einholen möchte, und wer dann wohl „Ja!“ sagen würde. Ein gesetzlicher Zwang in diese Richtung wäre das Ende jeder webbasierten Besucheranalyse. Als Kompromiss bietet Google die Funktion „Anonymize IP“ an, die als zusätzliche Zeile im Analysecode dafür sorgt, dass eine eindeutige persönliche Zuordnung des Besuchers nicht mehr möglich ist. Auch wenn vor allem Google in den Schlagzeilen war, haben sämtliche webbasierten Analysetools dasselbe Datenschutzproblem.

Wenn Sie nun wieder in Ihr Google-Analytics-Konto einsteigen, finden Sie die Übersichtsseite für Ihre Webseite. Es lohnt sich, regelmäßig vorbeizuschauen und ausgehend von der Einstiegsseite tiefer in die Auswertungen einzusteigen. Nur so lernen Sie, wie Ihre Seite funktioniert. Nach einiger Zeit könnte sich ein ähnliches Bild bieten wie bei einer meiner Webseiten aus dem Finanzbereich:

In der in Abbildung 5.46 vorgestellten Lösung Google Blogger bzw. *blogspot.com* ist bereits eine einfache Webseitenstatistik vorinstalliert. Sie brauchen sich um nichts mehr zu kümmern und können Ihren Besuchern sofort auf den Zahn fühlen. Einfacher geht es wirklich nicht mehr (siehe Abbildung 5.47).

Es gibt eine ganze Reihe von kostenlosen und kostenpflichtigen Analysetools. Ein immer beliebter werdender Anbieter ist das Open-Source-Tool Piwik (*piwik.org*), das man jedoch zusammen mit der Datenbank zuerst auf einem Webserver installieren muss, ähnlich selbst gehosteter Content-Management-Systeme wie WordPress oder Joomla. Hier bleiben die Daten bei Ihnen und werden nicht an Dritte wie Google oder Clicky weitergeleitet. Die Diskussion rund um Recht und Datenschutz ging trotzdem auch bei Piwik los.

Abbildung 5.46: Analytics-Startseite: Wichtigste Übersichtsseite

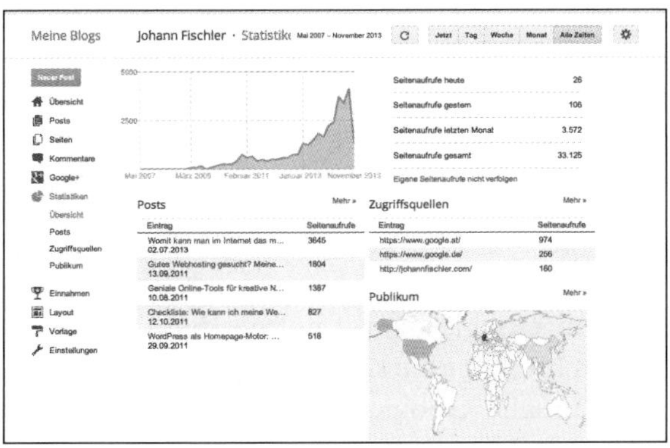

Abbildung 5.47: On-Board-Statistiken von Google Blogger am Beispiel der Begleitseite dieses Buchs *www.fischler.cc*

Um dem deutschen Datenschutz Genüge zu tun, hat Piwik zusammen mit dem Unabhängigen Landeszentrum für Datenschutz Schleswig-Holstein (ULD) eine siebzehnseitige Anleitung für den rechtssicheren und datenschutzkonformen Einsatz von Piwik ausgearbeitet, die Sie auf *www.datenschutzzentrum.de* finden.

Deutschland ist nicht nur aufgrund solcher Diskussionen und Vorschriften, sondern auch aufgrund des äußerst regen Abmahnwesens ein heißes Pflaster im Internet. Von Google bis zum kleinen Webmaster haben sich schon viele Netzteilnehmer die Finger an deutschen Gesetzen, Verordnungen und individuellen Rechtsansprüchen verbrannt. Als Webseitenbetreiber sind Sie selbst dafür verantwortlich, Ihre Homepage gesetzeskonform zu betreiben. Prüfen Sie fremde Analysetools darauf, bevor Sie sie einsetzen. Die Dinge ändern sich schnell, und wenn Sie dieses Buch in Händen halten, kann die Situation schon wieder anders aussehen. Hier ist Google Ihr Freund: Eine Suche nach dem Namen des Tools und „Datenschutz“, also z.B. „Google Analytics Datenschutz“ oder „Piwik Datenschutz“, verschafft Ihnen schnell einen Überblick zur aktuellen Lage.

Fakt ist: Sie brauchen ein Analysetool für Ihre Arbeit im Internet. Alles andere wäre ein unkontrollierbarer Blindflug.

Google Webmaster-Tools

Und wieder sind wir bei einem Angebot Googles, das die Kontrolle über die eigene Webseite einfacher macht: die Google Webmaster-Tools, die Sie hier finden: *https://www.google.com/webmasters/tools/*.

Mit Hilfe der Webmaster-Tools können Sie potenzielle Probleme Ihrer Webseite identifizieren oder werden sogar per E-Mail von Google darauf aufmerksam gemacht. Dazu gehören z.B. Nichterreichbarkeit, HTML-Probleme, Webseiten-Hacks und manuelle Google-Penaltys für jene, die sich nicht an die Spielregeln halten. Auch eine bessere Konfiguration auf Googles Bedürfnisse ist möglich, was wiederum Ihrer Darstellung in den Suchergebnissen zugutekommt. Und nicht zuletzt sind die Webmaster-Tools mittlerweile die einzige kostenlose Quelle, um auf die genauen Suchanfragen Ihrer Besucher zu kommen (was genau sie bei Google eingetippt haben, bevor sie Ihre Seite aus den Suchresultaten herausgepickt haben).

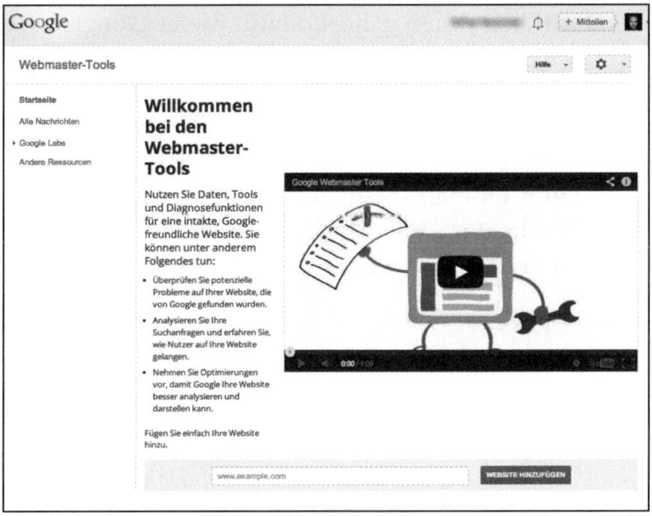

Abbildung 5.48: *Willkommen bei den Webmaster-Tools*

Geben Sie die URL (Domain bzw. Internetadresse) Ihrer Webseite ein und klicken Sie auf *Website hinzufügen.*

Abbildung 5.49: Erfolg: *Die Webseite wurde Ihrem Konto hinzugefügt.*

Praktisch, wenn man Google Blogger verwendet: Die Webseite, in diesem Fall der zuvor angelegte Blog, ist bereits „vorauthentifiziert“. Da sowohl Blogger als auch die Webmaster-Tools Dienste von Google sind, wurden diese bereits miteinander verknüpft. Wenn Sie eine externe Webseite in den Webmaster-Tools anlegen, muss zuerst überprüft werden, ob diese Seite wirklich Ihnen gehört. Dafür bietet Google mehrere Methoden an. Neben der empfohlenen Variante, eine HTML-Datei hochzuladen (z.B. per FTP, wie bereits dargestellt), kann man auch einen HTML-Tag (eine Code-Zeile) in sein Template einfügen (ähnlich dem manuellen Einfügen des Analytics-Codes), sich beim Domain-Namen-Anbieter anmelden und Weiteres. Sollte bereits der Analytics-Code in Ihrer Seite auffindbar sein, reicht auch das zur Authentifizierung aus.

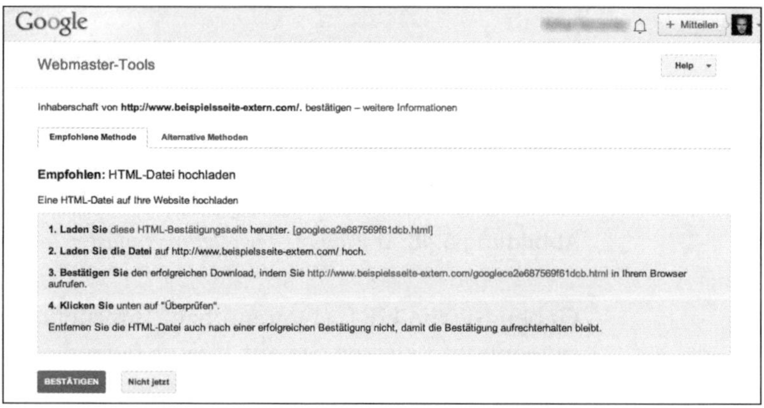

Abbildung 5.50: Externe Webseiten müssen zunächst bestätigt werden – man hat die Wahl zwischen verschiedenen Optionen

Nachdem die Webseite dem Konto hinzugefügt wurde, kann man sich nach potenziellen Verbesserungsvorschlägen oder genauen Suchanfragen umsehen und die Seite genauer für die Google-Suche konfigurieren. Es kann einige Tage dauern, bis Daten verfügbar sind. Und solange man Ihre Seite nicht findet, werden auch keine Suchanfragen zu sehen sein. Aber schauen Sie immer wieder in den Webmaster-Tools vorbei, um sich neue

Tipps und Ideen abzuholen und tiefer in die Materie einzusteigen. Für Anfänger ist es ausreichend, die Webseite anzulegen, damit die Webmaster-Tools schon mal im Hintergrund laufen, Daten sammeln und bei Bedarf aufgesucht werden können.

Um die so wichtigen, seit 2013 nicht mehr direkt über Analytics erhältlichen genauen Suchanfragen mit Ihrem Analytics-Konto zu verknüpfen, gehen Sie so vor:

Melden Sie sich in Google Analytics an und wählen Sie eine Webseite aus. Im Dashboard klicken Sie in der linken Seitenleiste auf *Akquisition / Suchmaschinenoptimierung / Suchanfragen* und dann auf *Webmaster-Tools-Datenfreigabe einrichten.*

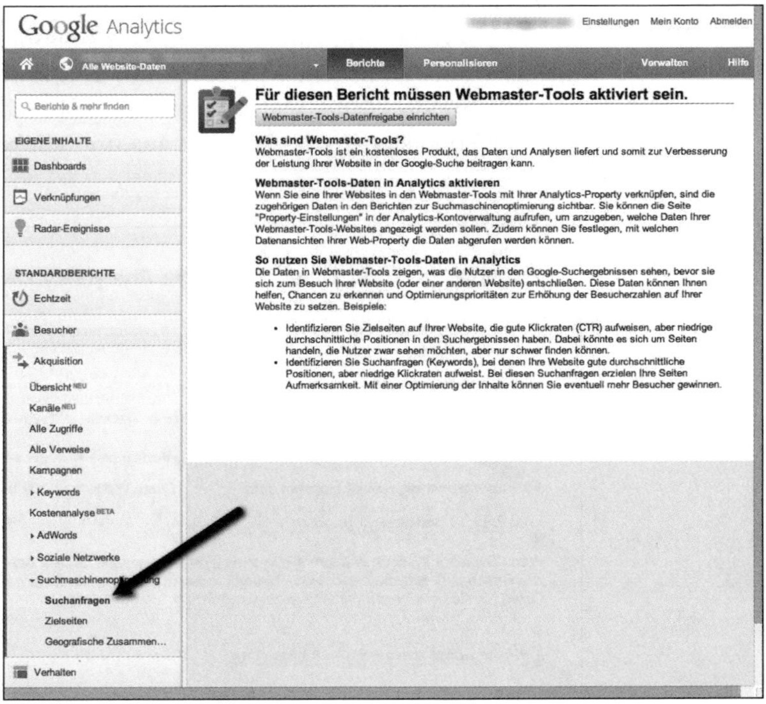

Abbildung 5.51: Aktivierung der Webmaster-Tools im Analytics-Konto

Abbildung 5.52: Website der Webmaster-Tools bearbeiten

Nun wird es etwas unhandlich: Mit dem Klick auf *Webmaster-Tools-Datenfreigabe einrichten* ist es noch nicht erledigt. Wie in Abb. 52 gezeigt, sind ganz unten die Einstellungen für die Webmaster-Tools zu sehen. Mit Klick auf *Bearbeiten* gelangt man erst zur Freigabeseite. Wählen Sie die entsprechende Seite aus Ihrem Webmaster-Tools-Account aus und klicken Sie auf *Speichern*.

Abbildung 5.53: *Webmaster-Tools-Daten in Analytics aktivieren*

Einige Tage nach der Freigabe der Daten aus den Webmaster-Tools werden Sie die Suchanfragen direkt und zusammen mit den anderen Standard-Analysedaten in Google Analytics angezeigt bekommen, ohne zwischen Analytics und den Webmaster-Tools hin- und herwechseln zu müssen. Die genauen Such-Keywords sind unter dem Punkt *Akquisition / Suchmaschinenoptimierung / Suchanfragen* zu finden – allerdings nur, wenn auch wirklich jemand über Google auf Ihre Seite kam. Bei neuen Seiten wird sich die Aussagekraft dieser Analyse also in engen Grenzen halten, für wachsende Seiten ist sie unverzichtbar, um den typischen Besucher besser verstehen und seine Inhalte auf ihn ausrichten zu können.

Fortgeschrittene Analyseinstrumente

Wer über ein eigenes Angebot verfügt, hat mit Sicherheit die Möglichkeit, Käufer oder Interessenten nach Eingabe derer Daten auf eine „Dankeschön-Seite" zu leiten. Wenigstens sollte man bei der Konzeption seiner Homepage an eine solche Möglichkeit denken. Denn damit wird möglich, was Wirtschafttreibende früherer Tage in ungläubiges Staunen versetzt hätte: Jeden einzelnen Umsatz bzw. Erfolgsfall mit den Daten des entsprechenden Besuchers zu verknüpfen und damit mess- und optimierbar zu machen.

Ich weiß, das klingt sehr theoretisch. Nehmen wir also ein Beispiel. Hertha Musterfrau aus Dortmund surft durchs Internet und sucht bei Google: „Günstige Heizdecken". Nehmen wir weiter an, ich betreibe einen Shop und habe das Objekt ihrer Begierde im Angebot. Hertha wird angesichts der schönen Fotos und Texte warm ums Herz und sie bestellt bei mir. Das Ziel („Goal") eines Abschlusses („Conversion") ist mit dem Aufruf der Dankeschön-Seite erreicht. Meine Webanalysesoftware verknüpft Herthas Datensatz mit dieser Zielerreichung. Die Statistik weiß nun, woher Hertha kommt, welchen Computer bzw. Internet-Browser sie hat, wonach genau sie sucht, welche Seiten sie sich vor der Bestellung angesehen hat und vieles mehr. Im Lauf der Zeit stellt sich heraus, dass Besucher, die bei Google „Günstige Heizdecken" suchen, viel öfter bei mir bestellen, als solche, die z.B. „Bett vorwärmen" eintippen. Die entsprechenden Suchbegriffe, Regionen oder anderen spezifischen Faktoren kann ich nun verstärkt bewerben und den Inhalt meiner Webseite darauf optimieren.

Betreiber von Internet-Shops können verschiedene Stationen am Bestellweg als Teilziele definieren und so auf mögliche Hindernisse stoßen, die es zu beseitigen gilt. Man nennt dies Trichter-Analyse. Oben kommen alle Besucher in den virtuellen Trichter hinein, die den Warenkorb aufgerufen haben. Unten kommt die Essenz heraus: Jene, die tatsächlich Bestellungen abschicken. Dazwischen liegen die Hindernisse, die dem Kauf entgegenstehen und die es zu beseitigen gilt. Ein Beispiel: Der Online-Bestellweg eines Sportartikelhändlers besteht aus den Seiten Warenkorb, persönliche Daten, Angaben zum Versand, Bezahlweise, Zusammenfassung und der Dankeschön-Seite. Jede Seite ist ein eigenständiges Teilziel. Im Idealfall durchläuft ein Kunde alle Seiten bis zur Dankeschön-Seite. Die Trichter-Analyse der Statistik zeigt jedoch: Besonders viele Kaufwillige, die Firefox verwenden, brechen den Bestellvorgang auf der Seite „Bezahlweise" ab. Der Betreiber wäre nie von selbst drauf gekommen, doch genau in diesem Browser lässt sich die Bezahlweise nicht anklicken. Eine kleine Fehlerkorrektur und die Bestellungen schießen nach oben. Glauben Sie nicht, solche Beispiele wären an den Haaren herbeigezogen. So gut wie jede Webseite beinhaltet kleine Fehler, Schlampigkeiten und browserspezifische Probleme, die meist kaum auffallen. Manchmal stehen sie aber tatsächlich einem mittelgroßen Durchbruch im Weg. Sie zu finden, ist schwer, doch ihre Beseitigung leicht – und plötzlich freut man sich vielleicht über 30 % mehr Bestellungen, von einem Tag auf den anderen. „Kleinvieh macht Mist" gilt somit auch im wortwörtlichen Sinn!

A/B-Tests und Multivariate-Tests stellen weitere faszinierende Methoden dar, Webseiten zu optimieren. Zu Testzwecken lässt man verschiedene Versionen der eigenen Homepage parallel laufen und misst, welche am besten funktioniert. „Version A oder Version B?" „Diesen Button lieber in Rot oder in Grün?" „Begrüßungstext 1 oder 2?" „Kaufen" oder „In Warenkorb legen?“ „Bild 1 oder Bild 2 oben rechts?“ Die Tests liefern die Antworten. Was dem Einsteiger als philosophische Diskussion ohne Wert erscheinen mag, kann schnell in der dreifachen Bestellmenge und damit verdreifachtem Erfolg enden. Umsatzmaximierung per Knopfdruck – diese Tests machen es möglich. Sie sind fortgeschritten, haben bereits Besucher auf Ihrer Seite und interessieren sich dafür? Die bekannteste Lösung stammt (wieder mal) von Google und nennt sich „Website-Optimierungstool“.

Sicherheit und Backups

Wenn Sie sich schon so viel Mühe mit Ihrem Inhalt machen, wäre es doch schade, wenn die ganze Arbeit von einem Tag auf den anderen futsch wäre, oder nicht? Sicher hat Sie Ihr PC oder Laptop schon mal damit genervt, dass stundenlange Arbeit nicht gespeichert oder durch einen Absturz vernichtet wurde. Selbiges droht auch im Internet.

Häufige Gründe, warum Homepages plötzlich nicht mehr funktionieren:

- ✔ *Die Webseite wird gehackt.* Na toll. Irgendein Spinner (oder viel häufiger ein automatisch laufendes Programm eines solchen Spinners) hat sich in meine Systeme geschlichen, sie zerstört, Spuren/Links oder schädliche Software hinterlassen. Wer nicht von selbst draufkommt, erkennt den Schaden spätestens, wenn Einnahmen und/oder Besucher ausbleiben, weil die Webseite nicht mehr erreichbar ist oder man von Google gekickt wurde.
- ✔ *Sie haben versucht, das System auf den neuesten Stand zu bringen* („Update„ oder „Upgrade“). Sehr löblich, denn nur die jeweils neueste Version beliebter Systeme wie WordPress oder Joomla bietet umfassende Sicherheit. Doch nun verträgt sich z.B. ein Plug-in (= Erweiterung) nicht mehr mit der Hauptinstallation und Sie sehen nur noch eine Fehlermeldung.

- *Sie spielen an Ihrer Homepage herum* und versuchen, Ihr Template (das Aussehen Ihrer Homepage) im eingebauten „Theme"- oder „Template-Editor" zu beeinflussen. Plötzlich sehen Sie eine Fehlermeldung wie z.B. „Cannot modify header information – headers already sent ..." oder eine leere weiße Seite, den berüchtigten „White screen of death".
- *Ihr Webhosting-Provider, in den meisten solchen Fällen ein Gratisanbieter, deaktiviert „einfach so" Ihren Account* oder stellt seine Serversoftware nach dem Motto „Vogel, friss oder stirb!" um. Schließlich darf er machen, was er will – einem geschenkten Gaul ...
- *Der Server Ihres Webhosting-Providers oder ein anderer Teil seiner Infrastruktur verabschiedet sich* in die ewigen Jagdgründe. Ob Großbrand im Serverraum oder winzige, kalte Lötstelle am Mainboard (ausgerechnet) Ihres Servers – die Konsequenz ist dieselbe: Ihre Webseite ist „down", also nicht mehr erreichbar. Nun werden Sie erfahren, ob Ihr Hosting-Provider wirklich so schnell und kundenfreundlich ist, wie er in der Werbung behauptet hat.

Ich habe mir schon manche Nacht um die Ohren geschlagen, weil diese oder andere Dinge passiert sind. Ein wirklicher Schaden kann Ihnen daraus aber nur entstehen, wenn Sie kein aktuelles Backup (Sicherung) Ihrer Webseite haben. Egal, was geschehen sollte, eine Datensicherung bringt Sie wieder auf den Weg.

Wie macht man ein Backup?

Alle Hosting-Provider kennen das Problem, dass ihre Schäflein dann und wann vor den Trümmern ihrer Arbeit stehen und die Schuld dafür in letzter Konsequenz beim Webhoster suchen. Um sich selbst davor zu schützen, bieten die meisten von ihnen als „zusätzlichen Kundenservice" kostenlose Backup-Möglichkeiten von System und Datenbanken an, nicht selten sogar per Knopfdruck oder automatisiert. Erkundigen Sie sich einfach beim Anbieter Ihrer Wahl.

Steht eine solche Möglichkeit nicht zur Verfügung, kann man seine selbst gehostete Webseite auch selbst sichern. Dafür muss man zuerst verstehen, dass Standardsysteme wie WordPress, TYPO3 oder Joomla erstens aus Systemdateien sowie zweitens einer davon getrennten Datenbank (meist MYSQL-Datenbank) bestehen. Das System (der Code) sorgt dafür, dass der Laden läuft, die Datenbank speichert alle Inhalte, Protokolle und die Konfiguration Ihrer Seite. Ein vollständiges Backup beinhaltet sowohl System als auch Datenbank, wobei die Datenbank der wichtigere Teil von beiden ist. Während sich die Systemdateien nur bei einem System-Update, der Installation zusätzlicher Plug-ins oder direkten Eingriffen in Ihr Template ändern (z.B. wenn Sie Ihr Design überarbeiten), enthält die Datenbank alle Beiträge, Einstellungen, Statistiken, Benutzerkommentare, Bestellungen und anderen Informationen, die sich unter Umständen sogar stündlich ändern. Ich habe mir daher folgende (generelle) Vorgehensweise für meine Projekte angewöhnt:

- ✔ Die Systemdateien sichere ich immer, nachdem ich ins System eingegriffen, also z.B. ein Update eingespielt, ein Plug-in installiert, das Design bearbeitet oder direkt im Code gearbeitet habe. Vor allem Updates sollten auch von wenig erfahrenen Benutzern regelmäßig gemacht und danach das Gesamtsystem gesichert werden.
- ✔ Für die (wichtige) Sicherung der Datenbank benutze ich Plug-ins oder selbständige Tools, die täglich automatisiert Backups erstellen, diese andernorts archivieren und mir sogar per E-Mail zusenden können.

Dass die meisten Webhosts, denen ich meine Webseiten anvertraue, täglich System und Datenbanken sichern, beruhigt mich nicht wirklich. Denn wenn sich diese Sicherungen im selben Raum befinden wie die Produktivdaten und z.B. im Falle eines Großbrands ebenfalls vernichtet werden, ist meine Webseite trotzdem futsch. Daher ziehe ich sowohl Systeme als auch Datenbanken regelmäßig auf meinen PC herunter.

Backup des Gesamtsystems am Beispiel WordPress

Automatisches Backup per Plug-in

WordPress bietet den Vorteil, dass es für jeden erdenklichen Zweck Erweiterungen (Plug-ins) gibt und man nur selten etwas neu erfinden muss, weil es sicher schon mal jemand umgesetzt und allen verfügbar gemacht hat. So auch bei der Sicherung Ihrer WordPress-Seite.

Ich habe sehr gute Erfahrungen mit dem frei verfügbaren Plug-in „BackWPup" von Daniel Hüsken gemacht: *http://wordpress.org/extend/plugins/backwpup/*. Diese ermöglicht Ihnen, den vollständigen Backup-Prozess zu automatisieren und das fertige Backup an einem Platz Ihrer Wahl abzulegen. In Verbindung mit einem Dropbox- (*www.dropbox.com*) oder anderen Online-Speicherdienst können Sie so 100%ige Datensicherheit Ihrer WordPress-Installation herstellen, und das vollautomatisch, ohne nochmals daran denken zu müssen. Das Plug-in sieht bereits die Anbindung an diverse Sicherungsverfahren vor (wenn diese technisch auf Ihrem Server machbar sind) und ermöglicht maximale Anpassbarkeit. Wie Sie dieses Plug-in installieren und konfigurieren, erfahren Sie in umfangreichen Tutorials im Netz – googeln Sie einfach danach, wenn Sie sich für den Einsatz dieser Variante entscheiden.

Die Rücksicherung automatischer Backups ist nicht mehr ganz so einfach. Die Daten selbst kommen per FTP zurück auf den Server, zur Einspielung Ihrer Datenbank nutzen Sie den phpMyAdmin-Zugang Ihres Hosting-Accounts. Mit Basiskenntnissen rund um Homepages sollte dies machbar sein. Im Zweifelsfall wenden Sie sich an Ihren Webhosting-Provider, der Ihnen mit Sicherheit bei der Rückspielung helfen kann. Zum Verständnis: Für die Wiederherstellung eines früheren Stands Ihrer Webseite gehen Sie genau umgekehrt vor wie beim „händischen Backup-Verfahren", das ich Ihnen jetzt vorstelle.

Händisches Backup-Verfahren

Als Alternative können Sie das händische Verfahren auf alle selbst gehosteten Webseiten anwenden. Meist bestehen diese aus Dateien und Datenbank, manchmal – wie im Fall statischer Webseiten – nur aus den Dateien, die Sie per FTP erreichen können.

- ✔ *Dateien sichern:* Steigen Sie per FTP-Dienstprogramm (z.B. FileZilla – siehe weiter oben im Abschnitt „FTP: Wie Sie auf Ihren Server kommen") in Ihren Server ein. Wählen Sie das zu sichernde Verzeichnis, und ziehen Sie es auf Ihren Desktop oder in einen anderen Ordner auf Ihrem PC. Im Zweifelsfall sichern Sie den gesamten Inhalt der ersten Seite, auf die Sie per FTP gelangen:

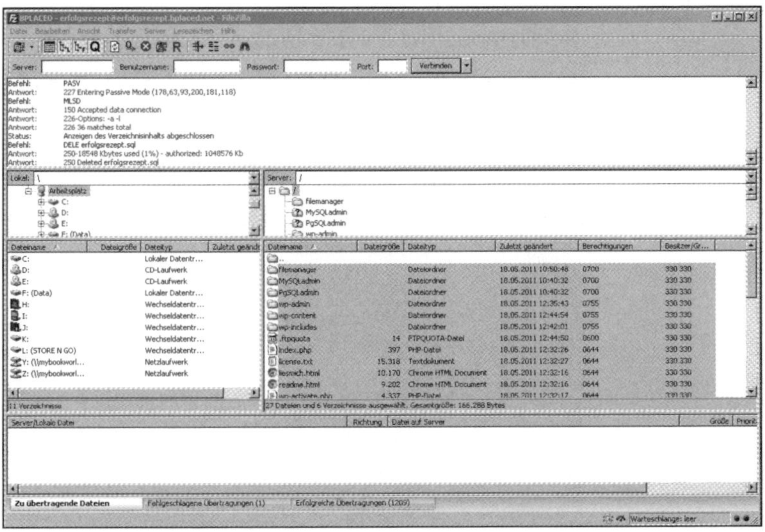

Abbildung 5.54: Datensicherung per FTP: Ziehen Sie Ordner und Dateien vom Server auf ein lokales Verzeichnis

- ✔ *Datenbank sichern:* Über Ihren Webhosting-Account gelangen Sie in die Datenbankverwaltung. Der übliche Dienst lautet phpMyAdmin, Adresse und Zugang zu dieser Online-Verwaltungsoberfläche Ihrer Datenbank erhalten Sie von Ihrem Webhost. Nach dem Einstieg per Benutzernamen und Passwort bietet sich Ihnen folgendes Bild:

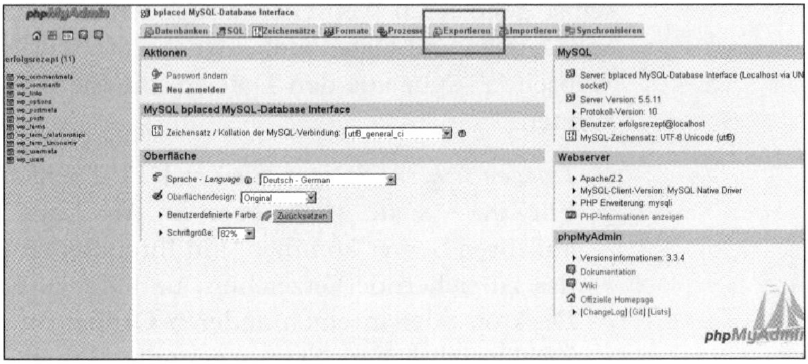

Abbildung 5.55: phpMyAdmin-Einstiegsseite

Selektieren Sie in der linken Seitenleiste Ihre Datenbank (im Beispiel gibt es nur die Datenbank *erfolgsrezept*) und gehen Sie auf den Reiter *Exportieren.*

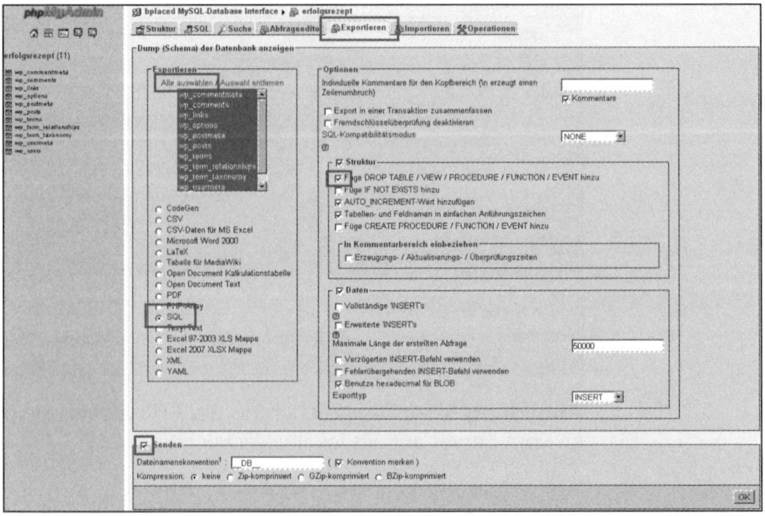

Abbildung 5.56: Datenbank exportieren – notwendige Einstellungen

Für den vollständigen Export Ihrer Datenbank berücksichtigen Sie einfach die oben markierten Punkte: *Alle auswählen*, *SQL*, *Füge DROP TABLE hinzu*, *Senden*. Per Klick auf *OK* unten rechts sollte nun der Download Ihrer Datenbank auf Ihren lokalen PC starten.

- ✔ *Datenbank wiederherstellen:* Wenn Ihre Datenbank kaputt ist, so können Sie diese per phpMyAdmin wiederherstellen. Vergewissern Sie sich jedoch vorher, wirklich ein vollständiges Backup zu haben! Zuerst fertigen Sie nach bekanntem Muster eine Sicherung der für kaputt befundenen Datenbank an. Löschen Sie dann den Inhalt der Datenbank, indem Sie sie aufrufen, alle Tabellen per Klick auf *Alle auswählen* selektieren und den Befehl *Löschen* erteilen.

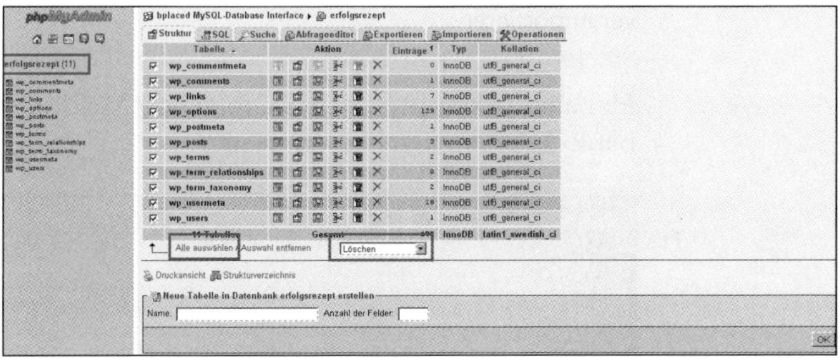

Abbildung 5.57: phpMyAdmin: Alte Datenbank-Tabellen löschen

Zur Sicherheit fragt Sie phpMyAdmin nochmals, ob Sie das wirklich wollen.

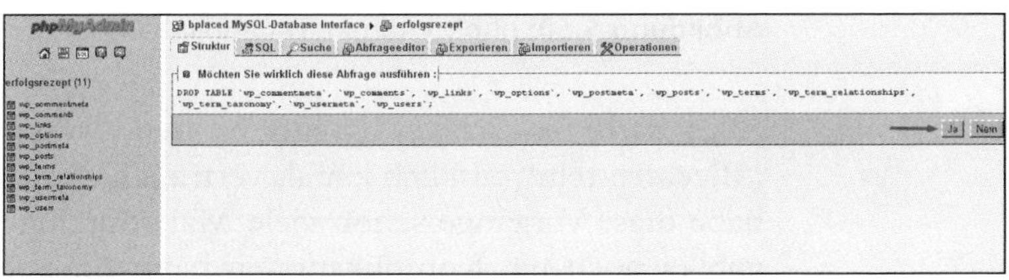

Abbildung 5.58: phpMyAdmin: Löschen bestätigen

Nun ist der Inhalt der Datenbank gelöscht und Sie können das Backup importieren. Dabei handelt es sich um eine sql-Datei, in unserem Fall *erfolgsrezept.sql*, die ich bereits ausgewählt habe. Per Klick auf *OK* startet der Import.

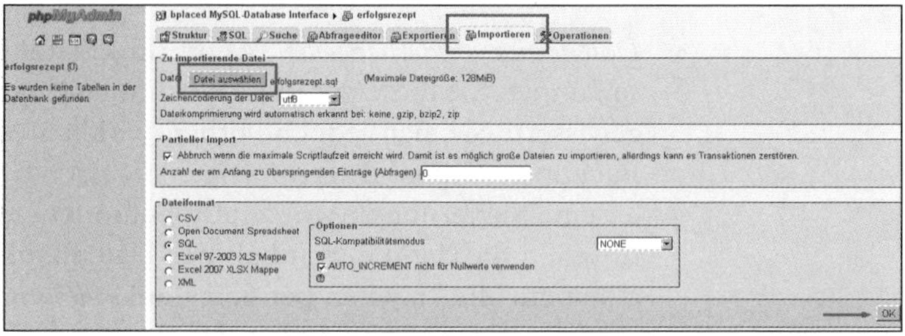

Abbildung 5.59: phpMyAdmin: Datenbank von PC auf Datenbankserver importieren

Hat alles geklappt, sehen Sie folgende Meldung und die Datenbank-Tabellen erscheinen wieder:

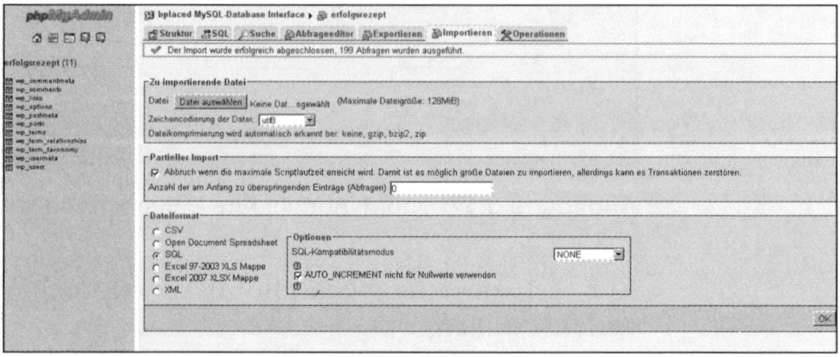

Abbildung 5.60: phpMyAdmin: Datenbank-Import abgeschlossen

Alles nicht so schwer (wenn es denn klappt). Kann man „Blechtrotteln" wirklich jemals vertrauen? Zur Beruhigung: Ich habe diese Vorgänge schon viele Male durchlaufen und bisher gab es noch nie Komplikationen beim Einspielen von Daten und Datenbanken. Wenn Sie ein vollständiges Backup haben, werden Sie Ihre Webseite auch wieder zum Laufen bringen. Notfalls bedienen Sie sich eben der Hilfe Ihres Webhosters oder eines fachkundigen Experten.

Backup einer Google-Blogger-Webseite

Wenn Sie mit der Variante „Google Blogger" arbeiten, können Sie Ihre Webseite wie folgt sichern: Unter *Einstellungen / Sonstiges* klicken Sie auf *Blog exportieren* und dann auf *Blog herunterladen*. Archivieren Sie die Sicherung auf Ihrem PC.

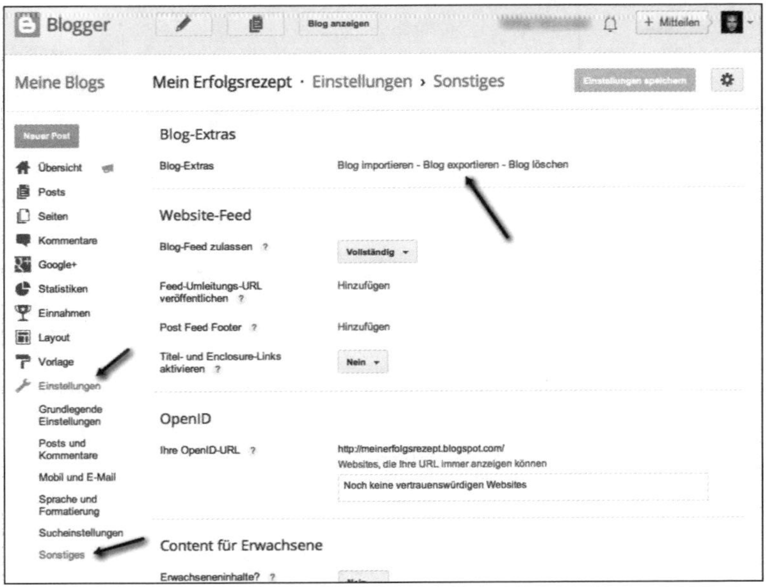

Abbildung 5.61: Blogger-Webseite auf lokalen PC sichern

Das Backup Ihres Designs können Sie unter Vorlage vornehmen. Klicken Sie einfach auf Backup/Wiederherstellung und dann auf *Vollständige Vorlage herunterladen*.

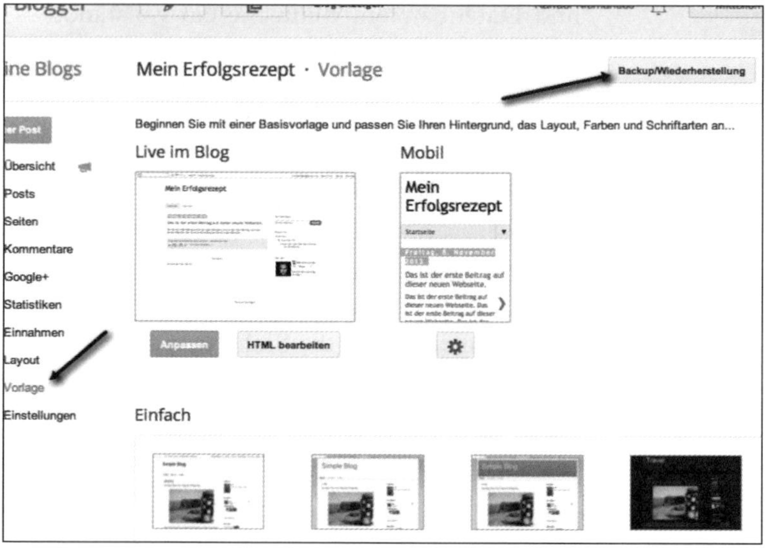

Abbildung 5.62: Blogger-Layout sichern

Beide Prozesse können nicht automatisiert werden. Nehmen Sie das Blogger-Backup als festen Termin in Ihren Kalender auf.

Die Einspielung eines Backups zum Zweck der Wiederherstellung von Daten oder Layout funktioniert dann genau umgekehrt – die entsprechenden Auswahlmöglichkeiten sind an denselben Stellen zu finden wie das Backup.

Einfache Sicherheitsratschläge

Die folgenden Ratschläge machen Ihre Webseite sicherer als 90 bis 95 % aller Homepages „da draußen“ – und damit unattraktiv für Bösewichte:

- ✔ *Fertigen Sie regelmäßig Datensicherungen (Backups) an* – siehe oben.
- ✔ *Verwenden Sie sichere Passwörter.* „123456“ und „Passwort“ gehören nicht dazu – siehe auch das Kapitel „Achtung: Stolpersteine“. Und das ist nicht selbstverständlich. Tatsächlich

gibt es kaum häufiger verwendete Zugangscodes. Deren Schöpfer halten sich vermutlich für schlau wie Oskar, doch öffnen Hackern alle Türen. Verwenden Sie also sichere Passwörter (am besten nicht „eines für alle“) und ändern Sie diese regelmäßig. Kostenlose Tools wie der Passwortspeicher KeePass helfen Ihnen dabei.

- ✔ *Setzen Sie Ihr CMS nicht nach „gut Glück“ auf,* sondern halten Sie sich an die Installationshinweise. Wenn Sie etwa bei „CMS Made Simple“ nach erfolgter Installation den Ordner *install* löschen sollen, tun Sie das. Die beliebtesten Homepage-Motoren wie WordPress oder Joomla sind ausgezeichnet dokumentiert. Installieren Sie sie genau, wie von den Machern verlangt. Das mag zehn Minuten länger dauern, sorgt aber für Sicherheit.

- ✔ *Halten Sie Ihr System auf dem neuesten Stand.* Sehr alte Versionen von phpBB (Forum-Software), Joomla und anderen weniger sicheren Content-Management-Systemen werden von herumstreunenden Hacker-Skripts identifiziert und vollautomatisch gehackt. Spielen Sie neue Versionen Ihres Systems ein, wenn diese zur Verfügung stehen. Bei WordPress ist das schon länger per Knopfdruck machbar – samt eindeutiger und unübersehbarer Bitte, ein Update vorzunehmen. Kleine Versionssprünge, zu denen z.B. wichtige Sicherheitsupdates zählen, übernimmt WordPress seit Version 3.7 bei Vorliegen der technischen Voraussetzungen sogar automatisch. Nutzer von Blogger brauchen sich nicht darum zu kümmern, denn sie arbeiten direkt im Google-Universum, das Google sicher hält wie Fort Knox. Einzige Schwachstelle: Ihr Google-Passwort. Auch hier gibt es ein Verfahren für einen höheren Sicherheitsstandard: die Bestätigung in zwei Schritten – dazu gleich mehr.

- ✔ *Gehen Sie sparsam mit Erweiterungen Ihres Systems um.* Dazu gehören Plug-ins und Code-Erweiterungen, die von Ihnen ins System kopiert werden. Die Zusatzfunktionalitäten sind oft schlechter programmiert als das Hauptsystem und öffnen Hackern so manche Tür, um unerwünschten Code einzuschleusen. Wer nicht genau versteht, was er da eigentlich macht, sollte überhaupt die Finger davon lassen oder vorher die Google-Suche bzw. einen Programmierer konsultieren. Good News: Systeme wie WordPress kommen mit sehr wenigen Plug-ins aus, da sie von Haus aus durchdacht und leistungsfähig sind.

- ✔ Ein wichtiger Zusatz zur Sicherheit Ihres Google-Accounts: Wie Sie vielleicht schon bemerkt haben, dreht sich alles im Internet um den kalifornischen Suchmaschinengiganten und De-facto-Monopolisten Google. Wer erfolgreich Webseiten betreiben möchte, kommt nicht um eine Nutzung der Google-Dienste herum. Wer wie ich fast ausschließlich auf die Einnahmen aus dem Internet – auch diese kommen nicht selten von Google – angewiesen ist, tut gut daran, den Zugang zum eigenen Google-Konto so gut wie möglich abzusichern. Dasselbe gilt für Betreiber von Blogger-Webseiten, Nutzer des E-Mail-Dienstes Gmail oder des Online-Speichers Drive und so weiter – Ihre Zugangsdaten sind die Eintrittskarte in Ihr persönliches Google-Universum und damit Ihre größte Schwachstelle. Die „Bestätigung in zwei Schritten“ erhöht die Kontosicherheit um ein Vielfaches – bei minimalem Aufwand. Daher ist diese Maßnahme unbedingt zu empfehlen (siehe Abbildung 5.63).

Diese Bestätigungsart kombiniert Benutzernamen und Passwort mit einem Code, der beim Einloggen an Ihr Mobiltelefon geschickt wird. Sie müssen diese Prozedur aber nicht bei jedem Neueinstieg von vorne beginnen, sondern können einzelne Endgeräte auch als „vertrauenswürdig“ deklarieren. Und sollte Ihr Mobiltelefon mal nicht zur Hand sein, gibt Ihnen Google im Zuge der Einrichtung der Bestätigung in zwei Schritten auch eine Backup-Code-Liste zum Ausdrucken. Folgen Sie den Informationen und Hinweisen auf der Seite *https://www.google.com/intl/de/landing/2step/*, um die Bestätigung in zwei Schritten einzurichten.

Abbildung 5.63: *Bestätigung in zwei Schritten* für erhöhte Sicherheit des Google-Kontos

- ✔ Man kann das Thema Sicherheit bis in alle Unendlichkeit ausdehnen. Je mehr Geld Sie dank Ihrer Homepage verdienen, desto wichtiger wird es, zusätzliche Maßnahmen zu ergreifen. Aber: Keine Webseite dieser Welt ist jemals zu 100 % sicher. Paranoia ist dennoch fehl am Platz. Mit wenig Aufwand läs st sich ein Sicherheitslevel erreichen, das Sie für Angreifer unattraktiv macht. In Kombination mit regelmäßigen Backups lässt es sich so gut (über)leben.

KAPITEL 6

Der Inhalt Ihrer Seite

Das technische Grundgerüst steht. Der Inhalt Ihrer Webseite entscheidet über Erfolg oder Misserfolg. Gelingt es Ihnen, Ihren (menschlichen) Besuchern Inhalte mit Mehrwert zu bieten, werden Sie sich positiv vom Einheitsbrei unterscheiden und aus dem „großen Hintergrundrauschen" des Internets heraustreten.

6 Der Inhalt Ihrer Seite

Was Google Ihnen rät

Kein anderer Algorithmus ist derart sagenumwoben wie Googles Kalkulationsmethode, welche Webseiten „oben" sind und welche nicht. Niemand außer Google weiß genau, was warum nach vorne kommt. Wer das Gegenteil behauptet, und nicht gerade im Search Quality Team des Suchmaschinengiganten arbeitet, lügt. Google lässt sich nicht in die Karten blicken, und das mit gutem Grund. Die Google-Formel besteht aus unzähligen Einflussfaktoren und ändert sich ständig, um der üblen Machenschaften all jener Herr zu werden, die glauben, das System aushebeln zu müssen, statt mit dem System zu arbeiten. Würde man genau erklären, wie man Seiten einstuft, wäre es mit der Qualität der Suchergebnisse schnell vorbei. Die Legionen der Black-Hat-Suchmaschinenoptimierer (die „dunkle Seite" der SEO) und der Spammer würden sofort nach Veröffentlichung der „Magic Sauce" beginnen, das System auszuhebeln und Seiten künstlich nach oben zu heben, die es aufgrund ihres Inhalts nicht verdienen. Mit einem Schlag müsste man keine Dummen mehr finden, denen man alle seine Optimierungstricks verkaufen kann, und würde mit eigenen Projekten reich werden.

Kurz: Google will sich nicht austricksen lassen und macht deshalb ein großes Geheimnis aus seinem Algorithmus. Doch andererseits sagt Ihnen Google ganz genau, was Sie tun sollen, um erfolgreich zu werden und es auch zu bleiben:

Natürlich veröffentlichen wir nicht die tatsächlichen Ranking-Signale, die in unseren Algorithmen verwendet werden, denn es soll ja niemand unsere Suchergebnissen manipulieren. Wenn ihr euch jedoch der Denkweise bei Google annähern möchtet, geben euch die nachfolgenden Fragen Aufschluss darüber, wie wir an die Sache herangehen:

- ✔ *Würdet ihr den in diesem Artikel enthaltenen Informationen trauen?*

- ✔ *Wurde der Artikel von einem Experten oder einem sachkundigen Laien verfasst oder ist er eher oberflächlich?*
- ✔ *Weist die Website doppelte, sich überschneidende oder redundante Artikel zu denselben oder ähnlichen Themen auf, deren Keywords leicht variieren?*
- ✔ *Würdet ihr dieser Website eure Kreditkarteninformationen anvertrauen?*
- ✔ *Enthält dieser Artikel Rechtschreibfehler, stilistische oder Sachfehler?*
- ✔ *Entsprechen die Themen echten Interessen der Leser der Website oder werden auf der Website Inhalte generiert, mit denen ein gutes Ranking in Suchmaschinen erzielt werden soll?*
- ✔ *Enthält der Artikel Originalinhalte oder -informationen, eigene Berichte, eigene Forschungsergebnisse oder eigene Analysen?*
- ✔ *Hat die Seite im Vergleich zu anderen Seiten in den Suchergebnissen einen wesentlichen Wert?*
- ✔ *In welchem Maße werden die Inhalte einer Qualitätskontrolle unterzogen?*
- ✔ *Werden in dem Artikel unterschiedliche Standpunkte berücksichtigt?*
- ✔ *Wird die Website als kompetente Quelle zu ihrem Thema anerkannt?*
- ✔ *Stammen die Inhalte aus einer Massenproduktion oder von zahlreichen externen Autoren bzw. werden sie über ein großes Netzwerk von Websites verbreitet, sodass einzelnen Seiten oder Websites eher wenig Aufmerksamkeit oder Sorgfalt gewidmet wird?*
- ✔ *Wurde der Artikel sorgfältig redigiert oder scheint er eher schlampig oder hastig erstellt worden zu sein?*
- ✔ *Hättet ihr bei gesundheitsbezogenen Suchanfragen Vertrauen in die Informationen dieser Website?*

- *Würdet ihr diese Website als kompetente Quelle erkennen, wenn sie namentlich erwähnt würde?*
- *Bietet dieser Artikel eine vollständige oder umfassende Beschreibung des Themas?*
- *Enthält dieser Artikel aufschlussreiche Analysen oder interessante Informationen, die nicht allgemein bekannt sind?*
- *Würdet ihr diese Seite zu euren Lesezeichen hinzufügen, an Freunde weitergeben oder empfehlen?*
- *Enthält dieser Artikel unverhältnismäßig viele Anzeigen, die vom eigentlichen Inhalt ablenken oder diesen beeinträchtigen?*
- *Könntet ihr euch diesen Artikel in einem Printmagazin, einer Enzyklopädie oder einem Buch vorstellen?*
- *Sind die Artikel kurz oder gehaltlos oder fehlen sonstige hilfreiche Details?*
- *Wurden die Seiten mit großer Sorgfalt und Detailgenauigkeit oder mit geringer Detailgenauigkeit erstellt?*
- *Würden sich Nutzer beschweren, wenn ihnen Seiten von dieser Website angezeigt würden?*

Quelle: *http://googlewebmastercentral-de.blogspot.com/2011/05/weitere-tipps-zur-erstellung-qualitativ.html*

Ich empfehle, sich diesen Artikel auszudrucken und über den Schreibtisch zu hängen. Wenn Sie ihn zum Maßstab für Ihre Webseite machen, werden Sie langfristig nach „oben" kommen und dort bleiben, was Sie von Spammern und SEO-Tricksern angenehm abhebt.

Google verfügt über mehr Sensoren, Analysemöglichkeiten und historische Daten, als vorstellbar ist. Dank Code-Schnipseln („JavaScripts"), die man sich mit der Einbindung von Googles Diensten, beispielsweise Analytics, AdSense-Werbung oder dem „+1 Button" von Google Plus an Bord holt, hat Google seine Fühler auf den allermeisten Webseiten. Und unterschätzen Sie nicht die Signale, die Google direkt von seiner Suchmaschine erhält, z.B. wie schnell ein Mensch, der dies oder jenes sucht und dem man in den Resultaten Ihre Seite empfohlen hat, wieder zur Suchmaschine zurückkommt, weil er bei Ihnen nichts gefunden hat. Man beschäftigt viele der talentiertesten, kreativsten und hellsten Köpfe einer Generation, die schon mit leistungsfähigen Computern aufgewachsen ist. Ihr Arbeitgeber stellt ihnen die größte Daten- und Rechenpower der Welt zur Verfügung. Mir erscheint es logisch, dass die Suchmaschine die meisten der in den obigen Empfehlungen formulierten Fragen automatisiert beantworten kann.

Guter Inhalt = Besuchernutzen

Der folgende Tipp basiert auf meiner jahrelangen Erfahrung, findet sich in den Aussagen Googles wieder und ist nicht mehr und nicht weniger als der Schlüssel zum Erfolg: Bieten Sie Ihren Besuchern ehrliche, einzigartige, nützliche Inhalte mit Mehrwert und Sie brauchen sich um nichts anderes zu sorgen.

Wie kam ich selbst zu diesem Schluss? 2007 machte ich mich selbständig, nachdem ich über fünf Jahre lang eine steile Bankkarriere verfolgte. In den ersten Monaten meiner Aktivitäten im Internet beschränkte ich mich darauf, Tag für Tag neue Artikel zu schreiben, die meinen Lesern nützlich sein sollten. Warum? Man könnte sagen, aus Frustreaktion auf ein System, dem ich zu lange gedient habe. Ich wechselte von der Bank- auf die Kundenseite.

Als Wiedergutmachung gab ich nun mein Wissen kostenlos preis. Wer meine Homepage besuchen würde, sollte „den Blick hinter die Bankkulissen" erhalten und sich so besser auf Bankgespräche und Verhandlungen vorbereiten können. Im Lauf der Zeit übertrug ich mein gesamtes Wissen und meine Erfahrungen aus dem Studium der Rechtswissenschaften, der Tätigkeit in verschiedenen Banken und meiner Selbständigkeit ins Internet. Viele Kommentare bestätigen mir auch heute noch, dass sich der Aufbau dieser Inhalte für eine große Zahl von Menschen bezahlt gemacht hat. Manche konnten bessere Zinsen herausholen, andere bekamen Lust auf die Selbständigkeit und wieder andere schafften es, anhand der Spartipps und verschiedenen Tools, die ich in meinem Online-Wirtschaftsmagazin kostenlos zum Download bereitstellte, ihr Haushaltsbudget in den Griff zu bekommen. Kurz gesagt: Die Inhalte nützten den Besuchern. Das führte dazu, dass andere Webseiten meine Tipps zitierten und „verlinkten". Die Seite wurde von Mensch zu Mensch weiterempfohlen. Offensichtlich betrachteten mich nun auch Redakteure und Journalisten als Experten für alle möglichen und unmöglichen Wirtschaftsthemen und wollten Interviews mit mir. Meine Homepage stieg ganz von selbst in höchste Suchmaschinenpositionen.

Damals kannte ich noch gar keine anderen Methoden, eine Webseite bekannt zu machen, als mit guten Inhalten. Und wissen Sie was? Selbst mit all dem Wissen, das ich heute habe, bleibe ich dabei: Kein Trick, kein Linktausch, keine technische Webseitenoptimierung und kein Suchmaschinen-Tool kann das, was ehrliche Inhalte mit Besuchernutzen können: Ihre Seite nach oben bringen. Konzentrieren Sie sich darauf, Ihren Besuchern Nützliches zu bieten und Sie sind auf der richtigen Fährte.

Manchmal bereue ich es, von meinem ursprünglichen Weg für einige Zeit abgekommen zu sein. Was passierte? Meine guten Positionen bei Google sorgten für ein ordentliches Echo in der Internet-Szene und ich traf auf Menschen, die mir viel von Suchmaschinenoptimierung (SEO) und Suchmaschinenmarketing (SEM) erzählten. Wer nur eine Webseite habe, stehe ständig am Abgrund, wer keinen Linktausch betreibe, würde seinen Platz an der Sonne (= Google) bald verlieren, und sich nur auf Finanzen zu konzentrieren, sei auch nicht besonders schlau. Schließlich gäbe es ja auch noch Themen wie Pokern, Reisen, Stromanbieter und Datingportale, mit denen man jede Menge Geld „abgreifen" könne. So und so ähnlich waren die Aussagen, die mir zu Ohren kamen. Ich fühlte mich unwissend und rückständig, weil ich nichts anderes tat, als Artikel, Tools und Ratgeber zu dem Thema zu veröffentlichen, das ich beherrschte – auf einer einzigen Seite, einem einzigen Standbein. Das durfte nicht so bleiben, riet der Floh im Ohr.

Also informierte ich mich über SEO und SEM, startete weitere Webprojekte, traf mich mit anderen Webmastern auf Kongressen und Seminaren und multiplizierte mein Wissen über die Branche und ihre Tricks binnen weniger Monate. Ich war beeindruckt, wie leicht man es sich machen konnte, ganz ohne ständig neue Artikel schreiben zu müssen. Plötzlich verdiente ich auch Geld in Themengebieten, von denen ich keine Ahnung hatte. Kurzfristig funktionierte das Spiel mit dem Wissen und Halbwissen der Branche recht gut. Ich steigerte meine Einnahmen weiter und verteilte es auf mehrere Quellen. Bekam ich mein Geld früher ausschließlich aus Google-AdSense-Werbung, hatte ich nun sehr viele Affiliate-Partnerschaften, und überall kam etwas herein. So fühlte ich mich sicherer und „breiter aufgestellt". Jedenfalls für kurze Zeit.

Denn schon bald stellten sich die für die SEO- und SEM-Branche typischen Sorgen ein:

Was, wenn Google diese oder jene Trickserei entdeckt?

Was, wenn die Suchmaschine draufkommt, dass ich gar kein Experte auf den neuen Themengebieten bin?

Was, wenn es Google nicht gefällt, wenn ich Webseiten nur baue, um damit Werbeeinnahmen zu generieren?

Was, wenn Google messen könnte, ob Besucher meiner Seite finden, was sie suchen, und erkennen würde, dass es mir in Wahrheit nur auf das Geld und nicht auf die Besucher ankommt?

Ich darf vorwegnehmen: Google kam drauf – auf alles, mal früher, mal später, und ein Projekt nach dem anderen stürzte ab. Weil ich meinen Besuchern keinen Mehrwert bot, sondern einfach nur meine eigene Version von bereits auf Dutzenden anderen Webseiten vorhandenen Inhalten (z.B. Vergleiche, Kalkulatoren) online stellte, hatte ich auch keine Stammbesucher („Fans") auf diesen Seiten und war einzig und alleine von

Googles Gunst bzw. meinem Rang in den Ergebnislisten abhängig. Das war fatal und gleichzeitig sehr lehrreich.

Ich studierte mich sozusagen in die Abgründe des Internets. Wie oben erwähnt bereue ich es fast, so viel Zeit damit verschwendet zu haben. Denn was wäre drin gewesen, wenn ich meinen Weg stur weiterverfolgt hätte? Wenn ich nichts anderes getan hätte, als Tag für Tag neue Inhalte, Rechner und Wegweiser zu bieten, mit denen Menschen ihre Finanzen besser in den Griff bekommen würden? Ich weiß nicht, ob ich sorgenfreier leben würde, doch Bekanntheit, Stammleser und Einnahmen wären bestimmt wesentlich höher. Mit den SEO- und SEM-Aktivitäten verflachte sich meine Einnahmenkurve zusehends, während das Kopfweh stieg. Trotzdem bin ich froh, meine eigenen Erfahrungen gemacht zu haben. Sonst würde ich bestimmt glauben, etwas zu verpassen oder zu unsicher aufgestellt zu sein, weil ich nur auf ein (mein) Pferd setze.

So mache ich heute einen großen Bogen um Linktausch, Besucherkauf und die Wundermittelchen der Branche. Ich rate sogar ausdrücklich davon ab. Ich vertraue darauf, dass sich Nützliches von selbst herumspricht und keinen Anschub braucht. Eines meiner aktuellen Themen ist das dieses Buches: Wie Selbständige das Internet gewinnbringend und einfach einsetzen können. Auf *www.fischler.cc* finden Sie ergänzend zum „Erfolgsrezept Internet" viele Informationen für Ihren Durchbruch im Internet. Denn Bücher sind nicht das beste Medium für Ratgeber zu schnelllebigen Themen. Manchmal bleiben Fragen offen, die sich erst in der folgenden Auflage beantworten lassen. Das Internet wandelt sich ständig, und viele Screenshots sind schon veraltet, wenn das Buch aus der Druckerei kommt. Angebote ändern sich, neue Anbieter „sind plötzlich da" und machen vieles einfacher. Manche Arbeitsschritte sind leichter verständlich, wenn man sie in bewegten Bildern sieht. Eine Webseite hat den nötigen Aktualitätsbezug, bietet die Möglichkeit, auf Leserfragen einzugehen, und macht es einfach, Videos online zu stellen. Betrachten Sie *www.fischler.cc* daher als kostenlose Ergänzung zu diesem Buch. Kontaktieren Sie mich mit allen Fragen, die auf Ihrer eigenen Internet-Mission auftauchen könnten. Ich werde Ihnen gerne weiterhelfen.

Mein konkreter Rat zum Punkt „Inhalt", kurz gefasst: Konzentrieren Sie sich auf die Qualität Ihrer Inhalte. Löschen Sie Linktauschanfragen und werfen Sie Angebote von Suchmaschinenoptimierern und anderen Wanderpredigern in den Papierkorb. Vergessen Sie alles, mit Ausnahme des Nutzens für Ihre Besucher, den nur Qualitätsinhalte bieten können.

Wichtig: Die Inhalte selbst müssen nützlich sein und nicht erst Ihr Angebot, mit dem Sie Ihren Umsatz machen. Niemand hat auf die tausendste Firma gewartet, die sich, ihre Produkte, Geschichte, Mitarbeiter und Leistungen selbst in den siebten Himmel lobt.

Was macht Ihre Seite nun einzigartig? Bieten Sie Mehrwerte, die Internet-Besucher auf anderen Seiten nicht finden. Sehen Sie diese Inhalte als Investment in Ihre Zukunft. Die Kunden kommen heute nicht mehr zu denen, die am lautesten schreien, sondern zu jenen, die das Beste bieten. Das Internet macht alles vergleichbar, auch Sie und Ihren „Content", wie der Inhalt im Web-Slang bezeichnet wird. Eine interessante und nützliche Homepage, auf der Sie Inhalte mit Mehrwert bieten, wirkt nicht nur sympathisch und kompetent, sondern spielt sicher auch bei der Kaufentscheidung moderner Kunden eine gewichtige Rolle. Wer weiß – vielleicht erinnert sich ein möglicher Käufer sogar an eine frühere Begegnung mit Ihrer Webseite, hat Vertrauen und schließt bei Ihnen ein Geschäft ab?

Was sind „Inhalte mit Mehrwert"?

Damit Sie sich ein besseres Bild davon machen können, was ich mit „Inhalten, die selbst nützlich sind" meine, hier ein paar Beispiele:

- ✔ *Ein Finanzexperte* publiziert, wie die Bankenwelt hinter den Kulissen funktioniert und was sie vom Kunden hören will. Besuchernutzen: Man kann sich besser auf Banktermine vorbereiten und seine Finanzen in den Griff bekommen. Betreibernutzen: Der Finanzexperte präsentiert sich als fachkundiger Berater, den man in allen Fragen „rund ums Geld“ konsultieren kann. Das schafft Vertrauen und senkt die Hemmschwelle, mit ihm Kontakt aufzunehmen.

- ✔ *Ein Arzt* erstellt sein eigenes Gesundheitslexikon, bietet Checklisten oder Erste-Hilfe-Ratgeber an. Besuchernutzen: Patienten können sich schon vor dem Arzttermin über mögliche Behandlungsmöglichkeiten informieren, gefährliche Situationen erkennen oder ihr Wissen rund um die Erste Hilfe auffrischen. Betreibernutzen: Die Homepage des Arztes wird öfter gefunden und mehr potenzielle Patienten lernen ihn, seine Ansichten und Behandlungsmethoden kennen.
- ✔ *Ein Ofenbauer* veröffentlicht Tipps und Tricks rund um das Heizen, die Energiekosteneinsparung, die Gebäudesanierung oder einen Ratgeber zum Thema „Gesund durch den Winter“. Auch denkbar: Ein Berechnungstool (einfach auf Excel-Basis realisierbar), mit dem Interessenten ausrechnen können, wann sich bestimmte Heizmethoden oder Sanierungsmaßnahmen amortisieren, – oder ein Planungstool für den individuellen Kachelofen. Besuchernutzen: Mögliche Kunden erkennen Potenziale für ihre eigenen vier Wände und können künftige Investitionen in das Gebäude besser planen/kalkulieren. Betreibernutzen: Die Besucher lernen den Handwerker kennen, müssen nicht mehr überzeugt werden und kommen bereits vorbereitet zum Erstgespräch.
- ✔ *Ein Sportartikelhändler* erstellt (in Zusammenarbeit mit einem Arzt) ein eigenes, kostenlos herunterladbares Trainingsprogramm für Menschen, die nach langer Pause wieder aktiv trainieren wollen und so ihren Fortschritt über die Zeit dokumentieren können. Besuchernutzen: Man sieht, dass sich das Training auszahlt, und wird zum Weitermachen animiert. Betreibernutzen: Sportler brauchen Sportartikel und kaufen gerne bei Händlern, die sie für fähig halten, ihre Kunden umfassend zu beraten. Das Tool könnte übrigens

auch der Arzt selbst auf seiner Homepage anbieten, und beide hätten etwas davon.

- *Eine Band/Musikgruppe* gibt einen mehrteiligen, videogestützten Instrumentenlernkurs mit eigenen Songs als „Studienobjekt" heraus. Besuchernutzen: Man lernt ein Instrument per Online-Lehrgang. Betreibernutzen: Kursteilnehmer spielen die Band-Songs nach, kommen zu Konzerten und werden vielleicht sogar zu treuen Fans?
- *Ein Hotelbetreiber* gibt auf seiner Seite detaillierte Tipps für Aktivitäten, porträtiert die Region, weist auf Sonderangebote und Schnäppchen umliegender Händler und Veranstalter hin oder veröffentlicht die hausinterne Hotelzeitung auf der Homepage. Besuchernutzen: Man bleibt mit seinem Urlaubsort verbunden, kann sich jederzeit „updaten" und nähere Informationen einholen. Betreibernutzen: Der Gast bleibt nicht nur dem Urlaubsort, sondern auch seinem Hotel verbunden.
- *Ein Computer-Experte* nimmt Erlebnisse aus seinem Alltag zum Anlass, laufend kleine Tipps und Tricks online zu stellen, wie sich PC-Nutzer selbst aus der Patsche helfen können, wenn der „Blechtrottel" diese oder jene Meldung ausspuckt. Besuchernutzen: Klar – Problem gelöst. Betreibernutzen: Mögliche Kunden wissen, wen sie kontaktieren sollten, wenn gar nichts mehr läuft.
- *Ein Hersteller von Grillöfen* veröffentlicht ein Online-Kochbuch mit seinen besten Grillrezepten oder einen videogestützten Grillkurs für verschiedene Fleischsorten oder unterschiedliche Arten von Öfen. Besuchernutzen: Man kann seine Gäste künftig mit den eigenen Grillkünsten beeindrucken und bekommt auch mal anderes zwischen die Rippen als Kotelett und Bratwurst. Betreibernutzen: Natürlich zeigt der Hersteller nur eigene Grills. Potenziellen Käufern läuft das Wasser im Mund zusammen, wenn sie die Öfen in Aktion sehen – was kann es Schöneres geben?

- *Ein Online-Händler* begnügt sich nicht damit, die Standard-Produktbeschreibungen und Fotos der Hersteller zu übernehmen, wie das Tausende anderer Shops machen. Stattdessen fertigt er zusätzliche Inhalte an, macht Fotos und Videos rund um die Produkte, bemüht sich um eine ausführlichere Beschreibung der Ware und lässt seine Kunden per Rating und Kommentar zu Wort kommen. Er verkauft seine Waren über bessere Beratung statt den günstigsten Preis. Zwar werden dann immer noch manche Kunden zum billigsten Anbieter wechseln, doch durch die Qualitätsinformation bleibt der Händler als kompetentester Informant in Erinnerung – für einige Kunden wichtiger als der Preis!

Sie sollten Ihrer Kreativität freien Lauf lassen, wenn es um die Schaffung von Mehrwerten auf Ihrer Webseite geht. All diesen Varianten ist gemein, dass sie erstens kostenlos sein sollen und zweitens einen eigenständigen, von Ihren eigentlichen Zielen losgelösten Nutzen bringen. Ich denke, das Prinzip ist klar: Das Geldverdienen verschieben Sie auf später. Zuerst zeigen Sie kostenlos, was Sie zu bieten haben. Keine Bange, Sie müssen nicht alles verschenken. Jeder vernünftige Mensch hat Verständnis dafür, dass Sie die Blicke auf Ihr kommerzielles Angebot lenken.

Wie findet man Ihre Inhalte bei Google?

Wenn Sie wollen, dass Ihre Inhalte über Google gefunden werden, so müssen Sie die Perspektive des Suchenden einnehmen. Hierbei handelt es sich sehr wahrscheinlich um Ihren typischen Zielkunden. Was ist das für ein Mensch? Wie alt ist er? Woher kommt er? Woran ist er interessiert? In welcher Lebenssituation steckt er? Und die Frage der Fragen: Wonach sucht er bei Google, wenn mein Produkt bzw. meine Dienste gefragt sind?

Versuchen Sie, ein Gefühl für Ihre Besucher und deren Suchverhalten zu entwickeln. Im Kapitel „Einzelfall-Beispiele" finden Sie typische Suchanfragen von Zielpersonen verschiedenster Projekte. Je spezieller und länger die Suchanfragen, desto zielführender sind die Google-Resultate. Die Kombination von drei oder mehr Suchworten führt plötzlich nicht mehr nur zu Großportalen, sondern auch zu vielen kleinen Nischenanbietern. Diesen Effekt sollten Sie für sich nutzen!

Wenn Ihre Webseite schon läuft, sehen Sie sich die Besuche aus der Zugriffsquelle Google an – wie Sie an diese Daten kommen, finden Sie in Kapitel 5 unter „Google Webmaster-Tools".

Abbildung 6.1: Zugriffsquelle *Suchanfragen*: Wie finden Besucher über Google auf Ihre Seite?

Was genau haben Ihre Besucher bei Google eingetippt und auf welcher Seite Ihrer Homepage sind sie daraufhin gelandet? Ihre Analysesoftware wird Ihnen all das und noch mehr verraten und Sie tief in Motivation und Lebenssituation Ihrer Gäste blicken lassen. So wird es Ihnen schließlich gelingen, neue Ideen für lohnende Mehrwort-Kombinationen ausfindig zu machen, über die Sie recht einfach an Ihre Zielkunden kommen. Versteifen Sie sich daher keinesfalls auf die Google-Optimierung eines umkämpften Wortes. Die meisten Menschen suchen z.B. nicht einfach nach „Reise", wenn sie einen Tapetenwechsel brauchen. Die Ergebnisse wären viel zu allgemein und wenig hilfreich. Stattdessen tippen sie z.B. ein: „Reisetrends 2012", „neue Ideen für Urlaub", „Baumhaus-Hotel Schweden", „Griechenland günstig", „Strandurlaub im Winter", „Ferienwohnung Sylt", „Abenteuer-Trekking in Norwegen" oder „geführte Busrundreise Kalifornien". Was davon haben Sie zu bieten und womit verdienen Sie am meisten? Überlassen Sie Suchanfragen wie „Reise" oder „verreisen" den Branchenriesen, die Millionenbudgets in die Suchmaschinenoptimierung stecken, und richten Sie sich auf die wirklich lohnenden, zu Ihnen passenden Schlagwort-Kombinationen aus.

So verhilft das Medium Internet nicht nur den üblichen Verdächtigen, sondern auch Klein- und Mittelbetrieben zu ihrem Geschäft. Jede einzelne aus der schier unendlichen Menge möglicher Wortkombinationen ist eine neue Möglichkeit, sich von den Mitbewerbern zu unterscheiden und zielgenau gefunden zu werden. Wenn Ihr Unternehmen kein Global Player ist, gehen Sie in die Nische. Richten Sie Ihr Angebot auf eine eng abgrenzbare Zielkundschaft aus, und nutzen Sie das Internet, um diese Gruppe „einzusammeln" – egal, wie weit sie räumlich verstreut sein mag. Das weltweite Netz fördert die Spezialisierung.

Ein Beispiel: Sie entschließen sich, Ihr Reisebüro voll auf Baumhaus-Urlaube auszurichten. Die Webseite dreht sich genau (und ausschließlich) um dieses Thema. Da Sie so auf einen Schlag alle Baumhaus-Freunde dieser Welt erreichen, bleiben Ihnen jedenfalls genug potenzielle Kunden übrig, selbst wenn Sie auf die Vermittlung anderer Reisearten verzichten. Fürchten Sie sich nicht davor, zu speziell zu werden. Als Zubringer fungieren Tipps und Tricks sowie Erfahrungsberichte, die mit Titeln wie „Baumhaus-Urlaub in Österreich: Ein tolles Urlaubserlebnis", „10 Dinge, die Sie beim Urlaub im Baumhaus beachten sollten" oder „Einmal Baumhaus, immer Baumhaus: Unser fünfter Urlaub in den Bäumen" für neue Besucher sorgen. Vielleicht entscheiden Sie sich sogar, „Baumhausurlaub" in den Wortlaut des Firmennamens und der Domain mit aufzunehmen, was die Ausrichtung zusätzlich unterstreicht und auch Google gefällt. So lichtet sich der Wald, und Sie werden für Baumhausfreunde zum einzigen Baum auf weiter Flur.

Überlegen Sie gründlich: Ist Ihr Angebot speziell genug, um Sie von übermächtigen Mitbewerbern zu unterscheiden? Wenn ja: Welche „Keyword-Kombis" passen perfekt zu Ihrem eigenen Angebot? Diese Suchanfragen können aus zwei, drei, vier oder noch mehr Wörtern bestehen. Bedienen Sie sich der Tools Google Insights for Search und Google AdWords Keyword-Tool, die ich Ihnen bereits vorgestellt habe. Finden Sie Synonyme, Ergänzungen und Abwandlungen für die Wortkombinationen, und bauen Sie diese möglichst geschickt in Ihre Beiträge ein. Vermeiden Sie typische SEO-Tricks wie künstlich mit Schlagworten gespickte Texte, deren Häufigkeit sogar prozentual festgelegt wird. Hier verkommt das Schaffen von Inhalten zur mathematischen Rechenaufgabe um Googles Willen. Erstellen Sie Inhalte mit Mehrwert, die Ihren Zielkunden nützen, und decken Sie Ihr Nischenthema auf entspannte Art und Weise ab.

Mehr Inhalt = mehr Geschäft?

Grundsätzlich würde ich folgende Aussage unterschreiben: „Wer mehr publiziert, wird öfter gefunden und hat mehr Besucher, was in der Folge zu mehr Geschäft führt." Dies setzt natürlich voraus, dass man sich auf seine Zielkundschaft konzentriert, ehrliche, einzigartige Inhalte mit Mehrwert bietet und die richtigen Interessen bedient. Der Arzt mit Homöopathie-Schwerpunkt, der neue Patienten für sich gewinnen will, sollte über Homöopathie in all ihren Ausprägungen informieren, statt auf seiner Homepage Aufsätze über seine schönsten Reiseerlebnisse zu verfassen oder einen schulmedizinischen Wälzer auszurollen. Sonst heißt es: „Thema verfehlt!"

Je zielgerichteter die Artikel, desto größer die Chance, zu bestimmten Suchworten und Suchwortkombinationen gefunden zu werden. Jeder neue, einzigartige Inhalt zieht mit Titel und Beschreibung in den Google-Index ein. Das hat schon viele Menschen zu dem Trugschluss geführt, einfach nur eine große Menge Müll publizieren zu müssen, um erfolgreich zu werden. In der Vergangenheit mögen diese Billig-Strategien noch funktioniert haben. Viele „tote" Artikelportale, Verzeichnisse, Automatik-Blogs und -Foren später hat es wohl auch der letzte Junk-Prophet aufgegeben, aus Mist Geld machen zu wollen.

Trotzdem bleibe ich dabei: Mehr Inhalt = mehr Besucher = mehr Geschäft. Allerdings nur dann, wenn …

- ✔ Sie sich wirklich im Thema auskennen,
- ✔ es sich um nützliche Inhalte mit Mehrwert handelt,
- ✔ die neu, das heißt „nicht abgekupfert" sind,
- ✔ die man in dieser Art sonst nicht findet,
- ✔ die vollständig, gut recherchiert und korrekt sind und
- ✔ für die Sie mit Ihrem Namen geradestehen können.
- ✔ Die Inhalte Ihrer Webseite müssen weder des Pulitzer-Preises würdig noch druckreif sein. Jeden Qualitätsanspruch zugunsten der Quantität aufzugeben, würde aber definitiv nach hinten losgehen. Arbeiten Sie mit Fingerspitzengefühl, und erstellen Sie Ihre Inhalte in erster Linie für Ihre Besucher.

Statische Seiten, dynamische Beiträge, Tags und Kategorien: Den Inhalt strukturieren

Sie sollten sich Gedanken darüber machen, in welcher Struktur Sie Ihren Inhalt veröffentlichen möchten. Was soll statisch („Seiten“ = Wichtiges; ändert sich nicht oder nur selten), was dynamisch („Beiträge“ = weniger Wichtiges; Neues vor Altem) präsentiert werden? Wie tief wollen bzw. können Sie in die Materie einsteigen? Wie sollen komplexe Inhalte organisiert und leicht auffindbar gemacht werden? Zu welchen Gruppen (Schlagworten bzw. „Tags“ und „Kategorien“) lassen sich einzelne Beiträge zusammenfassen?

Je früher Sie mit der strukturellen und thematischen Gliederung Ihrer Webseite beginnen, desto logischer und informativer wächst die Homepage, und umso leichter tun Sie sich später mit der Zusammenführung ähnlicher Inhalte. Der thematische Kontext hält Besucher auf Ihrer Seite, weil sie dort neben der Fundstelle auch weiterführende Beiträge zum Thema finden können. Systeme wie WordPress bieten die faszinierende Möglichkeit, verwandte Artikel zum aktuell aufgerufenen Inhalt anzuzeigen.

Viele Experten und Vortragende nutzen ihre eigene Homepage als Wissensdatenbank. Sie publizieren alles, worüber sie stolpern, und „später mal brauchen könnten“. Statt jedoch wie früher als Notizzettel in Schubladen zu verschwinden, locken die kleinen Beiträge neue Besucher auf die Webseite. Das Inhaltsverwaltungssystem fügt die Bruchstücke anhand von Tags und Kategorien zusammen. Steht ein neuer Vortrag an, genügt es, ein Schlagwort aufzurufen, was die Recherchearbeit auf ein Minimum reduziert. Auch wenn Sie kein Vortragender sind, werden es Ihre Besucher sehr begrüßen, wenn sie einfach und schnell weitere Artikel zum selben Thema finden können.

Sehen wir uns die einzelnen Begriffe genauer an, welche für die Strukturierung Ihrer Inhalte eine Rolle spielen.

Seiten

Als (statische) Seiten bezeichnet man jene Inhalte, die sich nur selten ändern und auf allen Unterseiten Ihrer Homepage zu sehen sein sollen. Dazu gehören typischerweise Inhalte wie *Über uns*, *Produkte*, *Kontakt*, aber auch Rechtliches wie *Impressum* und *AGB*. Die Seiten sind meist in Haupt- und Untermenüs zu finden. Durch ihre Omnipräsenz kommt ihnen erhöhte Bedeutung zu, sowohl seitens Ihrer Besucher als auch „der" Suchmaschine. Das bietet die Gelegenheit, neben den oben erwähnten allgemeinen Informationen auch besonders wichtige, nutzbringende Inhalte in den Status einer Seite zu erheben, statt sie einfach nur als weiteren Beitrag zu veröffentlichen. So gut wie alle modernen Inhaltsverwaltungssysteme können zwischen Seiten und Beiträgen unterscheiden.

Beiträge, Posts

Beiträge, auch „Artikel", „Posts" oder „Postings" genannt, sind Inhalte mit höherem Aktualitätsbezug. Sie entsprechen den klassischen „News" einer Homepage. Heute werden Beiträge in Online-Magazinen, Unternehmensseiten und Blogs für die laufende Publikationsarbeit genutzt, wobei neue Beiträge die älteren „nach unten" bzw. „nach hinten" schieben. Posts können nach Kategorie, Schlagwort, Autor, Datum und anderen Kriterien gefiltert werden und erscheinen daraufhin auf so genannten Indexseiten, welche die Benutzbarkeit einer Webseite und die Navigation durch deren Inhalte erleichtern. Eine klassische Artikelseite listet alle Beiträge ungefiltert nach deren Veröffentlichungsdatum auf – „neueste Neuigkeiten zuerst".

Das bedeutet jedoch keinesfalls, dass Beiträge immer News sein müssen. Posten Sie Fachbeiträge, Fotos, Videos, interessante Fundstellen, Hinweise und Kommentare, und lassen Sie sich von Ihren Besuchern in Ihrer täglichen Arbeit über die Schulter schauen. Mein Grundsatz: „Alles, was nicht so wichtig ist, dass es dauerhaft zugänglich sein soll, wird als Beitrag veröffentlicht." Mit Erweiterungen und Funktionen wie *Ähnliche*

Artikel anzeigen sorgt Ihr Content-Management-System dafür, dass interessante Beiträge nicht im Nirwana verschwinden, nur weil sie älteren Datums (und keine Seiten) sind.

Kategorien

Kategorien sind die „großen Ordner" für Ihre Beiträge. Eine Online-Zeitung verwendet z.B. die Kategorien *International, Inland, Wirtschaft, Sport* und *Kultur*. Ein Produzent könnte die Einteilung so vornehmen: *Produkte, Kundenmeinungen, Testergebnisse, Aus unserem Unternehmen* und *Wissenswertes*. Ein Künstler: *Acryl, Aquarell, Kohle, Skizzen, Ausstellungen, Presse* und *Persönliches*. Und so weiter. Es geht darum, „Schubladen" für die Inhalte zu schaffen, mit dem Vorteil, dass man Beiträge bei Bedarf auch in zwei dieser Schubladen gleichzeitig ablegen kann. Halten Sie die Kategorien so übersichtlich und differenzierbar wie möglich.

Besucher, die eine Ihrer Kategorien aufrufen, finden so zum Grundthema, das sie interessiert. Dort klicken sie sich zu einzelnen Beiträgen durch. Auf diesen Einzelseiten sollen sie nun weitere Artikel empfohlen bekommen, die noch genauer zum gerade aufgerufenen Inhalt passen. Hierfür reicht die Grobeinteilung der Kategorien nicht mehr aus. Um einzelne eng verwandte Posts treffsicher zueinander finden zu lassen, brauchen Sie Schlagworte.

Schlagworte, Tags

Während Sie eine begrenzte Anzahl von Kategorien verwenden sollten, dürfen Sie bei den Schlagworten oder Tags (fast) alle Schleusen öffnen. Dabei handelt es sich um Einzelwörter und Wortkombinationen, von denen Sie glauben, dass Sie sie in ganz ähnlichen Artikeln ebenfalls verwenden würden oder schon verwendet haben. Aus dem Grad der Übereinstimmung von Tags verschiedener Einzelbeiträge kann Ihr CMS entscheiden, welche Inhalte zusammengehören, und dem Besucher eine Empfehlungsliste verwandter Inhalte präsentieren. Darüber hinaus werden die Schlagworte meist als Links unterhalb des Beitrags angeführt. Diese führen zu Übersichtsseiten mit allen Artikeln, die ebenfalls das aufgerufene Schlagwort als Tag aufweisen – neueste zuerst.

So weit, so theoretisch. Ein Beispiel: Ich betreibe eine Gärtnerei und schreibe einen Artikel mit dem Titel „Die schönsten Frühlingsblumen unserer Region". Als Schlagworte vergebe ich „Blumen", „Wiese", „Frühling", „Flora", „Gänseblümchen", „Löwenzahn" und „Buschwindröschen". Ich versuche, sowohl generelle (Blumen, Wiese, Frühling, Flora) als auch speziellere Schlagworte zu verwenden. Dahinter steckt die Überlegung, dass ich wohl oft generelle Tags verwenden werde und daher mit ziemlicher Sicherheit ähnliche Artikel mit denselben Schlagworten vorhanden sein werden. Als Gärtner veröffentliche ich sicherlich regelmäßig Artikel mit dem Schlagwort „Blumen" und bestimmt auch einige mit „Frühling". Doch vielleicht habe ich ja auch schon über den Löwenzahn geschrieben? Da wäre es doch schön, wenn der Leser ganz oben in der Empfehlungsliste einen Artikel fände, welcher sowohl mit „Blumen" als auch mit „Löwenzahn" verschlagwortet ist. Der würde ihm bestimmt gefallen! Genauso funktionieren Schlagworte in der Praxis – saubere Arbeit vorausgesetzt.

Verweilen wir noch etwas bei den Blumen. Auf vielen Homepages ist ein wahrer Wildwuchs an Tags zu bemerken. Einzahl, Mehrzahl, groß- und kleingeschrieben, mit Rechtschreibfehlern und ohne, aus zwei, drei, fünf oder siebzehn Wörtern bestehend und so weiter. Das kommt meist daher, dass die Webseitenbetreiber den Sinn der Schlagworte nicht verstanden haben: Dass man sie vielleicht irgendwann in genau derselben Schreibweise wieder verwenden wird. Nur so machen die Tags Sinn, sonst haben Sie irgendwann 10.000 Schlagworte, von denen Sie 9.900 kompostieren können. Schade um die Arbeit! Überlegen Sie sich schon zu Beginn, wie Sie bei den Tags vorgehen möchten. Ich versuche, sinnvolle Schlagworte zu finden, Groß- und Kleinschreibung zu beachten und keine Buchstabendreher zu produzieren. Es wäre doch schade, wenn meine Schlampigkeit dazu führen würde, dass sich Gleich und Gleich nicht gesellen darf.

Abbildung 6.2: Im WordPress-Standard-Layout gut zu erkennen: Seiten, Beiträge, Schlagworte und Kategorien

Die Startseite

Die Startseite hat die größte Zugkraft all Ihrer Inhalte. Einer der sinnvollen Tipps der Suchmaschinenoptimierer ist, dieses Potenzial nicht zu verschenken. Wer außer einem Bild und dem Text „Willkommen bei der Schneiderei Oberhammer. Wir freuen uns über Ihren Besuch. Hier gelangen Sie zu unserer Homepage!" nichts auf seiner Startseite stehen hat, sollte das unverzüglich ändern. Bieten Sie Ihren Besuchern schon auf Ihrer Einstiegsseite konkrete, nützliche Inhalte. Dazu gehört, sich und sein Angebot in Wort und Bild zu präsentieren. Neben der üblichen Seitennavigation können Sie Ihre Startseite auch nutzen, um zu Ihren wichtigsten Inhalten zu verlinken und neu erschienene Beiträge kurz anzureißen.

Wo wir schon bei sinnvoller Suchmaschinenoptimierung sind: Moderne Inhaltsverwaltungssysteme wie WordPress sorgen dafür, dass der Name, den Sie Ihrer Seite geben, auch als Title-Tag Ihrer Startseite verwendet wird. Diesen sehen Sie ganz oben im jeweiligen Reiter (Tab) Ihres Browsers. Der Reiseanbieter Opodo verwendet als Namen seiner Webseite weder „Opodo", „Online-Reiseservice Opodo Ltd" noch „Willkommen bei Opodo!", sondern „Billige Flüge, Städtereisen, Last Minute, Urlaub, Reisen günstig buchen bei Opodo". Diese einfache Maßnahme sorgt dafür, dass die wichtigsten Schlagworte, zu denen man gefunden werden will, schon im Seitentitel selbst vorkommen.

Abbildung 6.3: Title-Tag oben links im Browser-Tab

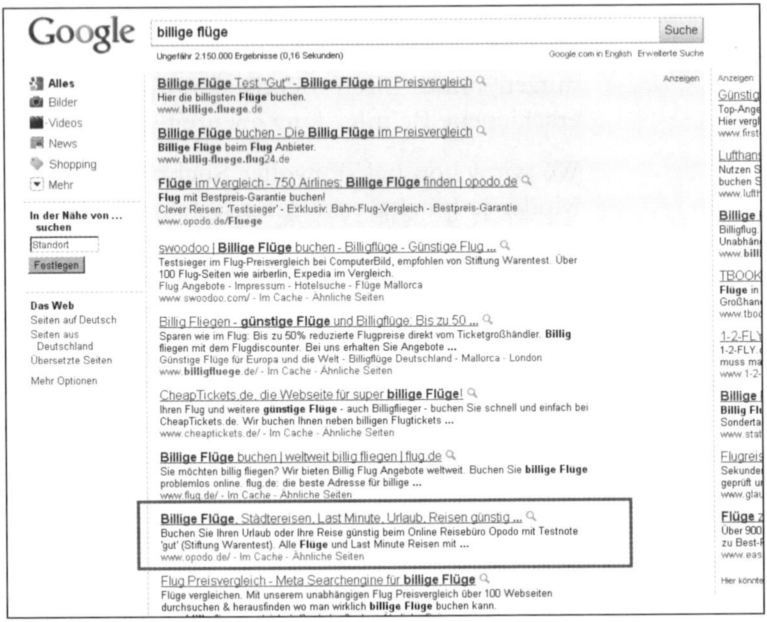

Abbildung 6.4: Suchanfrage „Billige Flüge": Der optimierte Title-Tag macht sich bezahlt!

Des Weiteren ist die „Description" Ihrer Startseite wichtig. Auch das lässt sich in den grundlegenden Einstellungen Ihres Systems konfigurieren. Opodo verwendet in diesem Beispiel: „Buchen Sie Ihren Urlaub oder Ihre Reise günstig beim Online Reisebüro Opodo mit Testnote ‚gut' (Stiftung Warentest). Alle Flüge und Last-Minute-Reisen mit Bestpreis-Garantie." Dieser kurze, informative Text soll das Leistungsprogramm bestmöglich zusammenfassen und gleichzeitig wichtige Schlagworte enthalten. Er findet sich bei Google unter dem Title-Tag (siehe oben) und soll den Titel nicht nur ergänzen, sondern auch die Neugier wecken bzw. den Suchenden bestätigen, dass dies die „richtige Seite" ist. Eine Spielwiese für Wortakrobaten!

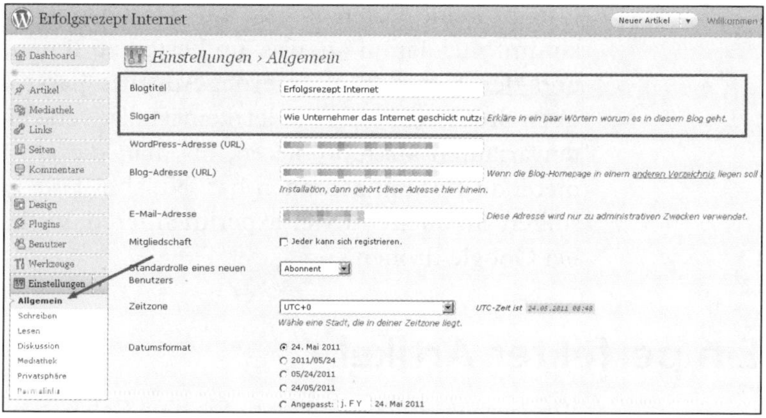

Abbildung 6.5: Konfiguration von Title und Description in den WordPress-Einstellungen

Auf Unterseiten (z.B. aktuellen Beiträgen) entspricht der Title grundsätzlich dem Beitragstitel und die Description dem Artikelanfang. Mit Hilfe von Plug-ins könnte man eine Unterscheidung herbeiführen. Das ergibt aber nur für Spezialisten wirklich Sinn. Selbst wenn Ihr System nicht in der Lage ist, Title und Description richtig zu vergeben, werden Sie trotzdem bei Google gelistet. In diesen Fällen sucht sich die Suchmaschine Titel und Beschreibung eben selbst aus. Vor allem beim Title-Tag der Startseite sollten Sie aber selbst festlegen, womit Sie gefunden werden wollen, da Sie so das Grundthema Ihrer Seite vorgeben können.

Systeme wie WordPress zeigen in ihren Standardlayouts die neuesten Beiträge auf der Startseite an. Alternativ können Sie auch eine statische Seite zu Ihrer Einstiegsseite machen oder beides miteinander kombinieren. So ist es weit verbreitet, zuerst mit einem kleinen Einstiegstext zu beginnen, der die Quintessenz einer Webseite bzw. eines Unternehmens enthält. Darunter werden dann die drei bis zehn neuesten Beiträge in gekürzter Form vorgestellt. Oder Sie beginnen mit einer statischen Seite (z.B. *Über uns*) und fügen eine Vorschau auf die neuesten zehn Beiträge per Widget in die Seitenleiste ein. Oder umgekehrt.

Es gibt keine festen Regeln für das Layout der Startseite. Es kommt nur darauf an, was am besten zu Ihnen, Ihren Kunden und der Natur Ihres Internet-Auftritts passt. Probieren geht über Studieren! Es schadet keinesfalls, verschiedene Startseitenvarianten auszuprobieren, bis man die am besten funktionierende Lösung gefunden hat. Nur bei Title und Description sollten Sie nicht zu viel experimentieren, weil sonst Nachteile bei Google drohen.

Ein perfekter Artikel

Wie bereits erwähnt, müssen Sie eine Balance zwischen Quantität und Qualität finden, wenn es um Ihre Inhalte geht. Es bringt nichts, einen Text aus 500 Wörtern auf fünf Artikel à 100 Wörter aufzuteilen, um Google mit dem Maximum an möglichen neuen Inhalten und damit verbundenen Title- und Description-Variationen zu füttern. Häppchenweise Inhalte vergraulen Ihre Leser, was die Suchmaschine sofort bemerken würde. Und das wäre schlecht für Ihr Ranking in den Ergebnislisten. Andererseits wäre ein Artikel wissenschaftlichen Umfangs, den Sie auf einer einzigen Beitragsseite veröffentlichen, verschenktes Potenzial.

Auch um den „perfekten Artikel" ranken sich viele Optimierungslegenden. Ich bin dafür, Inhalte natürlich entstehen zu lassen, ohne die Keyword-Dichte zu prüfen und Artikel nach (pseudo)wissenschaftlichen Vorgaben zu konstruieren. Schreiben Sie gute Artikel, die Ihren Besuchern gefallen könnten. Nach allgemein anerkannten Grundregeln gilt für „gute" Webartikel unter anderem:

- ✔ Der Titel lässt erkennen, worum es geht, und weckt die Neugier des Betrachters. Aus der Perspektive des Suchenden verspricht er, dessen Problem zu lösen. Wenn möglich, sollte er „klickfreundlich" sein, also die Neugier des Google-Besuchers wecken.

- ✔ Der erste Absatz konkretisiert den Titel. Ist das wirklich der Inhalt, nach dem ich gesucht habe? Dann führt er den Leser ins Thema ein. Ziel ist es, ihn zum Weiterlesen zu animieren.
- ✔ Der weitere Inhalt ist in leicht lesbare, nicht zu lange Absätze strukturiert. Sätze sollten kurz und wenig verschachtelt gehalten werden. Endloswurstistschwerverdaulich!
- ✔ Wenn es der Übersichtlichkeit dient, enthält der Artikel Unterüberschriften, numerische oder punktuelle Aufzählungen und Textmarkierungen wie „fett“ oder „kursiv“. Nur nicht übertreiben! Es soll ja nicht gleich aussehen wie in der Karnevalszeitung.
- ✔ Zitate sind als solche gekennzeichnet und mit Quellenangabe samt Link versehen. Alles andere wäre ein Plagiat.
- ✔ Der Artikel enthält weder kopierte, grob umformulierte noch wörtlich übersetzte Textteile, stammt also zu 100 % aus eigener Feder. Das wäre eigentlich logisch, doch nicht in Zeiten wie diesen …
- ✔ Interessante, weiterführende Fundstellen aus dem Netz fließen in den einen oder anderen Text mit ein. Damit meine ich weder Linktausch noch Linkkauf.
- ✔ Der letzte Absatz fasst den Artikel kurz und knackig zusammen – wie das übliche Fazit eben.
- ✔ Der Inhalt einer Einzelseite ist nicht kürzer als ein durchschnittlicher Zeitungsartikel.
- ✔ Nochmaliges Korrekturlesen steigert die Rechtschreibqualität. Schrauben Sie am Stil, wo es noch holpert. Laut vorlesen hilft!

Halten Sie sich an diese einfachen Grundregeln, können Sie vieles vergessen, wozu Ihnen die Fraktion der Suchmaschinenoptimierer rät. Texte zu schreiben ist keine mathematische, sondern eine kreative Tätigkeit. Wer Ihnen erzählt, Sie bräuchten eine Keyword-Dichte von 2 bis 3,5 % in einem Korridor von 340 bis 380 Wörtern pro Artikel, hat vom Schreiben ohnehin keine Ahnung.

Unter Beachtung meiner Grundregeln gehen Sie zu 100 % mit Googles Empfehlungen konform und schaffen einzigartige und qualitativ hochwertige Inhalte. Wenn diese noch dazu nützlich sind und Ihren Besuchern einen Mehrwert bieten, kann schon nichts mehr schiefgehen. Es ist nur eine Frage der Zeit, bis Ihre Artikel wie von selbst ihren Siegeszug in höchste Suchmaschinenpositionen antreten und dort bleiben.

Fotos

Passen Sie bei der Veröffentlichung von Fotos und anderem Bildmaterial auf, nicht gegen fremde Urheberrechte zu verstoßen. Das hat schon manchem Webmaster hohe Abmahn-, Gerichts- und Anwaltskosten eingebrockt. Das Urheberrecht entsteht, sobald ein Fotograf auf den Auslöser drückt. Nur wenn er Ihnen ausdrücklich gestattet, sein Werk zu verwenden, sollten sie es riskieren. Ob das Foto wirklich von ihm stammt, oder er es selbst nur geklaut hat, steht auf einem anderen Blatt …

Achten Sie nicht nur darauf, ob Ihnen der Rechteinhaber die Veröffentlichung gestattet. Prüfen Sie darüber hinaus, ob sich die Erlaubnis auf eine allfällige Bearbeitung sowie kommerzielle Nutzung des Bildmaterials erstreckt. Über den Unterschied zwischen privater, redaktioneller, gewerblicher und kommerzieller Nutzung streiten sich die Experten. Ich halte mich aus Grauzonen wie dieser lieber heraus und verwende ausschließlich Bilder, deren Lizenz mir weitestgehende (d.h. auch kommerzielle) Freiheiten einräumt. Das gilt jedenfalls für Bilder, die unter der Creative-Commons-Lizenz „Attribution 2.0 Generic“ auf Flickr veröffentlicht werden (*http://www.flickr.com/creativecommons/by-2.0/*). Einzige Voraussetzung: „Sie müssen den Namen des Autors/Rechteinhabers in der von ihm festgelegten Weise nennen.“

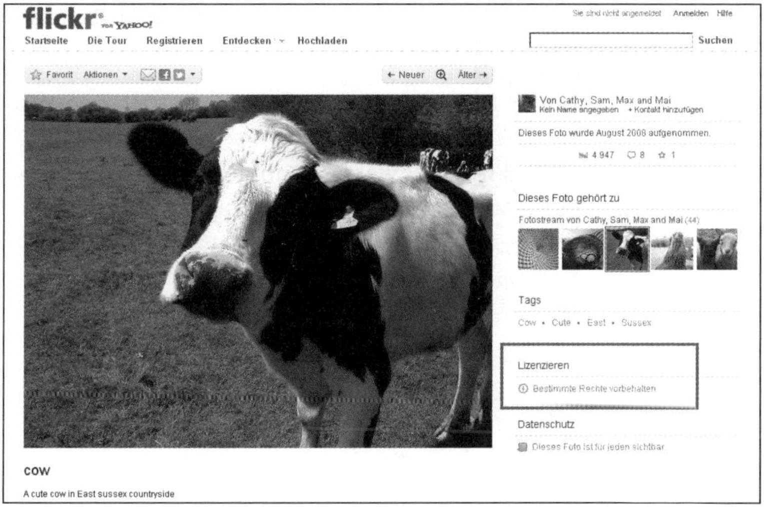

Abbildung 6.6: Foto auf Flickr gefunden – Namensnennung von „Cathy, Sam, Max and Mai" als einzige Bedingung für die vollumfängliche Nutzung

Weitere bekannte Fotoarchive sind *www.pixelio.de* und *sxc.hu*. Prüfen Sie jedoch bei jedem einzelnen Bild, was erlaubt ist und was nicht. Weitere kostenlos nutzbare Bildquellen stelle ich Ihnen auf *www.fischler.cc* vor.

Haben Sie passendes Bildmaterial gefunden, so machen es Systeme wie Blogger oder WordPress einfach, diese per Upload online zu stellen und in Ihre Seiten einzubauen.

Laden Sie zunächst das Foto auf Ihren PC herunter und geben Sie ihm eine aussagekräftige Dateibezeichnung. Ich habe es von *362726171_bfc9c40b31.jpg* in *kuh-schwarz-weiss.jpg* umbenannt. Das ist auch schon ein erster, wichtiger Schritt der Bildoptimierung für Google.

WordPress ist ein repräsentatives Beispiel dafür, wie man weiter vorgeht, um das Foto auf die eigene Seite zu bringen. Zuerst öffnen Sie einen bestehenden oder neuen Beitrag:

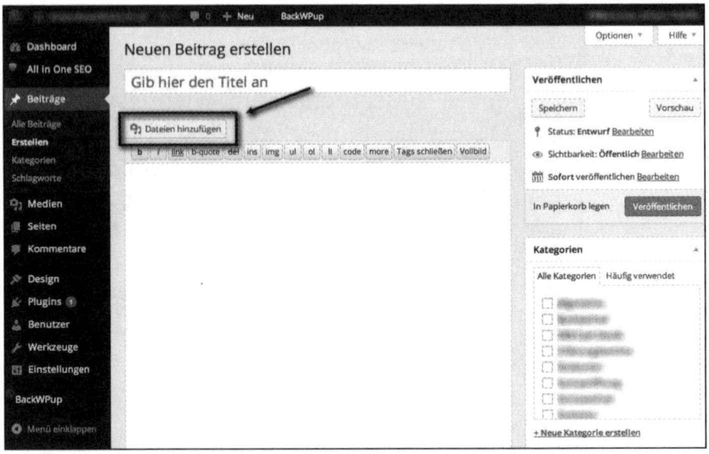

Abbildung 6.7: Bild einfügen: Foto direkt im WordPress-Editor hochladen

Nun erscheint das Upload-Fenster.

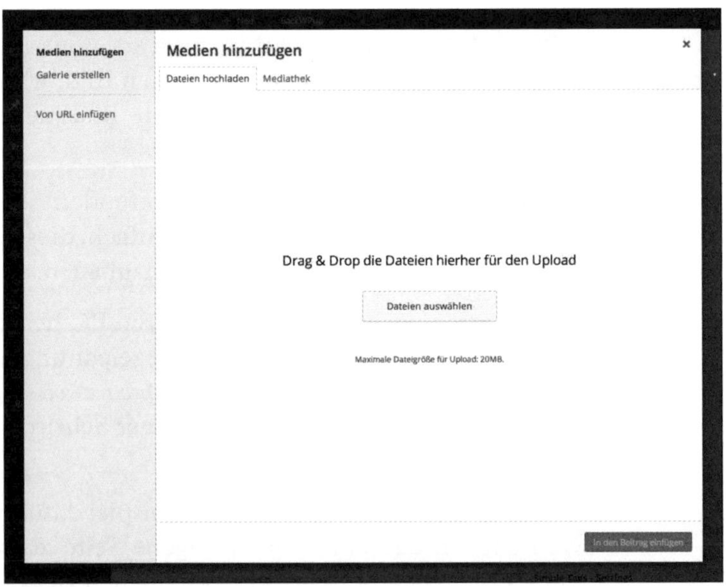

Abbildung 6.8: Datei einfach per „Drag & Drop" raufladen

Wie Sie später noch sehen werden, können sich Fotos über die Google-Bildersuche zum wichtigsten Besucherlieferanten einer Homepage entwickeln. Dafür ist es jedoch erforderlich, einige Grundregeln zu beachten. Google kann nämlich nur beschränkt erkennen, was auf einem Bild zu sehen ist. Greifen Sie der Suchmaschine unter die Arme.

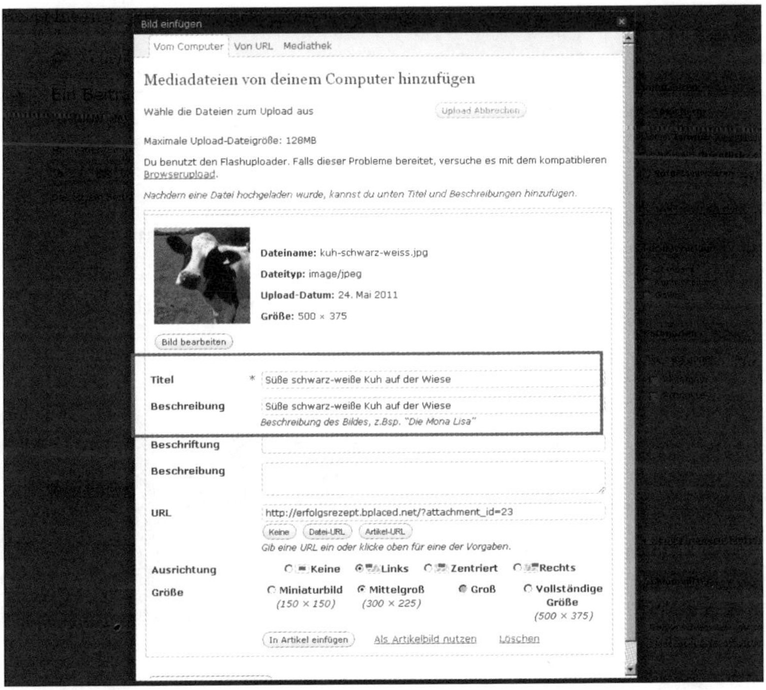

Abbildung 6.9: Upload geglückt – Wichtig: Beschreibung (Alt-Tag) vergeben!

So gut wie alle Editoren ermöglichen es, nach dem Upload *Titel* und *Beschreibung* hinzuzufügen. Wie das dann im Code aussieht, sehen Sie gleich. Vor allem die Beschreibung, der so genannte „Alt-Tag", sollte möglichst aussagekräftig sein, um Suchmaschinen eine genaue Zuordnung des Bildes zu ermöglichen. Ein leeres `alt=""` in der HTML-Ansicht Ihres Editors deutet darauf hin, dass Sie den Alt-Tag vergessen haben. Der Title – im Quellcode als `title="Titel des Fotos"` zu erkennen – erscheint, sobald sich der Mauszeiger über dem Bild befindet. Dieser Zusatz ist weniger wichtig.

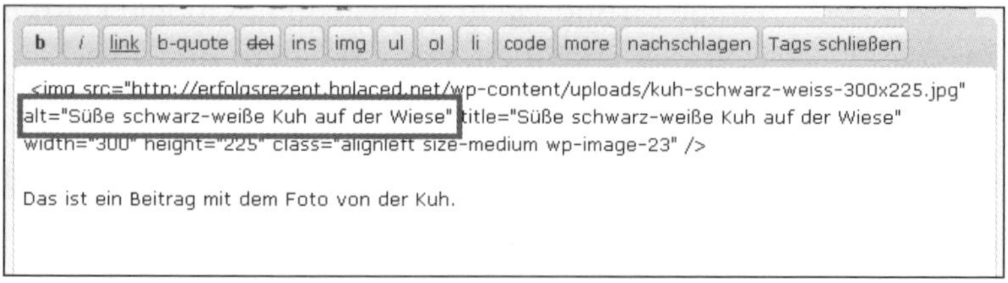

Abbildung 6.10: Der wichtige Alt-Tag im Quellcode: `alt="Süße schwarz-weiße Kuh auf der Wiese"`

Im Idealfall deckt sich das Motiv Ihres Bildes mit dem Thema des umfließenden Textes. Das ist eine zusätzliche Bestätigung für ein thematisch fehlerfrei indexierbares Motiv.

Abbildung 6.11: Fertig ist der Beitrag mit dem Foto von der Kuh

Feeds, E-Mail-Abos und Social-Media-Profile

Jedes Inhaltsverwaltungssystem hat *Feeds* mit an Bord. Mit diesen können Benutzer die Inhalte Ihrer und vieler anderer Webseiten abonnieren, ohne jedes Mal 100 Seiten abgrasen zu müssen, wenn sie sich auf den aktuellen Stand bringen wollen. Sicher haben Sie das Symbol schon einmal auf einer Webseite entdeckt.

Abbildung 6.12: Das *Feed*-Symbol: Inhalte einfach abonnieren!

Nach dem Klick auf das *Feed*-Symbol öffnet sich meist ein Fenster mit näheren Angaben zum Feed. Dort können Sie direkt auswählen, mit welchem Dienst Sie den Feed abonnieren wollen, und werden direkt dorthin weitergeleitet.

Abbildung 6.13: Feed-Seite: Eigenen Newsreader auswählen

Mit einem *Feedreader* oder *Aggregator* wie Feedly können Sie sich Ihre ganz persönliche Online-Zeitung zusammenstellen, filtern und in Gruppen sortieren. Feeds lassen sich nicht nur mit diesen Online-Diensten, sondern auch lokalen PC-Programmen einlesen und darstellen.

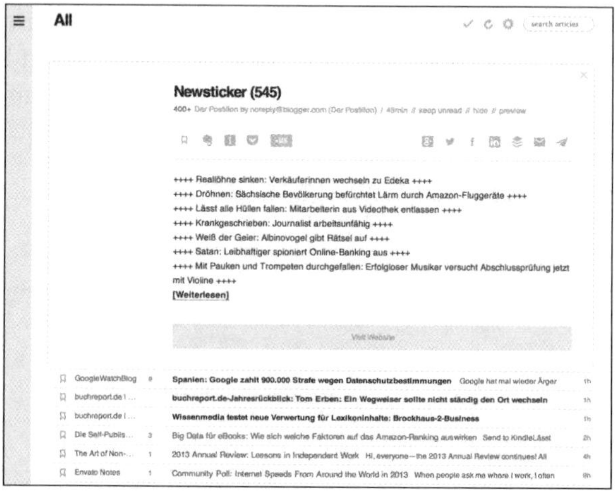

Abbildung 6.14: Feedly: Nie mehr interessante Inhalte verpassen!

Es ist sinnvoll, Ihren Besuchern einen Feed für Ihre Inhalte anzubieten. Zwar riskieren Sie damit, dass Spammer und andere zwielichtige Gestalten Ihren Content automatisiert abgreifen und neu publizieren, doch damit lebt die Branche schon seit Jahren. Der Nutzen, den Sie mit der Besucherbindung über Feed-Abonnenten erreichen, macht diese Risiken wieder wett. Um Ihr Abo anzubieten, müssen Sie nur sicherstellen, dass das *Feed*-Symbol bzw. der Link zu Ihrem Feed gut erkennbar sind. Beide in diesem Buch detailliert vorgestellten Inhaltsverwaltungssysteme (Google Blogger und WordPress) haben die Funktion mit an Bord. Wenn das von Ihnen gewählte Layout noch keinen *Feed*-Button enthält, lässt sich dieser einfach mit Widgets bzw. Gadgets (vorgefertigten Layout-Blöcken) oder Plug-ins (CMS-Erweiterungen) hinzufügen.

Da vor allem ältere Internet-Nutzer eine gewisse Technologieschwelle nicht überschreiten wollen und „Feed-Abo" noch dazu kompliziert klingt, ist es sinnvoll, auch E-Mail-Abos neuer

Beiträge anzubieten. Die Abonnenten erhalten dann automatisch eine E-Mail mit Ihren neuen Inhalten. Bei Google Blogger lässt sich dieses Abo ganz einfach per „Gadget“ in den Layout-Einstellungen hinzufügen. Für WordPress stehen verschiedene Plug-ins bereit, die sich direkt über die Verwaltungsoberfläche installieren lassen. „AddToAny“ (*http://wordpress.org/extend/plugins/add-to-any/*) macht es einfach, sowohl Feed als auch E-Mail-Abo per Widget in das Seitendesign zu integrieren, ohne sich um die Einstellungen kümmern zu müssen.

Wenn Sie soziale Netzwerke als Ergänzung zu Ihrem Internet-Auftritt nutzen, so können Sie diese ebenfalls mit Ihrer Homepage verknüpfen. So ermöglichen Sie es den Besuchern, Sie auf Facebook, Twitter & Co. zu finden und Ihr Freund, Follower oder Fan zu werden. Sie haben eine wahre Flut an Möglichkeiten, Ihre Social-Media-Profile in Ihre Webseite zu integrieren. Da wären zunächst die Netze selbst, welche es Ihnen (naturgemäß) möglichst einfach machen wollen, Ihr Profil zu verlinken, und für Ihr Content-Management-System passende Erweiterungen zum Download anbieten. WordPress-Plug-ins wie das „Social Media Widget“ (*http://wordpress.org/extend/plugins/social-media-widget/*) reduzieren die Arbeit auf ein Minimum, weil sie die populärsten Dienste zusammenfassen:

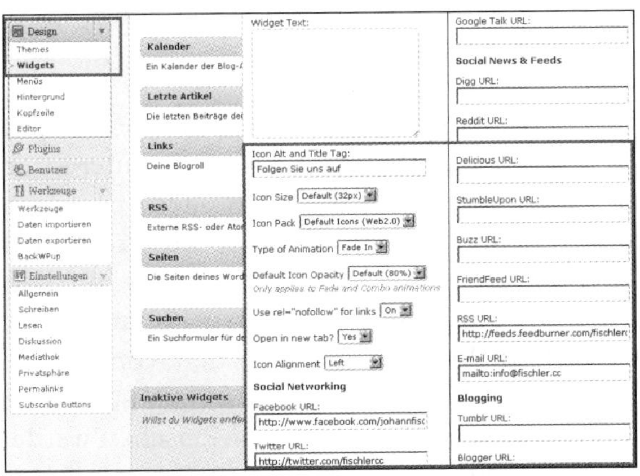

Abbildung 6.15: WordPress-Plug-in „Social Media Widget“ konfigurieren

Nach der Installation, die wie bei allen WordPress-Plug-ins über *Plugins / Installieren* sehr einfach funktioniert, lässt sich das Social Media Widget unter *Design / Widgets* in die Seitenleiste oder eine andere Position Ihres Designs einfügen (per „Drag & Drop“). Nun müssen Sie nur noch die gewünschten Felder mit den Adressen Ihrer Profile, des Feeds oder Ihrer E-Mail befüllen – fertig!

Abbildung 6.16: Profile, Feed und E-Mail-Link: Einfache Integration per WordPress-Plug-in

Nun ist sichergestellt, dass jeder Besucher, der sich näher für Sie, Ihre Produkte oder Leistungen interessiert, erstens aktiv mit Ihnen in Kontakt treten, zweitens passiv über Neuigkeiten informiert werden und drittens Ihr Profil in den Social Networks finden kann. Ein Gast schwört auf Facebook, der andere auf Twitter und noch einer abonniert grundsätzlich nur Feeds. Je mehr Möglichkeiten der Kontaktaufnahme und des „Folgens“ Sie anbieten, desto individueller gehen Sie auf Ihre Besucher ein, und desto mehr Menschen werden Sie langfristig erreichen können.

Besucher zum Ziel führen

Hat Ihre Homepage das Licht der Welt erblickt, sollten Sie testen, ob die Gäste dort finden, was sie finden sollen. Ob es das ist, wonach sie suchen, steht auf einem anderen Blatt. Sie möchten Ihre Besucher schließlich auch dann von Ihrem Angebot überzeugen, wenn sie ursprünglich an einem Konkurrenzprodukt interessiert waren oder gar nicht so genau wussten, was sie eigentlich wollten. Ihre Aufgabe ist es also, sie zum Ziel zu führen. „Es soll stetig Richtung Kasse gehen", könnte man sagen. Egal, worin der Erfolg Ihrer Homepage bestehen soll, er muss sowohl technisch als auch logisch erreichbar sein. Nicht nur für Sie, Ihre Mitarbeiter oder Ihre Webagentur, sondern auch (und gerade) für typische Zielkunden, die die Webseite noch nie zuvor gesehen haben.

Die Benutzbarkeit (Usability) einer Seite wird oft vernachlässigt. Wie in vielen anderen Bereichen des Lebens stellt sich auch hier die heimtückische Betriebsblindheit ein. Wer täglich mit der Homepage arbeitet, findet alles völlig logisch und einfach. Das Aufspüren von Blockaden kann sich drastisch auf Ihren Erfolg auswirken. Ich habe selbst gesehen, wie einfache Maßnahmen, wie z.B. „diesen Link größer/in Grün statt Schwarz/in die Mitte …" oder die Verwendung anderer Texte und Bilder, die Performance eines Internet-Auftritts „auf Knopfdruck" vervielfachen können. Auf vielen Seiten stehen sich Design und Usability im Weg. Verabschieden Sie sich lieber vom schicken Design als von der Benutzbarkeit. Gute Performance hat nichts mit toller Optik zu tun. Hindernisse zu beseitigen ist wesentlich einfacher, schneller und günstiger, als eine entsprechende Steigerung der Besucherzahlen herbeizuführen. Wie geht man also vor, um Blockaden zu entdecken?

Die Webseitenstatistik gibt Ihnen zwar detaillierte Auskunft über Besuche, Zugriffsquellen, beliebteste Seiten, Verweildauer und anderes, doch die wahren Blockaden kann man mit Analytics & Co. nur schwer erkennen. Expertentools wie Zieltrichter, Heatmaps, A/B- und Multivariate-Tests lassen schon tiefer blicken. Doch deren Anwendung ist komplex und bedarf großer Erfahrung, um keine falschen Schlüsse zu ziehen.

Es gibt aber noch eine andere Methode, die sich sehr einfach durchführen lässt. Bitten Sie Freunde, Mitarbeiter, Bekannte, Verwandte und Menschen von der Straße, Ihren Webauftritt zu testen. Je mehr Kandidaten, desto besser. Setzen Sie sich hinter die Testperson und geben Sie vor, welches Ziel erreicht werden soll. Nun heißt es: „Still sein, beobachten und staunen." Helfen Sie den Testern nicht weiter, sondern machen Sie sich Notizen, wo es hakt. Was Sie erleben werden, sind die vielen kleinen Tragödien, welche sich Tag für Tag im Echtbetrieb Ihrer Homepage ereignen. Dass scheinbar Sonnenklares nicht erkannt wird, kann man den Besuchern nicht vorwerfen. Die Verantwortung für mangelnde Benutzbarkeit liegt ausschließlich bei Ihnen!

Rechtliches

Trotz der Tatsache, dass ich Jurist bin, möchte Sie hier nicht mit Spitzfindigkeiten und rechtsphilosophischen Diskussionen meiner Zunft langweilen. Daher beschränke ich mich an diesem Punkt auf das absolute Minimum. Nehmen Sie das Thema „Recht im Internet" auch dann ernst, wenn es Ihnen mühsam und überflüssig erscheint. Denn Rechtsverstöße können sehr schnell zu hohen Abmahn- und Verfahrenskosten sowie Begegnungen „der dritten Art" führen. Vor allem in Deutschland, wo die Sportart „Abmahnen, verklagen und anzeigen" dem Vernehmen nach demnächst zur olympischen Disziplin erhoben werden soll. Mit der Devise „Wo kein Kläger, da kein Richter" ist man definitiv auf dem falschen Dampfer. Sie sind dafür verantwortlich, Ihre Webseite in Einklang mit der aktuell geltenden Rechtssituation zu bringen.

Impressumspflicht

Sie brauchen ein Impressum, und im Zweifelsfall schreiben Sie lieber mehr hinein, als unbedingt erforderlich. Denn vor allem in Deutschland ist die Abmahn- und Anzeigegefahr durch Konkurrenten, Neider und andere Schlaumeier allgegenwärtig. Ein fehlendes Impressum ist ein gefundenes Fressen für alle, die Ihnen die Lust am Internet vermiesen möchten. Unwissenheit schützt nicht vor Strafe. Das Impressum soll von allen Seiten Ihres Internet-Auftritts aus verlinkt („leicht erkennbar, unmittelbar erreichbar, ständig verfügbar") sein, z.B. als Punkt in der Seiten- oder Fußleiste.

Die Impressumspflicht für Webseiten ist in Deutschland im § 5 des Telemediengesetzes (TMG), in Österreich im § 5 Abs. 1 des E-Commerce-Gesetzes (ECG) geregelt. Die Gesetzeslage ist im Detail unterschiedlich, führt jedoch auf dasselbe hinaus. Ich fasse beide Rechtssituationen zusammen und rate Firmen, folgende Angaben in ihr Impressum aufzunehmen:

- ✔ Name der Firma, Rechtsform und Name des Vertretungsberechtigten
- ✔ Anschrift, Telefonnummer, E-Mail-Adresse
- ✔ Wenn zutreffend: Register, in dem die Firma eingetragen ist (Handelsregister, Firmenbuch, Genossenschaftsregister o. Ä.) sowie die zugehörige Nummer
- ✔ Berufsbezeichnung bzw. Wortlaut des ausgeübten Gewerbes, zuständige Aufsichtsbehörde (Kammer und gegebenenfalls weitere besondere Aufsichtsbehörden) und Hinweis auf die anwendbaren gewerbe- oder berufsrechtlichen Vorschriften, inkl. Möglichkeit der Einsichtnahme – z.B. Verlinkung einsehbarer Rechtsdatenbanken
- ✔ Umsatzsteuer-Identifikationsnummer

Nicht jede dieser Angaben ist in jedem Land zwingend nötig, ich rate jedoch zur Sicherheitsvariante, alle verfügbaren Daten ins Impressum aufzunehmen. Da ein Buch niemals die tagesaktuelle Rechtssituation wiedergeben wird, kann für die Vollständigkeit dieser Punkte keine Haftung übernommen werden. Informieren Sie sich daher zur aktuellen Rechtslage, sobald Sie im Internet tätig werden.

Datenschutz

Sie haben den Datenschutz schon im Rahmen von Google Analytics kennengelernt. Dort ging es darum, dass die IP (Computeradresse) eines Besuchers nicht ohne dessen Wissen an Google weitergereicht werden darf. Darüber hinaus gilt für Webseitenbetreiber: Werden im Rahmen des Besuchs Ihrer Nutzer Daten erhoben, so ist in einer Datenschutzerklärung auf die Datenspeicherung hinzuweisen. Voraussetzung für die Verarbeitung und Übertragung dieser Daten ist die konkrete Einwilligung des Nutzers. Es reicht nicht, bloß pauschal in den AGB oder im Impressum darauf hinzuweisen. Das gilt z.B. für Shops, Foren oder andere Dienste, bei denen man sich registrieren oder zu anderen Zwecken persönliche Daten eingeben muss. IT-Unternehmen können zudem verpflichtet sein, einen eigenen Datenschutzbeauftragten zu bestellen.

Jugendschutz

Sollten Sie Erwachseneninhalte publizieren wollen, so sind die Vorschriften des Jugendschutzes zu beachten. Dazu gehört, minderjährige Personen vor nicht für sie geeigneten Inhalten zu schützen. Webseitenbetreiber haben das mit technischen Maßnahmen sicherzustellen. Ob *Wenn Sie über 18 Jahre alt sind, klicken Sie hier* wirklich ausreicht, wage ich zu bezweifeln. Andererseits fehlen die technischen Möglichkeiten, einen Internet-Surfer auf sein Alter hin zu prüfen. Wer sich auf Erotikseiten begibt, wird wenig Interesse haben, sich auszuweisen oder sein Alter anhand anderer Nachweise verifizieren zu lassen …

Preisauszeichnung

Wenn Sie Waren oder Dienstleistungen für Endverbraucher bewerben oder anbieten, müssen angegebene Preise brutto, also inklusive Umsatzsteuer und eventuell anderer hinzukommender Preisbestandteile ausgezeichnet werden. Auch Versandkosten müssen einfach und vor endgültiger Bestellung zu finden sein. Der Konsument soll so auf einen Blick sehen, was zu bezahlen ist. In der Praxis arbeiten auch große Unternehmen auf ihren Webseiten mit Verwirrungstaktiken und versteckten Kosten. Gesetzeskonform wird es damit nicht.

Werbung

Wenn Sie Werbung auf Ihrer Homepage einblenden und damit Geld verdienen wollen, müssen Sie die Banner und Anzeigen entsprechend kennzeichnen. Viele Anbieter wie z.B. Google AdSense haben Ihnen das bereits abgenommen. Werbung soll nicht mit dem eigentlichen Inhalt Ihrer Webseite verwechselt und eindeutig als solche erkannt werden.

Links

Wenn Sie fremde Webseiten verlinken, so vermeiden Sie es in jedem Fall, Links auf rechtswidrige Inhalte zu setzen. Denn hieraus könnte sich eine Haftung für Sie ergeben. Zwar ist die Rechtsprechung wie so oft in Internet-Belangen uneinheitlich und gesteht Online-Medien im Rahmen der Meinungs- und Pressefreiheit gelegentlich auch Links auf rechtswidrige Inhalte zu, doch ich würde mich nicht darauf verlassen. Verlinken Sie daher nichts, das gegen Gesetze oder fremde Rechte verstößt.

AGB, Widerrufsbelehrung

Wenn sich Ihr Online-Angebot an Endkunden (Verbraucher) richtet, sind besondere Schutzbestimmungen einzuhalten. Allgemeine Geschäftsbedingungen sind zwar nicht explizit vorgeschrieben, doch haben Sie den Konsumenten bestimmte Angaben zu machen. Dazu gehören die Nennung Ihres Unternehmens inkl. Anschrift, Eigenschaften der Ware/Leistung, Bruttopreis, Lieferkosten, Zahlungs- und Lieferungsdetails, Mindestlaufzeit eines Dauervertrags und andere Details.

Es empfiehlt sich, die entsprechenden Angaben zusammenzufassen und dem Kunden in Form der AGB einfach zugänglich zu machen. Im Rahmen des Kaufprozesses ist darauf zu achten, dass der Konsument zustimmen muss, die Bedingungen und

Belehrungen gelesen zu haben, z.B. per Setzen eines Häkchens vor der eigentlichen Bestellung. Es reicht nicht, die AGB irgendwo auf seiner Seite zu verstecken, der Verbraucher muss diese eindeutig beweisbar zur Kenntnis genommen haben.

Auch die Widerrufsbelehrung darf im Rahmen von Geschäften mit Verbrauchern nicht vergessen werden. Das in § 355 des deutschen BGB ersichtliche Widerrufsrecht läuft 14 Tage, nachdem der Verbraucher rechtsgültig (in Textform) über dieses in Kenntnis gesetzt worden ist. Unterlässt es der Unternehmer, den Konsumenten zu belehren, hat dieser ein jederzeitiges Rücktrittsrecht. Erfolgt die Belehrung nicht „unverzüglich" nach Vertragsschluss, sondern verspätet, verlängert sich die Widerrufsfrist auf einen Monat. Neben der Belehrung, dass ein Widerrufsrecht besteht, muss der Text auch Einzelheiten darüber enthalten, in welcher Form und wohin ein Widerruf zu richten ist, wann die Frist zu laufen beginnt und welche Rechtsfolgen damit verbunden sind.

Passende Musterformulierungen und Handlungsempfehlungen für Ihre Branche finden Sie nicht nur im Internet, sondern auch bei Ihrer Interessensvertretung.

Urheberrecht

„Jaja, regt euch ab, vielleicht zahl ich ja für den einen oder anderen Song, wenn er mir gefällt. Aber zuerst saug' ich mir das ganze Album. Für Schrott-Songs zum Albumfüllen gibt's von mir aber keinen Cent! Überhaupt verdient die sch… Musikindustrie sowieso viel zu gut."

Junge Menschen wachsen in einem gesellschaftlichen Umfeld auf, das den Bruch des Urheberrechts zum salonfähigen Kavaliersdelikt machte. Wie selbstverständlich werden Songs, Software und andere digitale Produkte illegal aus dem Netz gesaugt. Niemand fürchtet sich mehr vor Konsequenzen, weil es alle tun. In China, dem Piraterieland Nummer eins, setzen die Produzenten digitaler Medien so gut wie nichts mehr um, trotz der immer kaufkräftiger werdenden Milliardenbevölkerung. Während die großen Automarken dort Rekordumsätze bejubeln, gehen Microsoft, Musikindustrie und andere Rechteinhaber leer aus. Was aus Bits und Bytes besteht, scheint keinen Wert mehr beigemessen zu bekommen. Hersteller mussten schon vor Jahren einsehen: Jedes digitale Produkt tendiert zum Preis null.

Bedeutet das, dass das Urheberrecht de facto tot ist und geklaut werden darf, was nicht niet- und nagelfest ist? Dass man fremde Inhalte nach Lust und Laune auf der eigenen Homepage verwenden kann? Dass jeder, der digitale Inhalte neu produziert, selbst schuld ist und zu Recht abgezockt wird?

Wenn Sie eine Homepage betreiben, erfahren Sie bald, wie sich der Diebstahl geistigen Eigentums anfühlt. Bieten Sie gute Inhalte an, werden diese zigfach kopiert, umgeschrieben, übersetzt oder in einer anderen Form aufbereitet ins Netz gestellt. Oft wird aus Versehen oder Unwissenheit gegen Ihr Recht verstoßen, doch nicht selten stecken kommerzielle Interessen dahinter. Sie können sich nur bedingt wehren. Was tun Sie, wenn jemand Ihre Seite 1:1 kopiert, auf einem russischen Server online stellt, diese massiv mit Spamlinks nach vorne pusht, und schließlich sogar bei Google vor Ihnen zu finden ist? In diesem Fall könnten Sie zwar bei Google nach „Mutmaßliche Urheberrechtsverletzung melden: Websuche“ suchen und das entsprechende Formular ausfüllen. Ob Google der Beschwerde Folge leistet, steht in den Sternen. Dem Rechtsbrecher wird es so oder so egal sein, denn er hat längst Tausende andere Seiten kopiert.

Doch auch wenn es nur noch wenige tun, rate ich Ihnen, fremde Urheberrechte zu respektieren. Als Webseitenbetreiber sitzen Sie in der Auslage. Vor allem dann, wenn sich Ihr Geschäftssitz in Deutschland befindet, hagelt es schnell Abmahnungen. Das Urheberrecht muss nicht deklariert werden, es entsteht von selbst. Es erstreckt sich auf Texte, Reden, Musik, Bilder, Fotos und andere Werke. Was nicht ausdrücklich erlaubt wird, ist verboten. Wenn sich der Rechteinhaber nicht zu seinem Urheberrecht äußert, bedeutet das nicht, dass Sie alles frei verwenden dürfen. Er muss Ihrer Nutzung zustimmen, bevor Sie sein Werk zur Gänze oder in Teilen verwenden dürfen. Das Urheberrecht erlischt erst 70 Jahre nach dem Tod des Schöpfers (Deutschland). Zitate sind eindeutig als solche zu kennzeichnen und dürfen nicht zur Umgehung des Urheberrechts missbraucht werden.

Bevor Sie also fremde Inhalte wie Texte, Fotos oder Videos online stellen, vergewissern Sie sich, dass es Ihnen der Rechteinhaber auch wirklich erlaubt hat.

KAPITEL

7

Besucherquellen

Die Webseite steht, doch was jetzt? Ohne Gäste sind das schönste Webdesign und der beste Inhalt nutzlos. Die Nutzer sorgen dafür, dass Ihr Webprojekt zu leben beginnt. Sie sollten daher wissen, aus welchen Quellen Internet-Nutzer zu Ihnen kommen, und wie man diese am besten anzapft.

7 Besucherquellen

Viele Webseiten werden teuer programmiert, nur um dann in Schönheit zu sterben. Die Webagentur hat ihre Schuldigkeit getan, das System funktioniert und sieht schick aus. 10.000 Euro bitte, danke. Doch weil die Besucher nicht von selbst hereinspazieren, sobald der Laden offen ist, verliert man schnell die Lust an der ganzen Sache. Weil es keine neuen Inhalte gibt, wird die Homepage nicht gefunden und gerät in Vergessenheit. Das Unternehmen schreibt seine Homepage am Ende als Fehlinvestition ab.

Ich überlege mir bei jedem neuen Projekt zuerst, aus welchen Quellen die Gäste einer Homepage kommen könnten. Denn nichts motiviert mehr zum Weitermachen, als zu merken, dass der Laden zu laufen beginnt und die wirtschaftlichen Ergebnisse Hand in Hand mit den eigenen Anstrengungen gehen. Doch welche Besucherquellen lassen sich nutzen, und vor allem wie?

Organische, „natürliche" Suchergebnisse

Die Suchmaschine ist Ihr wichtigster Besucherlieferant.

Dennoch ist dies wohl das kürzeste Kapitel zum Thema „Suchmaschinen und Suchmaschinenoptimierung (SEO)“, das Sie je in einem Internet-Ratgeber finden werden. Es geht natürlich (wieder mal) um Google. Klar gibt es auch andere Suchmaschinen, doch neben Google verkommen sie alle zu bloßen Statisten. Die „Datenkrake“ ist für die überwiegende Mehrzahl aller Webseiten dieser Welt das Lebenselixier. Oft kommen mehr als 80 % aller Besucher, die eine Homepage verbucht, von der Google-Suche. Ähnlich groß wird dann wohl der Anteil am Online-Umsatz sein, für den Google verantwortlich zeichnet. Der Suchalgorithmus ist undurchschaubar und wird fast täglich verändert. Zu wissen, dass man so sehr von Google abhängt, verursacht ein mulmiges Gefühl. Google gibt es, Google nimmt es.

Wer vorgibt, ein Wundermittel gegen diese Abhängigkeit gefunden zu haben, dem hängen erfolgssuchende Webseitenbetreiber an den Lippen und öffnen bereitwillig ihre Brieftaschen. Das lässt mich auf jedem Online-Marketing-Kongress schmunzeln: Volles Haus bei Vorträgen von SEO-Alchemisten, leere Reihen bei „den anderen“.

SEO, die sagenumwobene Alchemie. Woraus besteht der Zaubertrank? Zur Suchmaschinenoptimierung gehört Sinnvolles wie saubere Programmierung, Erhöhung der Ladegeschwindigkeit Ihrer Seite und die konsequente Nutzung bewährter Artikelstrukturen und Text- sowie Code-Auszeichnungen, weniger Sinnvolles wie Wortdichteanalysen, Linktausch und -kauf und absolut Hirnrissiges wie Brückenseiten, Cloaking und versteckte Texte. Gut und Böse stehen sich in der Wildnis des Internets als „White Hats“ und „Black Hats“ gegenüber. Was für ein Zirkus.

Mir sind suchmaschinenoptimierte Projekte über Nacht weggebrochen, weil Google an den Stellschrauben seiner Suche gedreht hat. Manche erholten sich wieder, andere nicht – und „Gerechtigkeit“ suchte ich in der Reihung der Suchergebnisse oft vergebens. Ich muss zugeben, dass ich dank Google und der konsequenten Ausrichtung auf deren Entscheidungsfaktoren schon viel Geld verdient (und noch mehr dazugelernt) habe. Doch ich konnte mich nie darauf verlassen, dass meine Seite auch am nächsten Tag noch zu finden wäre. So zog ich bald einen Schlussstrich unter die SEO-Tricks und besann mich auf die alten Tugenden aus meiner Anfangszeit. Ich kümmerte mich nur noch um die Qualität meiner Inhalte und deren Nutzen für meine Gäste. Und siehe da: Was meinen menschlichen Besuchern zusagte, gefiel auch Google. Projekte schossen nach oben, ohne dass ich einen Gedanken an meinen Platz in der Startaufstellung verschwendet hätte.

Was gut ist, bekommt auf lange Sicht den Platz, den es verdient. Deshalb möchte ich der Frage „Wie komme ich bei Google nach oben?“ keine große Bühne bieten. Ich weiß, damit stehe ich ziemlich alleine auf weiter Flur. Die SEO-Industrie hat einen wahren Kult rund um die Manipulation der Suchergebnisse aufgebaut. Millionen fließen zu Beratern, die mit Tricks dafür sorgen sollen, dass die eigene Seite *höher gelistet wird, als sie es eigentlich verdienen würde.* Lassen Sie sich den letzten Nebensatz durch den Kopf gehen, werden Sie verstehen, warum ich einen weiten Bogen um die SEO-Industrie und Kundenaufträge mit dem Inhalt „bringen Sie mich bei Google auf Platz 1" mache. Suchmaschinentrickserei ist für mich ebenso wenig ein nachhaltiges Geschäftsmodell wie Doping oder Spielmanipulation. Was die Webseite nicht aus eigener Kraft erreicht, sollte man ihr nicht mit absichtlichen Regelverstößen zu verschaffen suchen. Die zwielichtigen Methoden mögen erfolgreich sein und eine Weile unentdeckt bleiben, doch Google wird das Match mit den Tricksern am Ende für sich entscheiden. Wenn nicht heute, dann in zwei, drei oder fünf Jahren.

Die einzige wirksame Strategie für gute Suchergebnisse ist, ihnen keine Beachtung zu schenken. Lassen Sie Google für sich arbeiten, statt umgekehrt. Wenn Sie ein modernes System wie WordPress verwenden, braucht daran nichts mehr „aufgemotzt" zu werden. Auch die erstmalige Anmeldung bei den Suchmaschinen, Linktausch, Sitemaps und das ganze Brimborium können Sie getrost vergessen. Google findet Ihre Webseite samt Unterseiten von selbst und kann sehr gut beurteilen, wie es mit deren Qualität aussieht. Sie werden so gereiht, wie Sie es verdienen. Kümmern Sie sich einfach um nützliche Inhalte mit Mehrwert für Ihre Besucher und Google wird Ihnen den verdienten Platz an der Sonne auf Dauer zugestehen (müssen). Aus die Maus, Suchmaschinenkapitel Ende.

Google Places für Unternehmen

Google Places für Unternehmen gehört zum Kartendienst Google Maps. Die Suchmaschine möchte ihren Gästen passende regionale Anbieter präsentieren. Ein kleines Beispiel: Ich sitze hier in Innsbruck, öffne die Google-Suchseite und tippe `installateur` ein. Daraufhin erscheint das:

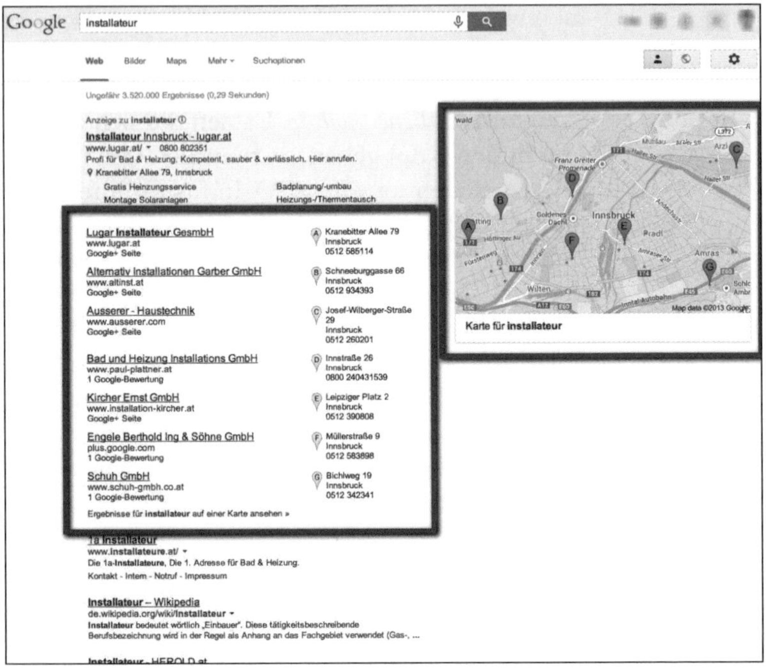

Abbildung 7.1: Suche nach „installateur": Google Places zeigt Anbieter aus meinem Umkreis

Sie können Ihr Unternehmen schnell und einfach bei Google Places für Unternehmen anmelden (*www.google.com/local/business/add*) und zusätzlich Fotos, Videos, Öffnungszeiten, Zahlungsoptionen und andere Details online stellen. Je sorgfältiger Sie das machen, desto öfter werden Sie über Google Places gefunden.

Über Ihren Google-Places-Eintrag kann man Sie und Ihr Angebot nun auch bewerten. Wenn Sie das Kapitel „Kundenmeinung und Reputation" aufmerksam lesen, werden Sie verstehen: Diese Chance sollte man nicht ungenutzt lassen!

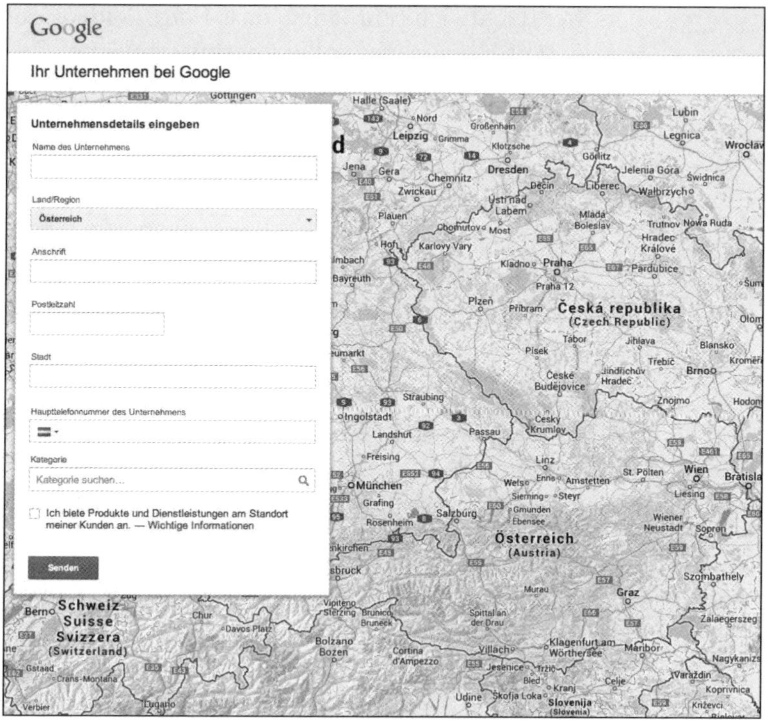

Abbildung 7.2: Anmeldung der eigenen Firma bei Google Places für Unternehmen

Bilder und Videos

Unterschätzen Sie niemals das Potenzial von Bildern und Videos – vor allem dann, wenn Ihr Angebot stark von visuellen Reizen geprägt ist. Ich hatte meine ersten Erfolge mit textlastigen Projekten. Bilder und andere Medien brachten zwar eine optische Auflockerung meiner Texte, sorgten jedoch weder für zusätzliche Besucher noch für mehr Umsatz. Es war zeitraubend, visuelle Medien in meine Texte einzubauen. Eines Tages deaktivierte ich testweise alle Bilder, und siehe da – alles blieb beim Alten. Kein Gast blieb länger oder kürzer, das Verhalten war dasselbe, und die Einnahmen veränderten sich nicht. Daher dachte ich sehr lange, dass Fotos, Videos und andere Medien auf Homepages völlig überflüssig wären.

Bei manchen Kunden erlebte ich dann das Gegenteil. Bilder können tatsächlich mehr sagen als tausend Worte. Je nach der Art Ihres Geschäfts kann es sogar sinnvoll sein, Bildern und Videos den Vorrang gegenüber Texten zu geben – oder als Ergänzung einzubringen. Beispiele für visuell profitierende Anbieter sind Reiseanbieter, Designer, Produkthersteller oder Immobilienvermittler. Je umfangreicher und je klarer die bildhaften Informationen angeboten werden, desto mehr Eindruck werden sie bei potenziellen Kunden machen.

Haben Sie schon einmal die Google-Bildersuche benutzt? Hier werden alle Bilder, die Google bei seinen Streifzügen durchs Internet findet, als kleine Vorschau thematisch sortiert und suchbar gemacht. Per Klick auf ein Vorschaubild gelangt man auf eine größere Vorschau und danach auf die Seite, wo es gefunden wurde. Diese Funktion ist beliebter, als allgemein vermutet. Ich betreibe Webseiten, die mehr Besucher vom Bildindex bekommen als über die Standard-Websuche. Fotos können zum wertvollsten Zubringer werden. Visuell präsentierbare Angebote sollten daher mit möglichst viel Bildmaterial unterstützt werden. Ein Beispiel: Ein Ofenbauer setzt auf individuelle Planung und Ausführung jedes neuen Ofens. Auf seiner Webseite führt er ein Auftragstagebuch, in dem er vom Auftragsbeginn bis zur Endabnahme alle Schritte fotografisch dokumentiert und als Ergänzung mit wenigen Worten beschreibt, was auf den Bildern gerade zu sehen ist. Man sieht Handwerkern gerne beim Arbeiten zu. Die Seitenbesucher werden das Tagebuch verschlingen, selbst wenn es nicht professionell gemacht ist, und den Ofenbauer bei seiner täglichen Arbeit begleiten. Das fördert Vertrauen und kann noch Jahre später zu Aufträgen führen. Der wahre Nutzen der fotografischen Arbeitsdokumentation liegt aber darin, dass viele neue Besucher über die Bildsuche auf die Homepage finden. Wenn es für Ihr Angebot passt, fotografieren Sie, was das Zeug hält. Damit Google Ihre Bilder richtig einsortieren kann, vergessen Sie nicht, diese passend zu benennen und mit dem so genannten „Alt-Tag“ zu versehen. Wie das geht, lesen Sie im Kapitel „Der Inhalt Ihrer Seite“.

Auch Videos können zum gelungenen Marketing beitragen. Plattformen wie YouTube (der Online-Videodienst gehört zu ...? Richtig, Google) werden nicht nur von Millionen von Privatusern, sondern auch von immer mehr kommerziellen Anbietern genutzt. Laut Statistik laden die YouTube-User pro Minute (!) Videomaterial in der Länge von mehreren Tagen hoch. Die Serverpower, die das ermöglicht, kann man nur als phantastisch bezeichnen. Dass die meisten Videos in der Versenkung verschwinden, versteht sich von selbst. Doch auch wenn der Müllberg wächst, findet Gutes nach oben. Es gibt mittlerweile viele Erfolgsgeschichten von Personen und Gruppen, die im Hinterzimmer begannen, einfache Videos zu erstellen und auf YouTube zu laden, und heute von den YouTube-Werbeeinnahmen alleine leben könnten. Ein Beispiel dafür ist die deutsche Comedy-Truppe „Y-Titty“, deren YouTube-Kanal „YTITTY“ millionenfach abonniert wurde. Die Bekanntheit auf YouTube sorgte nicht nur für Werbegelder, sondern brachte auch die Möglichkeit mit sich, ein Album zu produzieren und auf Tour zu gehen. YouTube ist zu DEM Sprungbrett für aufstrebende Künstler geworden.

Aber auch immer mehr Unternehmen wollen YouTube für eigene Geschäftszwecke einzusetzen. Die vermittelten Botschaften sollen sich im besten Fall wie ein Virus verbreiten (Virales Marketing). Ein Seher steckt andere an, indem er ihnen den Link zum Video schickt. Warum auch immer das Video empfohlen wird, es verbreitet sich wie ein Lauffeuer. Ist das die Zukunft der Werbung? Ich denke nicht, denn viraler Erfolg ist nicht planbar. Man kann die kreativsten Agenturen darauf ansetzen, doch auch sie können keinen Hit garantieren. Für die meisten Unternehmen eignen sich Videos daher nur als ergänzendes Marketinginstrument.

Doch es braucht weder Hits noch Millionen von Abonnenten. Ähnlich der Bildsuche ist jedes neue Video, das Sie für

Ihre Firma anfertigen, eine neue Chance, gefunden zu werden. Umso mehr, wenn Sie sich Mühe bei Titel, Schlagworten und Beschreibung geben. Bei Betitelung, Beschreibung und Verschlagwortung von Bildern und Videos gilt: Der Kreativität sind keine Grenzen gesetzt, und es gibt viele Gelegenheiten, Aktivitäten Ihrer (potenziellen) Kunden für eigene Zwecke einzusetzen. Ein Modellbau-Fachhändler könnte regelmäßig zu Vereinsflugtagen und Messen fahren, wo er die spektakulären Flugvorführungen auf Video bannt und (mit Genehmigung) auf YouTube stellt. Die Domain seines Shops wird als Wasserzeichen im Randbereich des Videos eingeblendet. Dann macht es nichts, wenn fremde Webseiten das Video ebenfalls einbetten. Das sollen sie sogar, denn so verbreitet sich die eigene Marke noch schneller! Modellflugfans, denen das Video gefällt, werden mit Sicherheit neugierig auf den Shop. Wenn Sie Videos zu Promotion-Zwecken bei YouTube hochladen, so achten Sie darauf, dem Video selbst einen aussagekräftigen Titel zu geben und mit Beschreibung und Schlagworten zu ergänzen. Google macht diesen Prozess sehr einfach und unterstützt Sie dabei. Ähnlich dem Titel eines Beitrags auf Ihrer Webseite sollten Sie sich auch hier in die Lage des Suchenden versetzen. Stellen Sie sich vor allem beim Titel Ihres Videos die Frage: „Was tippt jemand bei Google oder in der YouTube-Suche ein, dem das Video gefallen könnte?“

Noch ein aktueller Tipp aus meiner Praxis: Über Googles Werbeportal Google AdWords ist es möglich, YouTube-Videos zu bewerben („Videokampagnen“). Sie müssen also nicht darauf warten, dass „die Community“ Ihr Video entdeckt, sondern können aktiv Menschen dazu einladen, sich Ihre Beiträge anzusehen. Für mich hat sich vor allem das Werbeformat der Werbeschaltung in der YouTube-Suche ausgezahlt: Langfristig optimiert kam ich in einem Musikprojekt auf die Kostenuntergrenze von 0,01 Euro pro Videoaufruf. Das bedeutet: Um 10 Euro brachte ich 1.000 Menschen dazu, sich mein Musikvideo anzusehen. Die Zielgruppe lässt sich auf bestimmte Länder, Suchwörter, Altersgruppen und mehr begrenzen. Für

AdWords-Experten: Über Broad-Match-Keywords kombiniert mit ausschließenden Suchwörtern gelang es mir, immer mehr Suchwörter auszuschließen, die nicht zu meinem Video passten, und die Zielgruppe trotzdem groß genug zu halten. Zu beschreiben, wie dies im Einzelnen funktioniert, würde hier den Rahmen sprengen, entsprechende Anleitungen lassen sich aber einfach googeln. Mein Fazit: Dem einen oder anderen Anbieter könnte ein gutes Produktvideo und geschickter Einkauf von Video-Betrachtern zu ungeahnten Umsätzen verhelfen.

Natürliche Verlinkung

Empfehlungen auf fremden Homepages können ebenfalls zu einer wichtigen Besucherquelle werden. Vor allem dann, wenn große Medienportale auf Ihren Inhalt aufmerksam werden. Vorausgesetzt, Ihr Server hält das aus, beschert Ihnen eine Verlinkung durch ein Massenmedium plötzlich mehrere Tausend unerwartete Besucher. Der x-te selbst platzierte Verweis im y-ten Forum diese Woche („Schleichwerbung i.e.S.") wird dagegen wohl wieder nur die üblichen paar Verlegenheitsklicker verschaffen. Und Linktausch? Hm, wie viele Besucher kommen wohl über Links zu Ihnen, die um der großen Suchmaschine willen in fremden Webseiten „versteckt" werden? Ehrliche Empfehlungen sehen anders aus.

Was gut ist, wird von selbst verlinkt. Das ist die „Crème de la Crème" unter den Links. Wenn jemand Ihre Inhalte so gut findet, dass er/sie per Link eine Besuchsempfehlung ausspricht, so ist dies authentisch. Sie können sich darauf verlassen, dass nicht nur die Leser der fremden Webseite, sondern auch „die Suchmaschine" solchen Links sehr viel Gewicht einräumen. Noch dazu sind ehrliche Links von fremder Seite sehr praktisch, weil sie ganz ohne Ihr Zutun entstehen. Ganz ehrlich: Ich kann mir nicht vorstellen, dass die üblichen Linktauschereien, Linksammlungen, Kommentar- und Forenlinks noch irgendeinen Nutzen bringen. Eher ist das Gegenteil der Fall. Hier eine Warnung: Google steckt vor allem junge Webseiten, die es mit den Links übertreiben, in die so genannte Sandbox, den Sandkasten. Das ist eine automatische, milde Form der Bestrafung, durch die man in den Suchergebnissen nach hinten rutscht. Dort darf man dann in Ruhe weiterspielen. Sandkästen werden gewöhnlich weit von Durchzugsstraßen entfernt platziert, wenn Sie verstehen, was ich meine. Sitzt man erst mal im Sand, holt einen Mama Google erst nach einigen Monaten (vielleicht) wieder heraus. Also: Wer mit den Großen spielen möchte, sollte bei der Verlinkung nicht tricksen.

Besonders gerne werden natürliche Links auf kostenlose, nützliche Downloads gesetzt. E-Books, Berechnungstools, Vorlagen, Checklisten, Beispiele und Muster aller Art werden nicht nur oft gesucht, sondern auch gerne verwendet und verlinkt. Zusätzlich können Sie in den Inhalten selbst (z.B. am Rand einer Excel-Berechnungstabelle oder in der Fußzeile eines Ratgebers) Verweise auf Ihre Homepage platzieren, und so den einen oder anderen Besucher auf Ihre Seite locken. Dieser Effekt lässt sich noch verstärken, wenn Sie die Weiterverbreitung Ihres Downloads erlauben.

Sie müssen aber nicht darauf warten, von irgendwem irgendwann passiv verlinkt zu werden. Sie können Links auch aktiv fördern. Wenn Sie Ihre Besucher auffordern, nützliche Inhalte weiterzutragen, werden manche das tun. Ob es Foren, soziale Medien oder eigene Homepages sind, jeder natürliche Link hilft Ihnen weiter, bringt neue Besucher und sorgt mitunter auch für „Linkjuice“ in Sachen Google-Ranking. Aber Sie kennen meine Meinung – um Linkpower und frühere Dogmen wie den PageRank sollte es Ihnen bei der Promotion Ihrer Webseite gar nicht gehen.

Als weitere seriöse Linkquelle bieten sich die „Multiplikatoren“ an. Dabei handelt es sich um Webseitenbetreiber, die Ihre Zielgruppe „besitzen“. Beispiele: Wenn Sie Kinderspielzeug produzieren, sind Betreiber von Eltern-Kind-Blogs, Foren und anderen einschlägigen Portalen Ihre Multiplikatoren. Krimiautoren sollten daran denken, Buchblogger und Literaturjournalisten auf sich aufmerksam zu machen. Wer Schmuck oder Mode anbietet, sollte entsprechende Online-Magazine und Fashion-Blogger im Auge haben.

Die Vorstellung und Verlinkung Ihrer Seite würde Ihnen Besucher bringen, die sich sehr wahrscheinlich für Ihre Produkte interessieren. Dabei gilt: Die persönliche Empfehlung des Betreibers ist wesentlich besser als die klassische Anzeigenbuchung. Denn während durchschnittliche Internet-User bannerblind sind, vertrauen sie auf das Urteil einer neutralen Person, die mit Ihnen und Ihrer Webseite in keiner offensichtlichen Verbindung steht. Und: Je höher die Glaubwürdigkeit des Multiplikators, desto höher wird auch die Abschlussrate sein. Doch wie lassen sich Multiplikatoren gewinnen? Eine Möglichkeit wäre, ein paar Exemplare Ihres Angebots kostenfrei an Zielgruppenbesitzer zu senden – z.B. für Tests oder Gewinnspiele. Das hat sich in der Elektronikbranche eingebürgert, wo Betreiber von Magazinen, Blogs und Portalen regelrecht mit kostenlosen „Produktproben“ überflutet werden. Erscheint dann auf einem beliebten Bewertungsportal ein Beitrag über den MP3-Player oder das Smartphone, hat sich das Geschenk schnell amortisiert. Vielleicht finden Sie einen sinnvollen Ansatz für Ihre Branche?

Gastbeiträge und Interviews

Gastbeiträge gehören thematisch zu den „Links auf anderen Webseiten“. Es lohnt sich jedoch, einen ausführlicheren Blick darauf zu werfen. Vor allem im englischsprachigen Raum haben sich Gastbeiträge als Möglichkeit etabliert, neue Besucher anzulocken. Man nutzt die Popularität fremder Internet-Auftritte, um dort selbst geschriebene Inhalte zu veröffentlichen. Es ist üblich, solcherart publizierte Inhalte nicht nochmals zu verwenden, sondern dem Dritten exklusiv zu überlassen. Dessen Vorteil besteht darin, kostenlose, exklusive Inhalte zu erhalten, die zum weiteren Aufbau seiner Seite beitragen. Sie selbst haben etwas davon, weil im Artikel oder in der Vorstellung des Autors ein Link zu Ihrer Homepage enthalten ist. Kommt der fremde Internet-Auftritt auf Tausende Besucher pro Tag, kann das schnell zu Hunderten Besuchern für Sie selbst führen. Oft finden noch Monate später neue Gäste aus diesen Quellen zu Ihnen. Je nach dessen Ausgestaltung nützt Ihnen der Link sogar aus suchmaschinentechnischer Sicht. Sie kennen meine Meinung: ein angenehmer Nebeneffekt, doch kein Selbstzweck.

Anders als bei den inzwischen eliminierten Artikelverzeichnissen und Pseudo-Presseportalen sind die Herausgeber großer und beliebter Webseiten sehr wählerisch, 1. ob überhaupt und 2. was veröffentlicht wird und was nicht. Die Qualität gibt den Ausschlag. Nicht nur der Artikel selbst muss ausgezeichnet, umfassend und vor allem passend sein, sondern auch Ihr eigener Auftritt, auf den verlinkt wird. Man will schließlich nichts Unseriöses oder Unprofessionelles empfehlen, nur weil man kostenlos an gute Inhalte kommt. Mit minderwertigen Empfehlungen würde man sich über kurz oder lang seiner Stammleserschaft entledigen.

Die SEO-Industrie nutzt Gastbeiträge als Transportmittel für Links mit kräftigen Schlagworten. Das ist ein bedeutender Teil des Business. Der Text selbst wird meist billig nach Vorgaben wie „450 Wörter über Abnehmen durch Diät XY; Keywords: abnehmen, Gewichtsverlust, Fett, abspecken; Keyword-Dichte: max. 5 %“ produziert, und bietet keinen Mehrwert. Oft werden Heerscharen von Hausfrauen oder Studenten beschäftigt, die fremde Inhalte unzählige Male zu Dumpingpreisen in neue Texte umformulieren. Auf große, beliebte Portale schafft man es damit nicht, aber das ist auch gar nicht der Sinn. Im Fall der SEO geht es bei Gastartikeln nämlich nicht um neue Besucher, sondern um die Links, die möglichst breit verstreut werden sollen. Vergessen Sie das lieber. Bieten Sie auch bei Gastartikeln Mehrwerte, statt mit eingekauftem Müll um sich zu werfen!

Wenn Sie Portale kennen, auf denen sich die Veröffentlichung von Fachbeiträgen, Kommentaren oder ausführlichen Analysen lohnen könnte, so scheuen Sie sich nicht davor, die Macher hinter den Medien offen auf das Thema anzusprechen. Selbst dann, wenn man üblicherweise keine fremden Inhalte akzeptiert, kann Ihr Input Einzug finden, wenn Ihr Expertenstatus anerkannt und für nützlich befunden wird. Machen Sie dem Empfänger klar, dass es Ihnen nicht um die Suchmaschinenoptimierung geht, denn hierzu erhält man als erfolgreicher Herausgeber täglich mehrere Anfragen. Ihr ehrlich gemeinter Gastbeitragsvorschlag kann schnell zwischen all den SEO-Spam-Anfragen untergehen. Ein Tipp: Es kann sich auch im Zeitalter von E-Mails und Social Media lohnen, den Telefonhörer in die Hand zu nehmen oder einen Brief zu schreiben.

Interviews sind eine weitere interessante Besucherquelle, vor allem dann, wenn Sie ein anerkannter Experte sind oder ein einzigartiges, innovatives und erwähnenswertes Angebot haben. Das Frage-Antwort-Spiel lässt sich leicht im Pingpong-Verfahren per E-Mail abwickeln und bringt einen ähnlichen Nutzen wie Gastbeiträge, da es üblich ist, einen Link zum Interview-Partner anzuführen. Interviews wirken meist glaubwürdiger als Gastbeiträge und bringen oft interessante Fragen mit sich (Stichwort: Vermeidung von Betriebsblindheit), die geeignet sind, das eigene Angebot und dessen Beschreibung zu verbessern. Wie im Fall der Gastbeiträge können Sie sich auch aktiv um Interviews bemühen, indem Sie Medien und Webmaster kontaktieren und auf die Gelegenheit aufmerksam machen.

Partnerprogramme

Mit Affiliate-Programmen, auf Deutsch „Partnerprogrammen", kann man nicht nur Geld verdienen, sondern (auf der anderen Seite des Tisches) auch zu neuen Besuchern kommen. Starten Sie Ihr eigenes Partnerprogramm und bieten Sie jenen Homepage-Betreibern, die Ihnen Besucher vermitteln, Provisionen an. Sie stellen Links und Banner zu Verfügung, die Partner binden diese in ihre Webseite ein, präsentieren Ihr Angebot auf ihrer Homepage und erhöhen dadurch die Zahl Ihrer Besucher. Das ist vor allem dann sinnvoll, wenn Sie überregional tätig sind und das Geschäft im Internet abgeschlossen werden kann.

Webshops sind ein klassisches Beispiel, aber auch Banken, Versicherungen, Abo- oder E-Book-Anbieter, Softwareproduzenten und verschiedenste Internet-Portale bedienen sich gerne dieser Besucherquelle.

Bei den Provisionsmodellen haben sich vor allem Pay Per Lead (PPL; z.B. ausgefüllter Antrag, abgeschicktes Anfrageformular) und Pay Per Sale (PPS; tatsächlicher Umsatz) etabliert. Über die technische Nachverfolgung der einzelnen Klicks können Zielerreichungen genau denjenigen Webmastern zugeordnet werden, die die entsprechenden Besucher vermittelt haben. Der Vorteil dieser Modelle liegt auf der Hand: Sie zahlen nur im Erfolgsfall eine Provision aus. Pay Per View (PPV; Bezahlung pro Einblendung) und Pay Per Click (PPC; Bezahlung pro Klick) sind nur selten anzutreffen, da die Missbrauchsgefahr zu groß ist und die Performance meist nicht den Erwartungen entspricht. Als große Ausnahme gelten Google AdWords und das Gegenstück Google AdSense, die pro Klick abrechnen. Google hat allerdings die technischen Möglichkeiten, Klickbetrug zu entlarven und schwarze Schafe schnell auszusortieren.

Die angebotenen Provisionen sind meist Pauschalvergütungen (z.B. 10 Euro pro ausgefülltem Antrag), prozentuale Beteiligungen (z.B. 8 % vom Umsatz) sowie Stufenmodelle und Mischformen zwischen absoluter und prozentualer Entlohnung. Je nach Wettbewerbssituation kann es notwendig sein, einen guten Teil seines Umsatzes mit den Publishern (Website-Partnern) zu teilen, um als attraktiver Advertiser (Partnerprogramm-Betreiber) angesehen zu werden. Eine Umsatzbeteiligung von 3 % holt keinen Publisher hinter der Ofenbank hervor. Betreiber besonders lukrativer Geschäfte, wie z.B. Webhoster, sind sogar bereit, einen ganzen Jahresumsatz an den Vermittler auszuzahlen. Da Webhosting-Kunden meist langjährig bei ihren Webhosting-Providern bleiben, ist der Verzicht auf die Einnahmen eines Jahres locker zu verschmerzen.

Doch große Versprechungen sind das eine, und was unterm Strich herauskommt, das andere. Was machen Sie aus den vermittelten Besuchern? Gelingt es Ihnen auch tatsächlich, Besucher zu Käufern zu machen? Je besser Ihre eigene Seite funktioniert, desto höher ist die so genannte Conversion Rate oder Abschlussrate. Das ist der Anteil jener an Sie weitergeleiteten Besucher, die tatsächlich das Ziel erreichen. Oft ist es besser, gut konvertierende Partnerprogramme zu schalten, als jene mit den höchsten Provisionsversprechen. Vermittle ich je 100 Besucher an verschiedene Advertiser, sind mir jene lieber, die daraus fünf Abschlüsse à 10 Euro machen, als jene, die nur zwei Verkäufe schaffen, dafür aber je 20 Euro bezahlen. Es zählt, was unterm Strich herauskommt. Arbeiten Sie daher an der Performance Ihrer Seite, um möglichst viele der vermittelten Klicks in Zielerreichungen zu verwandeln. Wie in anderen Geschäftsbeziehungen ist es darüber hinaus sinnvoll, seine Partner aktiv zu betreuen und ihnen hin und wieder etwas Gutes zu tun.

Partnerprogramm über Affiliate-Netzwerk

Die meisten Partnerprogramme werden über Affiliate-Netzwerke wie Zanox und affilinet angeboten. Dort treffen sich Angebot (Advertiser) und Nachfrage (Publisher). Das Netzwerk stellt die technische Infrastruktur für die Erfassung von Klicks und Zielerreichungen (Affiliate-Tracking) zur Verfügung. Für den Anbieter hat das den Vorteil, dass man sich beim Start seines Partnerprogramms auf die Erfahrung des Netzwerks verlassen kann und keine eigene technische Lösung benötigt. Außerdem gibt es dort bereits viele Tausende potenzielle Partner, die bereit sind, neue Programme zu testen. Man muss sich also nicht alleine darum kümmern, an Partner zu gelangen. Der Einstieg in ein Netzwerk kann für Advertiser mit einmaligen Kosten verbunden sein. Darüber hinaus fließt eine laufende Vergütung an das Netzwerk, welche auf Grundlage der ausbezahlten Affiliate-Provisionen berechnet wird.

Affiliates schätzen Netzwerke, weil sie mit einem einzigen Account viele Partnerschaften vergleichen, abschließen und verwalten können. Zudem ist die Teilnahme für sie kostenlos.

Eigenes Partnerprogramm

Wenn Sie kein Netzwerk brauchen, weil Sie schon Erfahrungen als Advertiser gesammelt oder bereits potenzielle Publisher an der Hand haben, können Sie Ihr Partnerprogramm auch selbst umsetzen. Dadurch ersparen Sie sich die Setup- und laufenden Kosten der Affiliate-Netzwerke. Sie benötigen eine eigene Affiliate-Tracking-Software. Über diese können sich neue Publisher direkt bei Ihnen anmelden, Werbemittel und Links generieren und ihre Statistiken kontrollieren. Zwei häufig anzutreffende Programme sind iDevAffiliate und Post Affiliate Pro. In der Regel werden diese auf eigenen Servern aufgesetzt. Sie müssen sich nicht nur um die Technik, sondern auch die Partnergewinnung, -betreuung und den laufenden Betrieb kümmern. Interessante Publisher werden sich nur dann bei Ihnen als Einzelprogramm-Anbieter anmelden, wenn Ihr Programm attraktiver erscheint als jene, die sie auf den Netzwerken finden.

Eingekaufte Besucher

Es ist keineswegs verwerflich, Kunden einzukaufen. So gut wie alle Unternehmer tun es. Die einen haben die Besucher, die anderen das Geld. Wer eine Zeitungsanzeige bucht, hofft darauf, einen kleinen Teil der Zeitungsleser zu eigenen Kunden machen zu können. Als zahlender Trittbrettfahrer nutzt man fremde Zugänge zu Gemeinschaften, die möglichst viele Zielkunden beinhalten. Das Internet bietet faszinierende Möglichkeiten, über Online-Werbung zu neuen Kunden zu kommen. Aufgrund der Vielzahl an Auswertungs- und Optimierungsmöglichkeiten lassen sich Abschlussquoten erreichen, die man vor wenigen Jahren als unmöglich abgetan hätte.

Stellvertretend für eine schier unendliche Zahl von Werbenetzwerken und Agenturen möchte ich hier die zwei derzeit bestimmenden Anbieter beleuchten: Google AdWords und Facebook Ads.

Google AdWords

Vielleicht haben Sie schon einen Gutschein für Google AdWords zugesandt bekommen. Wer sich bei dem Online-Anzeigendienst anmeldet, kann binnen weniger Minuten in die Welt der Internet-Werbung eintauchen. Google verteilt Ihr Tagesbudget möglichst effizient, schaltet Ihre Anzeigen wahlweise neben Google- auch auf fremden Portalen und bringt so neue Besucher auf Ihre Homepage. Sie zahlen nur dann, wenn die Werbung angeklickt wird. Millionen von Unternehmen rund um den Globus sind bereits AdWords-Kunden. „Richtig“ machen es die wenigsten. Gutes AdWords-Kampagnenmanagement ist eine Wissenschaft für sich. Ich habe mich sehr lange und eingehend mit dem Dienst auseinandergesetzt, in der Summe bereits Zigtausende Euro für eigene Kampagnen ausgegeben und AdWords in allen Varianten angewandt. Doch es geht auch einfach! Über kostenlose Tools wie das „Conversion-Optimierungstool“ kann Ihr Werbebudget unglaublich effizient eingesetzt werden, ohne dass Sie selbst etwas von Wahrscheinlichkeitsrechnung und dynamischer Gebotsanpassung wissen müssten. Jeder eingekaufte Besucher wird protokolliert. Wer hat gekauft („konvertiert“) und wer nicht? Gibt es unter jenen, die tatsächlich ans Ziel gelangten, irgendwelche Gemeinsamkeiten? Das braucht Sie nicht zu kümmern. Geben Sie Google den Rahmen vor und staunen Sie, was Google aus den Leistungsdaten macht.

Nun habe ich meinen Tipp für Experten bereits vorweggenommen: Wenn Sie Google AdWords verwenden, so tun Sie das langfristig am besten in Kombination mit dem Conversion-Optimierungstool. Denn kein Mensch auf dieser Welt wird Ihre Online-Kampagnen so genial optimieren können wie diese Gratis-Erweiterung zum Google-Anzeigendienst. Doch fangen wir von vorne an und sehen uns die Startseite von Google AdWords (*www.google.com/adwords*) mal näher an.

Abbildung 7.3: Google AdWords – der erste Einstieg

Wie Sie sehen, gibt sich Google große Mühe, den Einstieg so bequem wie möglich zu gestalten. Über eine gut sichtbare Telefonnummer kann man mit einem leibhaftigen Google-Mitarbeiter aus Fleisch und Blut kommunizieren, der einem den Einstieg erleichtert. Als ich eine neue Gesellschaft gründete, rief mich tatsächlich eine Mitarbeiterin des AdWords-Teams an, um mich zu AdWords einzuladen! Neben einer ausgezeichneten Wissensdatenbank (AdWords-Hilfe) stehen auch Video-Tutorials (*www.youtube.com/adwordsseminare*) und regelmäßige Online-Seminare samt Fragestunde zur Verfügung.

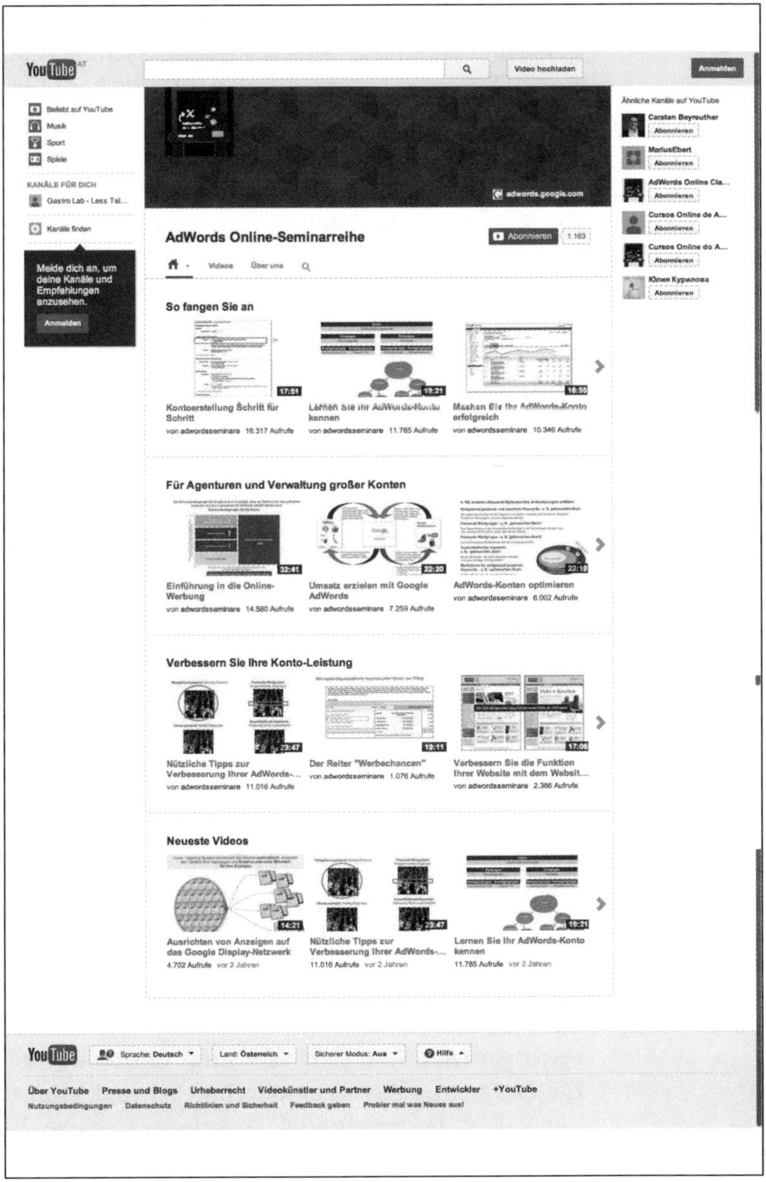

Abbildung 7.4: AdWords Online-Seminarreihe auf YouTube

Warum gibt sich Google so viel Mühe, bei AdWords keine Fragen offen zu lassen? Weil die Suchmaschine damit den Großteil ihres Umsatzes macht. Ohne AdWords kein Gewinn, ohne Gewinn kein Google, so wie man es heute kennt. Dabei ist Google AdWords gar nicht kompliziert. Binnen kurzer Zeit ist Ihre erste Kampagne online. Das Tagesbudget als Obergrenze gibt Ihnen die Sicherheit, dass sich Ihre ersten Gehversuche nicht zum Fass ohne Boden entwickeln. Wer einen 75-Euro-Gutschein erhalten hat, kann seine ersten Schritte zum Nulltarif machen. Probieren Sie es einfach aus. Für den Einstieg in Google AdWords empfehle ich Ihnen die vielfältige, multimediale Hilfestellung von Google. Wenn Sie gedruckte Informationen vorziehen, hat Alexander Beck mit „Google AdWords" einen umfangreichen, praxisnahen Ratgeber geschrieben.

Wie bereits erwähnt, empfehle ich fortgeschrittenen AdWords-Benutzern das Conversion-Optimierungstool, welches die Qualität der über AdWords eingekauften Besucher kostenlos optimiert. Da dessen zielführender Einsatz jedoch die vorherige Installation des Google AdWords Conversion Trackings voraussetzt und sehr stark von der Definition sinnvoller Ziele abhängt, sei an dieser Stelle auf weiterführende Quellen wie die AdWords-Hilfe-Datenbank verwiesen, die die Umsetzung Schritt für Schritt erklärt.

Facebook Ads („Wirb auf Facebook")

Facebook ist das dominierende soziale Netzwerk unserer Zeit. Nirgendwo sonst finden sich so viele ehemalige Mitschüler, Arbeitskollegen, Verwandte und Bekannte aller Art – und natürlich potenzielle Kunden. Das Portal, das Mark Zuckerberg reich gemacht hat, ging 2012 mit einem kapitalen Fehlstart an die Börse. Als Aktiengesellschaft ist man nun dem „Shareholder Value" verpflichtet: Die Anleger, welche Facebook-Aktien kaufen, erwarten sich ständige Umsatz- und Gewinnsteigerungen, die den Kurswert ihrer Papiere nach oben treiben. Das bedeutet unterm Strich: Facebook muss konstant mehr Geld machen. Das tut das Netzwerk hauptsächlich über Werbung.

Die Art und Weise, wie das passiert, wird immer aufdringlicher, sowohl für den, der die Werbung sieht, als auch für den, der sie bezahlt.

Abbildung 7.5: Facebook Ads: Einstieg leicht gemacht

Die Einrichtung und Handhabung von Facebook Ads wird dem Werbenden so einfach wie möglich gemacht. Als Betreiber einer Facebook-Seite können Sie Fans für die Seite „einkaufen", deren Herkunft, Alter, Interessen und weitere Parameter sich vorher eingrenzen lassen. Außerdem können Sie einzelne Beiträge wie Statusmeldungen, Fotos oder Videos zahlungspflichtig hervorheben lassen, womit sich die Zahl der *Gefällt mir*-Klicks und/oder der Kommentare maximieren lässt. Darüber hinaus ist es möglich, ähnlich Google AdWords, Klicks auf die eigene Webseite einzukaufen oder Conversions (Aktionen wie Anmeldungen oder Verkäufe) maximieren zu lassen. Schließlich kann man auch eigene Apps und Facebook-„Angebote" promoten und Veranstaltungen bewerben.

So einfach einem der Einstieg in Facebook Ads gemacht wird, so kompliziert ist die Optimierung der Anzeigenkampagnen, bis diese die Gewinnschwelle überschreiten. Ich konnte mit Facebook Ads bereits einige Erfahrung sammeln. In keinem Fall gelang es mir, rentable Kampagnen für eigene Webseitenprojekte aufzusetzen. Zwar erhielt ich Klicks aus den definierten Zielgruppen, diese erwiesen sich jedoch fast zu 100 % als wertlos, da die von Facebook eingekauften Besucher keine einzige Aktion auf der eigenen Webseite setzten bzw. sich laut Statistik im Vergleich zu anderen Besuchern sehr unnatürlich verhielten. Dies deckt sich mit Erlebnisberichten vieler anderer Webmaster. Mein Rat: Wenn Sie Ihr Angebot auf Facebook bewerben wollen, erstellen Sie entweder eine Facebook-Seite (eine Art Repräsentanz für Ihre Webseite, Ihren Shop usw.) und schalten dann Werbung auf die Facebook-Seite oder Sie beobachten das Verhalten der von Facebook zu Ihnen gelangenden Besucher sehr aufmerksam und stellen sich dann die Sinnfrage. Mag sein, dass Facebook Ads für externe Webseiten in manchen Branchen gut funktionieren, ich selbst konnte es bisher nicht beobachten.

Wie bereits erwähnt, empfehle ich: Wenn Sie Facebook Ads schalten wollen, tun Sie das zur Bewerbung Ihrer Facebook-Seite und Ihrer Beiträge. Zum Verständnis: „Seiten" sind nicht „Personen", als Person können Sie eine Seite erstellen und für diese Seite dann Facebook-Werbung schalten. Sehr gut funktionierte bei mir das „Einkaufen" von Fans, um der Seite einen ersten Bekanntheitsschub zu geben (kaum jemand wird Fan einer Seite, die keine Fans hat), sowie das Bewerben einzelner Beiträge, um diese im „Stream" der Fans und deren Freunden weiter oben zu platzieren und damit ihre Sichtbarkeit zu erhöhen. Im Detail artet auch das zur Wissenschaft aus – Stichworte: Facebook EdgeRank und Beitragsinteraktion – doch auch ohne Expertenkenntnisse sollten Sie es zumindest einmal mit Facebook Ads für (Facebook-)Seiten probieren. Begrenzen Sie nur Ihr Tagesbudget, sonst sind unliebsame Überraschungen vorprogrammiert. Ein Beispiel: Schalten Sie Ihre Werbung eine Viertelstunde vor Tagesablauf, wird Facebook auf wundersame Weise das gesamte Tagesbudget innerhalb von fünfzehn Minuten verbraten, indem der Algorithmus an den internen Stellschrauben (für Experten: vor allem am CPM) dreht und viel zu teuer eingekaufte Besucher liefert. Experten wissen solche Fälle zu vermeiden, trotzdem lautet mein Fazit: Facebook will Geld verdienen. Ob sich der Geldeinsatz in Ihrem Projekt bezahlt macht, ist zumindest einen Versuch wert.

Social Media

Ich bin kein Freund des Social-Media-Hypes. Die sozialen Netzwerke haben ihre Daseinsberechtigung und können je nach Anlassfall zu einem machtvollen Kommunikationsmittel werden. Vor allem Personen und Gruppen, die bereits bekannt sind (z.B. Musiker, Journalisten, Bestsellerautoren) nutzen die sozialen Kanäle als wichtiges Sprachrohr und Marketinginstrument. Doch es wird lächerlich, wenn man Fan von Waschmittelherstellern, Supermärkten, Handyprovidern oder anderen Allerweltsfirmen werden soll und das Facebook-Logo zu diesem Zweck kostenlos in alle möglichen und unmöglichen On- und Offlinekampagnen eingebunden wird. Die ganze Welt arbeitet gratis für Mark Zuckerberg. Dieser meinte in seiner Anfangszeit zum Erfolg von Facebook (Quelle: *www.businessinsider.com*): „I don't know why – they 'trust me' – dumb fucks". Tja.

Ich rate Ihnen, soziale Netze zu nutzen und sich auf den wichtigsten davon zu registrieren, auch wenn sie diese (noch) nicht brauchen. Alleine schon, um Ihren Benutzernamen „in Sicherheit" zu bringen. Es wäre doch schade, wenn ein „Troll" Ihren Markennamen für seine Identität missbraucht und damit kompromittierende Texte und Fotos online stellt. Pflegen Sie

Ihr Facebook-, Xing- und Twitter-Profil und posten Sie kurze Hinweise auf Neues in Ihrem Unternehmen und auf Ihrer Homepage. Nutzen Sie die Social-Media-Schiene als zusätzliches Sprachrohr, doch machen Sie sie nicht zum hauptsächlichen Kommunikationsinstrument nach außen. Veröffentlichen Sie wertvolle Inhalte ausschließlich auf der eigenen Homepage und nutzen Sie die Netze, um Interessierte auf Ihre Seite zu locken. Nur so stehen Sie über den Dingen und bleiben im Besitz Ihres geistigen Eigentums.

Auch in Krisenfällen lassen sich die sozialen Netzwerke vorzüglich einsetzen. Freie Meinung hin oder her – achten Sie darauf, potenziell schädliche Diskussionen möglichst schnell auf selbst kontrollierbare Medien zu lenken. Das soll nicht bedeuten, dass Sie dann nach Lust und Laune zensieren können, doch es wird einfacher, Rechtsverstöße zu verfolgen. Was auf Facebook, Twitter, Xing oder in Foren aller Art breitgetreten wird, bleibt unter Umständen für alle Zeiten online, inklusive ausführlicher Dokumentation Ihrer verzweifelten Versuche, Ihren Ruf zu schützen. Ein Motto, an das man sich generell halten kann: „Holen Sie Negatives zu sich (auf Seiten, die Sie selbst kontrollieren) und tragen Sie Positives ins weltweite Netz hinaus!" Das mag beim einen oder anderen netzdemokratische Bedenken auslösen, doch wer wie Justine Sacco (siehe das Kapitel „Kundenmeinung und Reputation", Abschnitt „Wer ist Justine Sacco?") schon einmal erleben musste, wie ein Internet-Shitstorm das eigene Leben binnen weniger Stunden ruinieren kann, weiß die Kontrollierbarkeit blanker Internet-Hassreaktionen (die in den meisten Fällen um nichts besser sind als ihr Anlass) zu schätzen.

Eine Warnung: Um Social Media zur stetigen Besucherquelle zu machen, braucht es stetiges Zutun. Wer nicht ständig präsent ist und auf sich aufmerksam macht, wird im Wettbewerb um die Aufmerksamkeit schnell nach hinten gedrängt. Soziale Medien lassen sich einfacher nutzen als selbst verwaltete Homepages. Daher müssen Sie sich mit Hinz und Kunz, Freunden und Mitbewerbern um die Sichtbarkeit Ihrer Meldungen streiten. In den Social-Media-Kanälen zählt nur, was neu ist. Facebook-

Statusmeldungen werden in kurzer Zeit nach unten durchgereicht. Noch schneller verschwinden Ihre Beiträge auf Twitter. Ein großer Konzern kann zum Zweck der Omnipräsenz eigene Mitarbeiter beschäftigen. Klein- und Mittelbetriebe müssen die nötige Zeit irgendwo abzwacken. Es wäre wirtschaftlicher Selbstmord, wenn sich der Chef oder andere betriebsnotwendige Mitarbeiter mehrere Stunden täglich auf Facebook austoben müssten, um das Online-Geschäft am Leben zu erhalten. Internet geht einfacher.

Direkte und wiederkehrende Besucher

Die wirkliche Online-Meisterschaft besteht nicht darin, Suchmaschinen zu überlisten oder möglichst viele Fans auf Facebook anzuhäufen. Wahrer Erfolg zeigt sich in Form der „Direkten" und „Wiederkehrenden Besucher". Unter diesen Bezeichnungen bzw. als „Direct Visits" und „Returning Visitors" finden sie auch in Ihrer Webseitenstatistik Einzug und sind daher einfach messbar. Direkte Besucher sind alle, die Ihre Domain direkt aufrufen (in die Adressleiste des Browsers eintippen): Kunden, Fans, Stammleser, Besucher auf eine Offline-Empfehlung hin und jene, denen sich Ihr Name so tief ins Gedächtnis gebrannt hat, dass man Sie nicht erst suchen muss. Dieses Branding ist die Königsklasse und macht Sie wenigstens zum Teil von Google und anderen Besucherquellen unabhängig. Eine Webseite, die ihre Besucher nur aus guten Suchmaschinenpositionen zieht, geht unter, sobald Google den Stecker zieht. Eine starke Marke, am besten in Form Ihrer Domain, hebt Sie vom Großteil Ihrer Online-Mitbewerber ab.

Wiederkehrende Besucher sind solche, die bereits früher einmal auf ihrer Webseite waren. Sie können von Google, über direkten Aufruf, Browser-Lesezeichen und auf anderem Weg zu Ihnen kommen. Generell deutet eine hohe Quote von Returning Vistors auf eine hohe Besucherbindung hin – im Idealfall deswegen, weil man Sie, Ihre Webseite und Ihr Angebot so gut findet, dass man Sie als „Bedarfsdecker“ und „Problemlöser“ abgespeichert hat.

Solche direkten und wiederkehrenden Besucher bekommt man nur über einzigartige Informationen und Angebote mit Qualität. Gefallen Ihren Besuchern diese Inhalte, werden sie Ihr Angebot annehmen, es bei guter Erfahrung weiterempfehlen und selbst wiederkehren. Und das ist Ihre Zukunftsvorsorge im Netz.

Offline-Promotion

Schließlich können Sie auch Offline auf die Pirsch gehen und nach neuen Besuchern für Ihre Homepage Ausschau halten.

Bei Printmedien, Radio und Fernsehen bin ich skeptisch. All meine Versuche in diese Richtung waren bestenfalls Nullnummern. Die klassischen Marketinginstrumente des „richtigen“ Lebens sind viel zu teuer, als dass sie sich zur Offline-Bewerbung Ihrer Homepage lohnen könnten. Zwar gibt es einige große Internet-Portale, die Werbung in Print, TV und Radio schalten, doch bei diesen stehen meist weniger seriöse, doch äußerst lukrative Geschäfte im Mittelpunkt: Dating- und Erotik-Portale, Online-Casinos und Gewinnspieldienste, hoch provisionierte Finanz-, Tarif- und Preisvergleichsseiten, Goldkäufer …

Eine Nummer kleiner bietet das tägliche Leben dennoch viele Gelegenheiten, die eigene Webseite bekannter zu machen. Vor allem jene Kommunikationsmittel, die Sie ohnehin benutzen, sind ein gutes Transportmittel für Ihre Domain. Dazu gehören z.B.

- *Ihre E-Mail-Signatur:* Betonen Sie die Adresse Ihrer Homepage und fordern Sie E-Mail-Empfänger zum Besuch auf. Wer viel per E-Mail kommuniziert, könnte die Signatur aktiv pflegen und um aktuelle Angebote erweitern, samt Link, über den bestimmte Inhalte direkt erreichbar sind.
- *Ihr(e) Fahrzeug(e):* Folienbeschriftungen sind günstig. Wer viel unterwegs ist, oder einen großen Fuhrpark unterhält,

könnte dem einen oder anderen Verkehrsteilnehmer im Gedächtnis bleiben. Das kann durchaus zu neuen Anfragen führen. Vorausgesetzt, Ihre Domain ist leicht im Kopf zu behalten und es ist nicht die rücksichtslose Fahrweise, durch die Sie aufgefallen sind.

- ✔ *Ihr Geschäftslokal:* Außenfassaden können ebenfalls geeignet sein, sich und seine Homepage zu bewerben, vor allem an gut frequentierten Orten oder Durchgangsstraßen. Ein Online-Shop könnte z.B. all jene interessieren, die außerhalb der Geschäftszeiten vor verschlossenen Türen stehen.
- ✔ *Ihre Drucksorten:* Die meisten Unternehmen schreiben regelmäßig Angebote, Rechnungen und Briefe. Ist die Domain auf Ihren Geschäftspapieren gut sichtbar?
- ✔ *Ihre Streuartikel:* Kugelschreiber, Brieföffner, Regenschirme und andere Utensilien der Give-away-Kategorie gehen nicht selten durch viele Hände und bleiben jahrelang in Verwendung. Wer nur seine Marke, nicht jedoch die Domain aufdrucken lässt, verschenkt wertvolles Potenzial.
- ✔ *Ihre Publikationen und Aussendungen:* Wenn Sie ohnehin Prospekte oder Flyer drucken oder sonstige Publikationen veröffentlichen, ist die Domain ebenfalls sehr leicht präsentierbar. Wie wäre es mit dem Hinweis auf ein Online-Zusatzangebot zu den Offline-Unterlagen? Wo wir gerade dabei sind: Auf *www.fischler.cc* finden Sie aktuelle Informationen und Ergänzungen zu diesem Buch!

Ein nicht zu unterschätzender Teil des Offline-Marketings spielt sich (normalerweise) ohne Ihren unmittelbaren Einfluss ab: die direkte Weiterempfehlung von Mensch zu Mensch. Wer glaubt schon einer Firma, wenn sie sich selbst beweihräuchert? Aber wenn Onkel Gustav meint, das wäre was für mich, dann muss es wohl wirklich so sein! Nutzbringende Inhalte, hochwertige Angebote und leicht merkbare Domains bieten das größte Potenzial, offline weiterempfohlen zu werden.

KAPITEL 8

Kundenmeinung und Reputation

Die Meinung anderer kann Sie abheben lassen oder Ihren Niedergang bedeuten. Wenn Sie auf Ihre Online-Reputation pfeifen, müssen Sie sich auf Ihr Glück verlassen. Und das ist keine nachhaltige Geschäftsstrategie. Arbeiten Sie daher lieber selbst und mit seriösen Mitteln an Ihrem Ruf, bevor andere es tun.

8 Kundenmeinung und Reputation

Der Turbo-Boost: Die Kundenmeinung!

Die aktive Weiterempfehlung von Mensch zu Mensch wird auch als Mundpropaganda bezeichnet und fällt in den Bereich des Empfehlungsmarketings. Da eine Empfehlung auf den zurückfällt, der sie abgibt, ist ein hohes Maß an Vertrauen in das empfohlene Angebot und die dahinter stehende Firma oder Webseite eine Grundvoraussetzung. Aus dem Grad der persönlichen Beziehung zwischen Ratgeber und Ratnehmer ergibt sich eine mehr oder weniger hohe Glaubwürdigkeit der Empfehlung. Doch eines ist klar: Kein Marketinginstrument schlägt den Erfahrungsbericht eines überzeugten Kunden.

Um Mundpropaganda zu fördern, gibt es verschiedene Ansätze. Ich finde es eher peinlich, wenn man Kunden über Multi-Level-Vertriebswege zu Weiterempfehlern macht, weil der Kunde dann nicht wirklich etwas empfiehlt, sondern seinen Bekanntenkreis abgrast, um Geld oder andere Vorteile zu verdienen. Ich würde auch niemals Kunden zur Herausgabe von Adressen aus deren Umkreis nötigen. Diese Methoden gehören in den Power-Kapitalismus der USA, und dort sollten wir sie lassen, statt sie für heimische Finanzprodukte, Nahrungsergänzungsmittel und Küchenbedarf zu adoptieren.

Nicht nur von Mund zu Mund, auch im Internet kann man seine Meinung zu Produkten, Leistungen und Arbeitgebern abgeben. Natürlich wiegen solche Fundstellen weniger schwer als mündliche Empfehlungen nahestehender Personen. Doch man sollte das Potenzial der Online-Bewertung nicht unterschätzen. Häufig genutzte Informationsquellen sind Internet-Händler (z.B. Amazon), Reiseanbieter und Bewertungsplattformen aller Art.

Wenn Sie schon länger unternehmerisch tätig sind, sollten Sie nach sich und Ihren Angeboten suchen – irgendjemand hat gewiss schon online seine Meinung samt Sterne-Rating abgegeben. Nun wäre es ein Leichtes, sich mit mehreren Identitäten auf solchen Portalen anzumelden und seine Bewertungen selbst zu schreiben. Das ist gar nicht unüblich! Vor allem auf Amazon ist die Praxis eingerissen, dass Autoren und Verlage ihre eigenen Werke in alle Höhen loben und die Werke der Mitbewerber in derselben unlauteren Weise verreißen. Ich schätze, dass ein zweistelliger Prozentsatz aller „Kundenmeinungen" in Wahrheit aus der eigenen (oder befreundeten) Feder stammt bzw. erkauft wird. Doch auch wenn alle es tun, seien Sie vorsichtig und lassen Sie die versteckte Selbstbeweihräucherung lieber sein. Täuschungsversuche dieser Art sind nicht nur juristisch bedenklich. Kommt man Ihnen auf die Schliche – und die Portalsbetreiber haben alle Möglichkeiten dafür – kann das sehr peinlich für Sie werden. Zum allgemeinen Aufruhr kommen Spott und Hohn, und die ganze Geschichte bleibt für immer im Internet auffindbar. Ein Beispiel: Der US-Autor John Locke, der seine Werke als Selbstverleger (Self-Publisher) veröffentlicht und zu den Autoren gehört, die auf der Amazon-Kindle-Plattform bereits mehr als eine Million Exemplare absetzte, kaufte Rezensionen für seine Bücher ein. Klar, dass der überwiegende Teil davon klare Kaufempfehlungen waren. Als der Schwindel aufflog, war das Erstaunen so groß wie der anschließende Sturm der Entrüstung. John Locke, bisher Starautor der Indie-Autorenszene, ist für immer als Schwindler gebrandmarkt. Publicity dieser Art kann sich niemand leisten.

Fördern Sie lieber den natürlichen Prozess der Weiterempfehlung. Das braucht mehr Zeit als Drücker-, Tarn- und Täuschmethoden, doch ehrlich währt am längsten. Kunden zu überzeugen, geht nicht von heute auf morgen. Vertrauen entsteht langsam und basiert auf der zusammenfassenden Betrachtung vieler kleiner Erlebnisse mit Ihnen und Ihrem Angebot.

Sie müssen keinesfalls untätig herumsitzen und auf die Erlösung warten. *Fragen Sie Ihre Kunden im persönlichen Gespräch, ob sie mit Ihnen zufrieden sind. Fordern Sie überzeugte Menschen aktiv dazu auf, Sie zu bewerten bzw. weiterzuempfehlen.* Zeigen Sie ihnen, wie und wo das geht, und sagen Sie ihnen, wie wichtig das für Sie wäre. Vor allem dann, wenn Sie jemandem entgegengekommen sind (Kulanzleistung, kleines Geschenk, persönliche, unentgeltliche Beratung ...), fühlt sich Ihr Gegenüber moralisch verpflichtet, auch etwas für Sie zu tun. Und was könnte einfacher sein, als ein paar Minuten Zeit zu investieren, und anderen von den eigenen Erfahrungen zu berichten? Besonders gut funktioniert diese Praxis in der Reisebranche, wo es zugleich kaufentscheidend ist, was frühere Gäste von einem Hotel, Service oder Freizeitangebot halten. Wenn Sie schlecht bewertet wurden, gibt es verschiedene Ansätze, damit umzugehen. Mehr finden Sie im Kapitel „Erste Hilfe".

Fazit: Die Kundenmeinung findet ihren Höhepunkt in der aktiven Weiterempfehlung von Mensch zu Mensch. Fördern Sie diesen Prozess auf natürliche Art und Weise und vergessen Sie Tricks.

Die Zukunftsvorsorge: Ihre Reputation!

Die Reputation ist Ihre Zukunftsvorsorge im Internet. Sie ist schwer aufzubauen, doch sehr schnell zerstört. Mein Grundsatz: *„Sei immer freundlich, sachlich und großzügig!"* Das ist leichter gesagt als getan. Etwa dann, wenn wieder einmal jemand nicht richtig verstanden hat, was Sie eigentlich anbieten, und einfach auf Verdacht irgendwas angeklickt und vielleicht sogar bezahlt hat, kann einem schnell der Geduldsfaden reißen. Es ist wirklich erstaunlich, welchen Menschen man im Lauf der Zeit im Internet begegnet. Immer wenn Sie glauben, es geht nicht mehr dümmer, kommt garantiert jemand des Wegs, um Sie auf eindrucksvolle Art und Weise vom Gegenteil zu überzeugen. Verbraucherschützer sagen, man müsse „die Kunden" vor den bösen Internet-Abzockern schützen. Ich sage, man muss ein paar wenige dieser Kunden, die so gar nicht wissen, was sie tun, vor sich selber schützen.

Seien es immer dieselben Fragen, die so glasklar auf Ihrer Homepage beantwortet werden, Produktbewertungen, die offensichtlich völlig aus der Luft gegriffen sind, irrtümliche Bestellungen oder Racheversuche gekündigter Mitarbeiter – Emotionen stehen auf der Tagesordnung, ganz wie im richtigen Leben. Vor allem Anfänger im Online-Business machen den Fehler, zu hohe Erwartungen an die fachliche und menschliche Qualifikation ihrer Kunden zu stellen und ihren Emotionen an einem bestimmten Punkt freien Lauf zu lassen. Selbst dann, wenn für jeden zurechnungsfähigen Beobachter klar ist, dass Sie alles Menschenmögliche getan haben, Ihr Gegenüber zufriedenzustellen, und er trotzdem weiter Schwierigkeiten macht, gilt es, Fassung zu bewahren und an seine eigene Zukunft zu denken. Sie schaden sich nur selbst, wenn Sie andere Menschen in Foren und Portalen oder gar auf der eigenen Webseite attackieren oder Vertrauliches aus der bisherigen Konversation preisgeben. Aktivitäten dieser Art bleiben auf unbestimmte Zeit dokumentiert und haben schwerwiegende Konsequenzen. Mögen Sie noch so im Recht sein (zum Streit gehören immer zwei), das einzige, was beim potenziellen Kunden der Zukunft hängen bleibt, ist Ihre Aggressivität. Der Leser denkt sich: „Mit jemandem wie Ihnen ist wohl nicht gut Kirschen essen?"

Internet-Surfer der neuen Generation suchen geradezu nach Negativem, wenn sie sich über eine Firma informieren wollen. Die Kaufentscheidung soll möglichst schnell fallen, Zeit wird immer kostbarer. Positives könnten Sie auch selbst geschrieben haben, doch Negatives ist ein eindeutiges Identifikationskriterium für ein No-Go. Suchprofis sehen sich übrigens vor allem mittlere Bewertungen (3- und 4-Stern-Ratings) an, da diese fast immer am detailreichsten und aussagekräftigsten, vor allem aber am authentischsten sind. Da in der breiten Masse potenzieller Kunden wohl nur wenige dieser Profis zu finden sind, sollten Sie vor allem danach trachten, 1- oder 0-Stern-Verrisse zu vermeiden.

Daher nochmals mein Rat: Seien Sie immer *freundlich, sachlich und großzügig*. Und bleiben Sie geduldig. Wenn Sie dieselbe

Frage im selben Forums-Thread zum dritten Mal vollständig beantworten und der Fragesteller immer noch neben den Schuhen steht, wird wohl hoffentlich irgendjemandem der Kragen platzen. Nur Sie selbst sollten das nicht sein. Bleiben Sie auf die Sache bezogen und vermeiden Sie jede persönliche Anspielung, auch zwischen den Zeilen. Setzen Sie Ihr bestes Lächeln auf, bevor Sie antworten.

Ein wichtiger Punkt und eine große Chance im Webgeschäft ist das Thema Kulanz. Sie hängt unmittelbar mit Ihrer Reputation zusammen und kann zu einem wichtigen Multiplikator werden. Ihr Entgegenkommen kostet Sie Geld. Dieser Einsatz kann sich aber hundert- und tausendfach amortisieren. Bedenken Sie: Das weltweite Netz basiert, wie der Name sagt, auf weltweiter Vernetzung. Die Kommunikationsregeln sind online dieselben wie offline. Gute Nachrichten verbreiten sich schnell, schlechte noch viel schneller. Es gilt zuallererst, die Verbreitung schlechter Nachrichten zu unterbinden. Ist ein Kunde nicht zu 100 % zufrieden, kommen Sie ihm entgegen, egal, wer im Recht ist. Seien Sie großzügig. Wie viel kann Sie das schon kosten? Angesichts Ihrer Einkaufspreise, unternehmerischen Kontakte und Möglichkeiten ist ein unrentabler oder doppelt gelieferter Auftrag wohl kein Beinbruch. Man kann sich ja auch in der Mitte treffen. Wer digitale Güter vertreibt, den kostet das Entgegenkommen oft nur einen Mausklick. Kulanz geht einfach und tut nicht weh! Viel schlimmer wäre es, wenn Sie aus Prinzip auf wenigen Euros herumreiten und der frustrierte Kunde eine Rachebewertung auf Amazon oder andere Bewertungsportale stellt, die man nur sehr schwer bekämpfen kann. Versuchen Sie bei Gelegenheit, jemanden bei Amazon zu erreichen, dann wissen Sie, was ich meine.

Lassen Sie Inhalte, die Sie betreffen, nicht einfach so im Internet stehen. Aber wie findet man überhaupt neue Fundstellen in diesem Datenuniversum? Das gleicht doch der Suche nach der Nadel im Heuhaufen! Wieder einmal kommt uns Google mit einem großartigen Tool zu Hilfe: den *Google Alerts*, zu finden unter *www.google.com/alerts*.

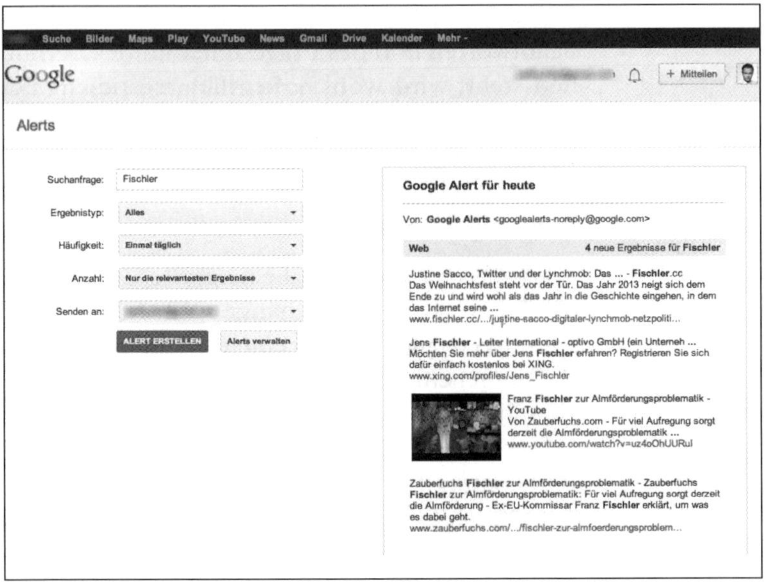

Abbildung 8.1: Google Alerts: Nie mehr neue Fundstellen verpassen

Dieser Dienst verständigt Sie, sobald Google irgendwo im weltweiten Netz von Ihnen definierte Worte und Wortkombinationen neu gefunden hat. Geben Sie Suchbegriffe ein, die im Idealfall unverwechselbar und eindeutig Ihnen zuzuordnen sind: Ihren Name, Ihre Marke, ihre Domain und Ähnliches. Sie können so viele Alerts anlegen wie Sie möchten. Legen Sie fest, in welchem Umfang und wie häufig Sie über neue Fundstellen informiert werden wollen. Egal, wo und von wem etwas über Sie geschrieben wird – so lange Google es sieht, sehen Sie es auch. So können Sie zeitnah auf alles reagieren, das Sie betrifft.

Handeln Sie unverzüglich, sowohl bei positiven, als auch bei negativen Funden. Damit senden Sie ein wichtiges Signal aus: „Seht her, ich bin da und sehe alles, was Ihr im Internet über mich schreibt!" Außerdem drücken Sie damit aus, wie wichtig Ihnen die Meinung anderer ist. Das lässt auf guten Kundenservice schließen. Bedanken Sie sich für gute Bewertungen, und antworten Sie sachlich, freundlich und kulant auf negative Kritik. Melden Sie sich bei fremden Webseiten an, wenn das die Voraussetzung ist, um Ihre Antwort veröffentlichen zu können. Tun Sie das möglichst schnell, damit sich fremde Gemeinschaften nicht auf Sie „einschießen“ können, nach dem Motto: „Jaja, das kenn ich, ich hab auch mal mit solchen Halsabschneidern zu tun gehabt!“ Schnell finden Sie sich in einer Ecke mit Betrügern und anderen Kriminellen wieder. Je unverzüglicher Sie eingreifen, desto eher lassen sich solche eigendynamischen Diskussionsprozesse unterbinden. Auch im Fall berechtigter Kritik können Sie gleich die Wogen glätten, wenn Sie schnell und professionell reagieren. Doch wenn alle auf ein Statement von Ihnen warten und keines kommt, kann ein wahrer Sturm (dieses Internet-Phänomen wird als Shitstorm bezeichnet) über Sie hereinbrechen. Vogel-Strauß-Politik ist im Internet ganz verkehrt.

Ein Wort der Warnung: Je nach Branche kann es auch verpönt und unprofessionell sein, überhaupt auf Kritik zu reagieren. Der Bestsellerautor reagiert ebenso wenig wie sein Verlag auf Rezensionen beliebiger Buchkäufer oder Blogger, weil das in der Buchbranche verpönt ist. Mag die Kritik noch so unangebracht oder sachlich falsch sein, man nimmt sie (vielleicht) zur Kenntnis und macht weiter. Dagegen führen viele „Self-Publisher“, also Eigenverleger und Hobbyautoren ohne Verlag, seit Bestehen von Amazons Kindle-Direct-Publishing-Programm (KDP) auf den Amazon-Produktseiten wahre Rezensionsschlachten. Hier findet man alles: Selbst geschriebene Rezensionen, gekaufte Bewertungen, absichtlich miese Ratings für Konkurrenztitel, „Nicht-hilfreich-Bewertungen“ guter Rezensionen von Titeln der Mitbewerber (und umgekehrt) und vieles mehr. Die „Indies“ schaden sich damit mehr, als es ihnen nützt; und manch einer, dem Amazons KDP-Programm zu unverhofftem Ruhm verholfen hat, verdankt dem gegenseitigen Mistwerfen graue Haare oder Schlimmeres. Mein Rat: Ist es in Ihrer Branche verpönt, auf Kritik zu reagieren, machen Sie sich nicht zum Affen. Gerade Künstler brauchen eine dicke Haut, die keine noch so spitze Feder manches Möchtegern-Künstlers und heutigen Kritikers durchdringen kann. Wer darauf (womöglich noch beleidigt) reagiert, schadet sich auf lange Sicht nur selbst.

Sie müssen sich aber auch nicht alles gefallen lassen. Wenn Grenzen überschritten wurden und ein Rechtsbruch in Form von unlauterem Wettbewerb, Erpressung, übler Nachrede oder anderen Tatbeständen vorliegt, kann man Betreiber fremder Webseiten als Inhaltsverantwortliche darauf aufmerksam machen. Greifen diese nicht ein und löschen die rechtswidrigen Inhalte nicht, bleibt auch die Einschaltung offizieller Behörden eine Option.

Die Entscheidung, worauf man sich einlässt und was zu weit geht, verlangt viel Fingerspitzengefühl. Dieses ließ etwa Jack Wolfskin vermissen, als man im Jahr 2009 brachial gegen die Verwendung von Wolfstatzen-Symbolen im Internet auftrat und eine Reihe von Abmahnungen aussandte. Empfänger dieser Unterlassungs- und Zahlungsaufforderungen waren Kleinstunternehmer wie z.B. Hobbybastler, die zu den schwächsten Gliedern des Internet-Business zählen. Dieses unglaublich aggressive und kurzsichtige Verhalten löste einen Sturm der Entrüstung quer durch Internet und Traditionsmedien aus. Auch im Wikipedia-Eintrag zu Jack Wolfskin (*http://de.wikipedia.org/wiki/Wolfskin*) ist diese verfehlte Markenstrategie ausführlich dokumentiert. Zitat: „Das Firmenimage nahm durch die Abmahnaktionen Schaden." Ich denke, dass sich dieser Schaden kaum in Zahlen ausdrücken lässt. Schließlich gab der Konzern klein bei und zog die Abmahnungen zurück. Am Anfang ging es ums Prinzip. War es das am Ende wert?

Hüten Sie Ihre Reputation wie Ihren Augapfel. Sie ist Ihr wichtigstes Kapital und kann Ihnen ganz leicht davonfliegen. Ein schwacher Moment kann alles ruinieren. Genehmigen Sie sich keine Schwächen, wenn es um Ihren Ruf im Internet geht.

Wer ist Justine Sacco?

Für alle, die noch nie von Justine Sacco gehört haben: Ihre Reputation wurde nach einer einzigen unüberlegten Aktion – in ihrem Fall war es ein dummer Tweet auf Twitter – für immer ruiniert. Die Google-Suche nach ihrem Namen sagt mehr als tausend Worte:

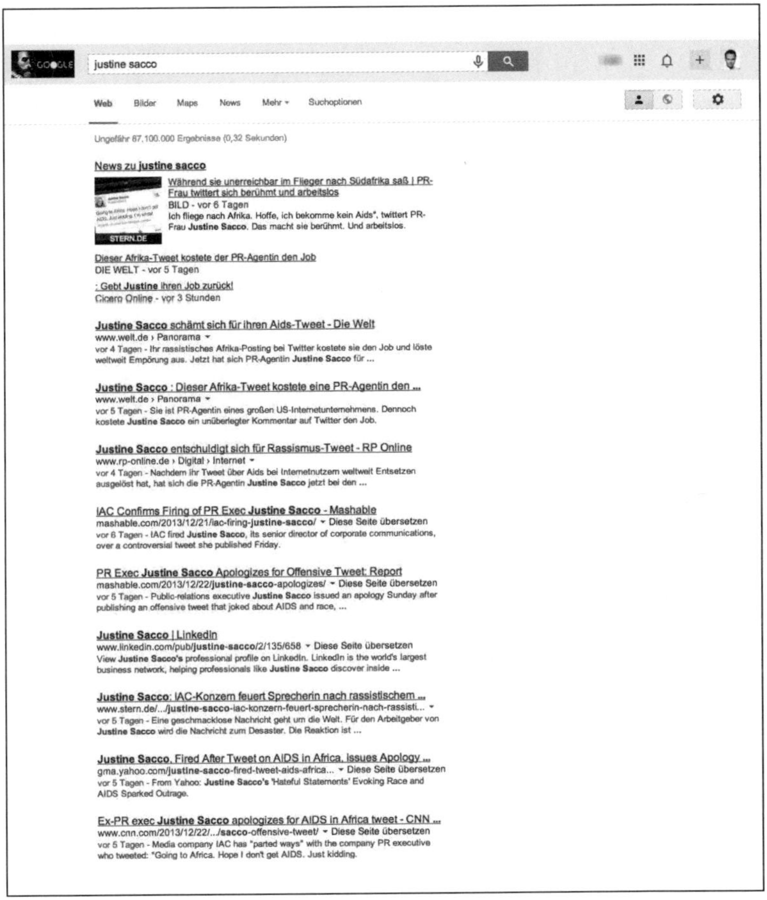

Abbildung 8.2: Justine Sacco: Wie ein dummer Tweet in wenigen Stunden ein ganzes Leben ruiniert

Dieses Beispiel zeigt auf besonders brutale Weise, wozu eine aufgebrachte Internet-Gemeinde fähig ist und wie die weltweite Vernetzung als virtuelle Waffe gegen einzelne Subjekte missbraucht werden kann. Wie Frau Sacco im Anschluss an ihr unüberlegtes, vermutlich satirisch gemeintes Posting durch den Dreck gezogen wurde, ist um nichts weniger verwerflich als ihr dummer Tweet. Zurück bleibt ihre virtuelle Leiche, die sich massiv auf ihr „richtiges" Leben auswirkt. Stellen Sie sich vor, die Dame bewirbt sich bei Ihnen, und Sie googeln ihren Namen … Justine Saccos ganze Geschichte und meinen ausführlichen Kommentar finden Sie hier: *http://www.fischler.cc/2013/12/justine-sacco-digitaler-lynchmob-netzpolitik.html.*

Lassen Sie sich von Einzelfällen wie diesem nicht verunsichern oder gar vom Internet abbringen. Seien Sie sich bei all Ihren Aktivitäten im World Wide Web nur stets der Zweischneidigkeit des Mediums bewusst. Ihre Online-Reputation ist kostbar. Achten Sie gut darauf.

KAPITEL

9

Erste Hilfe

Wir alle kennen jene Computererlebnisse der dritten Art, die uns das Blut in den Kopf steigen lassen: Nach stundenlanger Arbeit sitzt man plötzlich vorm abgestürzten PC und alles scheint futsch zu sein. Nichts geht mehr. Auf spontane Schweißausbrüche folgt schnell die Frage: Was tun?

9 Erste Hilfe

Google-Strafe, Penalty und Sandbox

Oje, oje! Ihre Webseite ist von einem Moment auf den anderen nicht mehr oder nur noch auf hinteren Ergebnisseiten der Google-Suchergebnisseiten zu finden? Die Analysesoftware zeigt einen markanten, schlagartigen Einbruch der von Google kommenden Besucher? Dann könnte Ihre Homepage eine Strafe abbekommen haben. Dieser so genannte „Penalty" trifft jene, die von der Suchmaschine automatisch oder durch menschliche Beurteilung als Regelbrecher identifiziert wurden. Strafen sind von natürlichen Schwankungen zu unterscheiden, die immer wieder vorkommen. Im Normalfall bewegen sich diese Fluktuationen aber innerhalb enger Grenzen und lassen Ihre Google-Besucherzahlen nicht komplett einbrechen. Genauere Auskunft, ob eine manuelle Google-Strafe vorliegt oder nicht, geben die bereits präsentierten *Google Webmaster-Tools*. Wer seine Seite dort anmeldet, findet den aktuellen Status unter *Suchanfragen / Manuelle Maßnahmen*. Google-Strafen werden Sie so oder so nicht verpassen, denn ihre Folgen sind sofort spürbar und für Profi-Webmaster nicht selten existenzbedrohend.

Google hat ein ganzes Arsenal an Strafen, von der Rückversetzung um eine oder mehrere Seiten (de facto ist alles außer der ersten Seite, den Top 10, irrelevant) bis zur gänzlichen Verbannung aus dem Index (Höchststrafe). Die Folge ist immer dieselbe: Da der Google-Suchmaschinenverkehr für die meisten Webseiten lebensnotwendig ist, wird Ihnen ohne Vorwarnung und Hilfestellung der Boden unter den Füßen weggezogen. Unvermittelt und unvorhersehbar ist es dann mit dem Online-Geschäftsmodell vorbei.

Neue Webseiten erleben oft den so genannten „Sandbox-Effekt". Damit will man Spammern das Handwerk legen. Wer frisch registrierte Domains mit Brachialmethoden nach oben bringen möchte, wird zur Abkühlung ein paar Monate lang „zum Spielen“ in den Sandkasten gesteckt. Nach der Meinung vieler Experten handelt es sich hierbei nicht um eine Strafe, sondern um einen Teil des Google-Algorithmus. Je älter die Domain, desto unwahrscheinlicher wird es, von diesem Effekt betroffen zu sein.

Gibt es Ihre Homepage schon länger und sie ist von einer Strafe betroffen, so sollten Sie sich zuerst den aktuellen Status in den Webmaster-Tools (siehe oben) ansehen und danach ehrlich fragen, was *genau* Sie falsch gemacht haben. Eine genaue Erklärung, warum Sie die Strafe erhalten haben, dürfen sie sich von Google nicht erwarten. Aber die Suchmaschine stellt Ihnen neben weiterführenden Hilfestellungen auch die „Qualitätsrichtlinien für Webmaster“ zur Verfügung. In den Grundprinzipien findet sich Folgendes:

Vermeiden Sie Tricks, die das Suchmaschinen-Ranking verbessern sollen. Beachten Sie die folgende Regel: Sie sollten kein schlechtes Gefühl haben, wenn Sie den Inhabern einer konkurrierenden Website Ihre Vorgehensweise erklären müssten. Eine weitere hilfreiche Frage lautet: „Nutzt dies den Besuchern meiner Website? Würde ich das auch tun, wenn es keine Suchmaschinen gäbe?“

Haben Sie oder von Ihnen beauftragte Dienstleister es mit den Tricks übertrieben, kann Ihre Seite für immer „verbrannt“ sein. Dann heißt es, mit einer neuen Domain von vorne zu beginnen. Die Alternative wäre, alle Maßnahmen, die zur Strafe führten, rückgängig zu machen, und einen „Antrag auf erneute Überprüfung der Webseite“ zu stellen. Ich wage jedoch zu bezweifeln, dass sich aggressive SEO-Methoden gänzlich rückabwickeln lassen. Vielleicht erholt sich die Seite ja wieder und die Strafe ist nur vorübergehend, doch verlassen können Sie sich leider nicht darauf.

Manchmal bleibt die Ursache des Penaltys ganz im Dunkeln. Vielleicht haben Sie einfach nur Pech gehabt. Der Google-Algorithmus ist dann „gut“, wenn er seine Sache im Großen und Ganzen richtig macht. Spammer liefern sich mit Google harte Gefechte und die Methoden werden auf beiden Seiten raffinierter. Kollateralschäden kommen leider immer wieder vor. Das Dumme daran ist: Wenn Sie vom Algorithmus (automatisch) bestraft wurden, kann auch ein Google-Mitarbeiter nicht eingreifen.

Jemanden bei Google kontaktieren zu wollen, ist ohnehin aussichtslos. Wenn Sie nicht gerade ein Großkonzern mit Tausenden Mitarbeitern sind, wird sich niemand für Ihr Schicksal interessieren (können). Es gibt Hilfeforen, in denen man andere Teilnehmer um Rat ersuchen kann, etwa dann, wenn Sie sich die Strafe überhaupt nicht erklären können. Google selbst bietet solche Diskussionsplattformen, und daneben gibt es eine Vielzahl von Webmaster- und Suchmaschinenoptimierungsforen mit hilfsbereiten Zeitgenossen. Nachdem sich Google nicht genau in seine gelben und roten Karten blicken lässt, schwankt die Qualität der Antworten zwischen Nützlichem, Sagen und Legenden. Anfänger laufen Gefahr, auf eine falsche Fährte geführt zu werden. Kurzschlussreaktionen und die Befolgung „guter“ Ratschläge können dann zum endgültigen Abschuss der Seite führen. „Abwarten und Tee trinken“ kann gut gehen, muss es aber nicht. Bei schweren Strafen wie mehrseitiger Rückstufung aller Suchergebnisse oder gänzlicher Entfernung aus dem Index rate ich Ihnen deshalb, neu zu starten und die Entwicklung der bestraften Seite am Rande mitzuverfolgen. Im besten Fall, der Aufhebung der Strafe, haben Sie dann gleich zwei funktionierende Seiten.

Zur Beruhigung: Google-Strafen sind nicht sehr wahrscheinlich. Man muss es schon eindeutig und absichtlich mit der Trickserei übertreiben. Bloße Fehler und schlechtes Handwerkszeug führen in der Regel nicht zu Strafen, sondern höchstens zu schlechteren Positionen. Und so möchte ich mein „Mantra“ ein weiteres Mal in Erinnerung rufen: *„Erstellen Sie Seiten in erster Linie für Nutzer, nicht für Suchmaschinen.“* Wenn Sie sich auf Ihre Besucher konzentrieren und nicht auf Google, können Sie nur profitieren: Nutzer werden zu Fans, Ihre Seiten werden auf natürliche Art und Weise verlinkt, das gefällt wiederum Google – warum sollte man Sie da bestrafen?

Langsame Seiten und Webhosting-Probleme

Ihre Webseite ist sehr langsam oder ständig „down“? Kein Beinbruch! Webhosting ist eine austauschbare Dienstleistung. Ähnlich Ihrer Bank, Ihrem Zahnarzt oder Handyprovider können Sie so lange den Anbieter wechseln, bis die Leistung stimmt. Lassen Sie sich nicht von Ihrem Webhosting-Provider frustrieren. Zu wechseln ist besser, als das Problem auszusitzen, und es fällt kostenmäßig nicht ins Gewicht. Hosting kann also höchstens vorübergehend Kopfweh bereiten.

Probieren geht hier über Studieren – glauben Sie nicht alles, was über die verschiedenen Anbieter zu finden ist. Die Webhosting-Branche ist stark umkämpft, Anschwärzen der Konkurrenz, selbst geschriebene Bewertungen und Racheaktionen frustrierter Webmaster sind an der Tagesordnung. Nicht immer ist der teuerste Anbieter auch der beste. Man muss seine Erfahrungen selbst machen, was zum Glück nur wenig Geld kostet. Wenn Sie Wert auf meine Meinung legen, so führe ich auf *www.fischler.cc* eine Liste aktuell zu empfehlender Webhosting-Dienste an, mit denen ich selbst arbeite.

Geschwindigkeit ist nicht nur ein wichtiger Faktor für Google, sondern auch wichtig für das Besuchererlebnis. Niemand möchte gerne zehn Sekunden oder länger warten, bis die Seite vollständig geladen wurde. Google sagt eindeutig, dass sich die Geschwindigkeit einer Webseite auf deren Position in den Ergebnislisten auswirkt. In der Sprache der Web-Nerds: „Speed ist ein wichtiges Rankingkriterium.“ Dies wird auch dadurch untermauert, dass der Suchmaschinengigant selbst viele Tools und Hilfestellungen für Webmaster und Webhoster zur Verfügung stellt, mit denen man seine Seiten beschleunigen kann. Entsprechende Ressourcen finden Sie in den Google PageSpeed Tools.

Die PageSpeed Tools bieten sowohl Fortgeschrittenen als auch Hosting-Profis einige Anwendungen, die Webseiten beschleunigen – von der Analyse des Status quo samt Verbesserungsvorschlägen bis zur konkreten Optimierung mit Google-Tools.

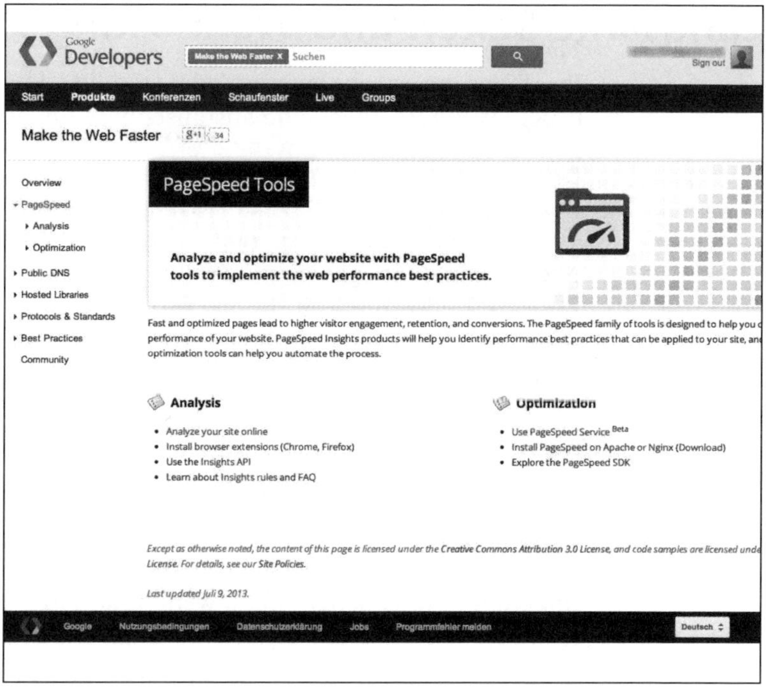

Abbildung 9.1: Google PageSpeed Tools: Für schnellere Webseiten

Den meisten Webmastern sind diese Ressourcen anfangs zu kompliziert oder sie haben keine Kontrolle über die entsprechenden Regionen ihres Hostingpakets, weil sie mit einem kleinen Hosting-Account statt eines eigenen virtuellen oder dedizierten Servers beginnen. Ist ein solcher „Shared"-Webhosting-Provider zu langsam, kann man das nicht nur mit Tools feststellen (z.B. im Browser Google Chrome: *Einstellungen / Tools / Entwicklertools / Network / Seite neu laden*), sondern auch gefühlsmäßig wahrnehmen. Die Zeitspanne zwischen Aufruf einer Homepage und dem tatsächlichen Ladebeginn ist die Latenzzeit. Wenn Sie regelmäßig mehrere Sekunden warten müssen, bis der Browser zu rattern beginnt (und das bei fremden Seiten nicht so ist), stimmt möglicherweise etwas mit Ihrem Webhoster oder dessen Anbindung nicht. Bringt auch die Einschaltung des Supports keine Verbesserung, heißt es: „Ab zum Nächsten!“

Unvorhersehbare Ereignisse wie Brandschäden und Infrastruktur-Ausfälle beim Webhosting-Provider können Ihre Seite vorübergehend unerreichbar machen. Davor ist auch der beste Hoster dieses Planeten nicht sicher. Niemand kann Ihnen eine 100%ige Verfügbarkeitsgarantie geben, das wäre Humbug. Nicht einmal Google ist zu 100 % erreichbar. Solange sich die *Downtime*, also die Zeit, in der Ihre Seite unerreichbar ist, im Rahmen von wenigen Stunden pro Jahr abspielt, ist das in Ordnung. Doch kommt es wöchentlich vor, dass Ihre Homepage für längere Zeit offline ist, wird sich ein Wechsel des Providers nicht vermeiden lassen.

Viele Seitenbetreiber knausern, wenn es ums Webhosting geht. Diese dürfen sich nicht über langsame und schlecht erreichbare Seiten wundern. Ich verstehe nicht, warum man das Hosting unbedingt gratis haben muss, wenn man um wenige Euros pro Monat einen stabilen Dienst im Rahmen einer vollwertigen Kundenbeziehung samt Kundendienst (Support) bekommt. Günstige Hostingpakete ermöglichen den Betrieb kleiner und mittelgroßer Webseiten. Bei Gratis-Hostern fliegt man ohne Vorankündigung raus, wenn man bestimmte Grenzen durchbricht. Nicht selten sind dann alle Daten futsch. Denn was gratis ist, ist nichts wert und verpflichtet auch zu nichts. – Näheres finden Sie in den Nutzungsbedingungen solcher Dienste. Das einzige Gratis-Hosting, das ich Ihnen wirklich empfehlen kann, ist jenes im Rahmen von Google Blogger.

Anbieterwechsel sind immer mit Arbeit verbunden. Doch oft wird Ihnen diese Arbeit vom neuen Anbieter abgenommen. Schließlich liegt es in seinem Interesse, Sie als neuen Kunden zu gewinnen! Scheuen Sie sich nicht vor einem Wechsel, selbst wenn dieser beim ersten Mal kompliziert erscheint. Es lohnt sich nicht, auf Geschäftspotenzial zu verzichten, das durch schlechtes Webhosting verloren geht.

Webseite gehackt

Sie finden plötzlich merkwürdige Inhalte in Form von Texten, Links und Bildern auf Ihrer Webseite, die unmöglich von Ihnen stammen können? Es geschehen seltsame Dinge und der Virenscanner schlägt beim Besuch Ihrer Homepage aus? Dann könnte es gut sein, dass Ihre Online-Präsenz gehackt wurde.

Meist sind es automatisch laufende Programme (Skripte), die durchs Internet streifen und Ausschau nach verletzlichen Systemen halten. Jene mit einfachsten Passwörtern zum Beispiel, aber auch lange nicht mehr aktualisierte Versionen beliebter Inhaltsverwaltungssysteme. Finden sie solche, beißen sie sich fest und infiltrieren ihre Botschaften. Das Bild eines pickelgesichtigen und übergewichtigen Computerfreaks, der sich mit breitem Grinsen in einer einzelnen Homepage austobt, ist längst überholt. Hacking wurde von der Freizeitbeschäftigung zum industrialisierten Geschäftsmodell. Die Hackerprogramme arbeiten vollautomatisch, 24 Stunden am Tag und erledigen ihren Auftrag still und heimlich. Manchmal geht es ums Zerstören, manchmal ums Trittbrettfahren. Wenn ein Hack nur dazu führt, dass irgendwo auf der Seite, womöglich sogar thematisch passend, ein neuer Link auf eine kommerzielle Seite des Hackers oder seines Auftraggebers vorkommt, ist das sehr schwer zu entdecken. Wie Vampire saugen sich moderne Hacker an Ihrer Webseite fest. Ihre Beute ist nicht Ihr Blut, sondern Ihr Google-Juice, der über das unbemerkte Platzieren von Links angezapft wird.

Man kann (und soll) sich von den im Kapitel „Kundenmeinung und Reputation“ vorgestellten Google Webmaster-Tools benachrichtigen lassen, wenn Google auf Ihrer Seite schädliche Software findet. Hierzu müssen Sie nur in den Einstellungen der Google Webmaster-Tools *E-Mail-Benachrichtigungen / Alle Nachrichten an … weiterleiten* auswählen. Unter *Sicherheitsprobleme* finden Sie zudem direkt in den Webmaster-Tools eine Auswertung gefundener Schadsoftware. Beseitigen Sie eventuelle Funde schnell, denn sonst ist es mit Ihren guten Suchmaschinenpositionen vorbei. Je nach den schon entstandenen Folgen kann es sinnvoll sein, nach Entfernung der Malware eine erneute Überprüfung der Webseite durch Google zu beantragen.

Wenn Sie Opfer eines Hackers wurden, gilt: „Ein Backup in Verbindung mit einem Systemupdate und Passwortwechsel macht (fast) alles wieder gut!“ „Fast“ deshalb, weil Sie herausfinden sollten, was wirklich geschehen ist. Einfache Passwörter, veraltete Homepage-Betriebssystem-Versionen und unsichere Erweiterungen (Plug-ins) wären die heißesten Tipps. Nach der Einspielung des Backups sollten Sie daher das System updaten, die Passwörter wechseln (sichere Passwörter verwenden – siehe Kapitel „Achtung: Stolpersteine“) und sich über die Sicherheit Ihrer Plug-ins erkundigen (= googeln). Lassen Sie weg, was nicht unbedingt nötig ist. Darüber hinaus lässt sich jede Homepage weiter absichern, was jedoch mit teils unverhältnismäßig hohem Aufwand verbunden wäre.

Domain verloren

Ihre Domain (z.B. fischler.cc) ist der Dreh- und Angelpunkt Ihrer Webseite. Unter ihrem Namen sind Sie bei Google indexiert, wurden/werden zitiert, verlinkt und so weiter. Sie ist Ihre Marke. Nun ist diese ausgelaufen und wurde Ihnen vor der Nase weggeschnappt? Dann ist Ihre Webseite von einem Tag auf den anderen nicht mehr erreichbar oder zeigt plötzlich eine fremde Homepage an. Ihr Webhoster bzw. der Dienst, der die Domain bisher verwaltete, sollte Ihnen mehr Auskunft darüber geben können, was genau geschehen ist. Sie können aber auch selbst nachforschen: „Whois“-Dienste wie *whois.net* verschaffen Einblick in die Registrierungsdaten von Domains. Stehen dort nicht mehr Sie bzw. Ihr Domain- bzw. Anonymisierungsdienst, sondern fremde Namen und Provider, hat sich der Inhaber geändert. Einfacher gesagt: Die Domain ist weg.

Es kommt gar nicht so selten vor, dass man eine Domain verliert, meist aus Unachtsamkeit. Das passiert gelegentlich sogar staatlichen Organisationen und Großkonzernen und ist dann ein gefundenes Fressen für die „dunkle Seite der Suchmaschinenoptimierung". Frei werdende Webseitennamen werden nicht selten automatisch wenige Sekunden nach Ablauf des bezahlten Zeitraums abgefischt und mit eigenem Content versehen, um von der „Linkpower" gut eingeführter Homepages zu profitieren. Google hat mittlerweile Maßnahmen gegen diese Praxis ergriffen, doch immer noch gilt: Haben Sie versäumt, die Domain zu verlängern, ist sie vermutlich futsch und nur sehr teuer zurückzubekommen.

Domains können Ihnen aus verschiedenen Gründen abhanden kommen. Meist sind es jedoch ungültige Zahlungsinformationen oder abgelehnte Einzugsversuche in Kombination mit ignorierten oder in den Spamordner gelangten E-Mails des Domainverwalters. Ist Ihre Kreditkarte abgelaufen oder haben Sie Ihr Bankkonto gewechselt? Arbeitet Ihr Provider mit einem Guthabenkonto, und haben Sie versäumt, dieses rechtzeitig mit genügend Geld aufzuladen? Domains sind ein Massengeschäft und müssen automatisiert verwaltet werden. Man kann sich nicht mit jedem Kunden wegen zehn Euro pro Jahr herumärgern. In den AGB gesteht man sich zu, Zahlungserinnerungen per E-Mail statt Post auszusenden und die Domain auslaufen zu lassen, wenn der Kunde nicht rechtzeitig bezahlt. Anders wäre dieses Geschäft auch gar nicht machbar.

Eine Fehlkonfiguration der Verlängerungsoption in Ihrem Hosting-Verwaltungsbereich kann ebenfalls zum Auslaufen statt zu planmäßiger Verlängerung führen. Zwar sollte man auch in diesem Fall einige E-Mails zum bevorstehenden (und dann noch verhinderbaren) Auslaufen erhalten, doch wenn diese nicht ankommen oder ignoriert werden, heißt es: „Tschüss, mühevoll aufgebaute Domain!"

Ausgelaufene Domains gut verlinkter Homepages sind binnen Sekunden wieder registriert. Meist ist es zu spät, wenn man den Schaden erkennt. Sollte der neue Eigentümer Ihrer Domain Ihre Rechte (z.B. Markenrechte) verletzen oder Ihre alte Webseite nachbauen und so gegen Ihr Urheberrecht verstoßen, schalten Sie Ihren Anwalt ein. Meist werden alte Domains aber auf subtilere Art und Weise genutzt. Dann kann man nur Kontakt zum neuen Inhaber aufnehmen und in Kaufverhandlungen treten. Denn was vom Voreigentümer aufgegeben wurde, kann von jedermann neu registriert werden.

Passen Sie gut auf Ihre Domain auf!

Alles fort und kein Backup

Die Daten Ihrer Homepage sind unwiederbringlich und ersatzlos zerstört? Wenn sich diese Vermutung tatsächlich bestätigen sollte, dann heißt es: „Zurück an den Start!“ Doch bevor Sie die Nerven über Bord werfen, vergewissern Sie sich zuerst, ob Ihre Daten wirklich fort sind. Hier einige Fragen, die Ihnen vielleicht weiterhelfen:

- ✔ Macht Ihr Webhosting-Provider automatische Backups, auch wenn er diese nicht aktiv anbietet? Schon zur eigenen rechtlichen und technischen Absicherung sichern die Webhoster regelmäßig alle Daten und bewahren diese für lange Zeit auf. Ich denke, dass jeder Provider eine Möglichkeit hat, frühere Datenstände – notfalls gegen Entlohnung – wiederherzustellen.
- ✔ Hat ein Webdesigner oder IT-Dienstleister irgendwann für Sie gearbeitet und dabei eine Sicherheitskopie Ihrer Homepage angefertigt?
- ✔ Hat ein Programmierer die Möglichkeit, zerstörte Daten wieder funktionsfähig zu machen? Oft hat man selbst an der Seite herumgespielt und ein einfacher Fehler ist der Grund, warum nichts mehr geht.

Ist wirklich „alles futsch“ und man kommt schnell drauf, so lassen sich einzelne Seiten womöglich anhand des Google-Webseiten-Cache rekonstruieren. Mit der Abfrage *site:ihredomain.de*, also z.B. *site:malerei-meier.de*, kommen Sie zu allen Seiten, die Google indexiert hat. Per Klick auf *Im Cache* finden Sie die letzte Version, die Google von Ihrer Seite gemacht hat.

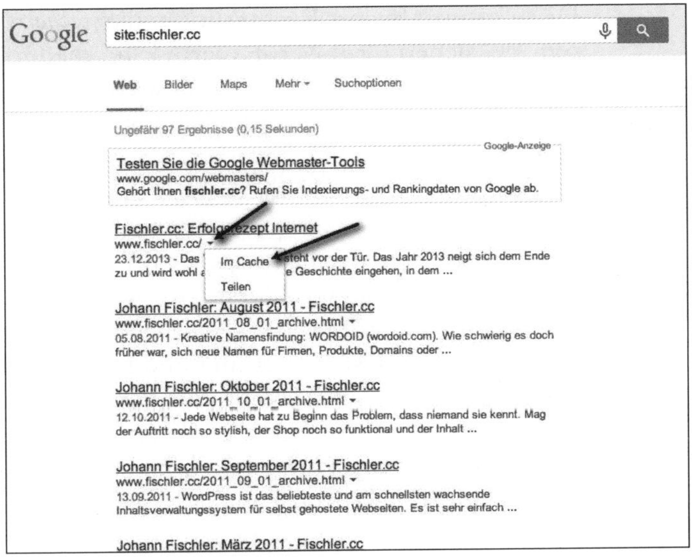

Abbildung 9.2: Googles Zwischenspeicher: *Im Cache*

Abbildung 9.3: Anzeige des Cache einer indexierten Seite

Diese können Sie per Rechtsklick und *Speichern unter* ... auf Ihrem PC sichern. Ein Web-Experte kann die Grundstruktur Ihrer Webseite anhand dieser Daten wiederherstellen. Häufig aktualisierte Homepages werden auch von Google öfter besucht. Wenn Sie sich zu viel Zeit gelassen haben, könnte die letzte Version schon jene sein, die nicht mehr funktioniert, denn ältere Speicherungen werden verworfen. Das wird jedoch nicht bei allen Unterseiten der Fall sein, die oft nur ein- bis zweimal pro Monat von Google durchforstet werden. Versuchen Sie, so viel wie möglich zu retten, denn eine etablierte, tief strukturierte Homepage ist meist gut verlinkt und hat sich ihre Suchmaschinenposition im Lauf der Jahre verdient. Ändern sich plötzlich Parameter wie Seitentitel oder Verzeichnisbaum, weil Sie den alten Stand nicht rekonstruieren können, könnte Google dies als einschneidende Änderungen interpretieren, denen der Algorithmus von Haus aus mit einer großen Portion Misstrauen begegnet. Bringen Sie daher in Sicherheit, was geht.

Das unter *www.archive.org* erreichbare „Internet Archive“ bzw. die „Wayback Machine“ könnte Ihr zweiter Rettungsanker sein. Vor allem dann, wenn Sie eine gut frequentierte Webseite besitzen, die es bereits seit mehreren Jahren gibt, sollten Sie dort frühere Stände finden und Teile Ihrer Homepage wiederherstellen können.

Diese Methoden werden einen vollständigen Datenverlust nicht ungeschehen machen. Je mehr Sie von Ihrer Homepage profitieren, desto professioneller sollten Sie daher auch mit dem Thema Datensicherheit umgehen. Backup-Routinen sind günstig und schnell aufgesetzt und werden Sie vor Extremsituationen wie diesen bewahren. Mehr dazu finden Sie im Kapitel „Ihr Auftritt, bitte!“ im Abschnitt „Sicherheit und Backups“.

Schlechte Bewertungen, Behauptung von Unwahrheiten

Wie bereits erwähnt, sind Kundenmeinung und Reputation essenziell für Ihr Überleben im Online-Business. Schlechte Bewertungen und rufschädigende Aussagen dritter Personen können Ihnen schnell den Geldhahn zudrehen. „Irgendetwas wird an der Sache schon dran sein, wenn sich jemand die Zeit nimmt, darüber zu berichten!", denkt der gewöhnliche Internet-User. Sie sollten Ihre Bewertungen im Auge behalten. Wie Sie automatisch auf neue, potenziell geschäftsschädigende Einträge aufmerksam gemacht werden können, und welche Möglichkeiten Sie dann haben, habe ich im Kapitel „Kundenmeinung und Reputation" dargestellt.

KAPITEL 10

Doch lieber auslagern?

Der Umgang mit dem Internet ist heute einfacher als jemals zuvor. Wenn Sie aus Zeitmangel oder anderen Gründen doch lieber einen Dienstleister beauftragen möchten, so sind noch ein paar wichtige Fragen offen.

10 Doch lieber auslagern?

Was brauche ich und was nicht?

Zwei Zutaten sind entscheidend für Ihren Erfolg: Wille und Einsatz. Den Willen können Sie nicht auslagern, den Einsatz (theoretisch) schon. Wenn Sie gewillt sind, online erfolgreich zu werden, so werden Sie stets über den Dingen stehen und ein wachsames Auge auf jene werfen, die für Sie am Webauftritt arbeiten. Wer *will*, der kann auch neben seiner Arbeit damit beginnen, den Grundstein für den Internet-Erfolg zu legen. Wenn Ihnen „das mit dem Internet" eigentlich egal ist und Sie es nur machen, „damit man eben eine Webseite hat" oder „weil es die Konkurrenz auch hat", wird man mit Ihnen Schlitten fahren. Also: *Wollen Sie wirklich*?

Ihr persönlicher Einsatz lässt sich (teilweise) delegieren. Sie können externe Dienstleister oder Mitarbeiter damit beauftragen, Ihren Webauftritt zu erstellen und dessen Inhalte zu pflegen. Dennoch müssen Sie die Kontrolle behalten und die Fäden ziehen. „Es" einfach abzuschieben, weil man sich nicht „damit" auskennt, führt garantiert ins Chaos. Der Stärkere gewinnt. Nur – wer ist in Ihrem Umfeld stärker: Werbeagentur, Produktentwicklung, Buchhaltung oder Vertrieb? Die Machtverhältnisse inner- und außerhalb größerer Unternehmen bergen großen Unterhaltungswert. Das führt nicht selten zu kuriosen Ungleichgewichten, wenn etwa die externe Beraterfirma dem Marketingverantwortlichen des eigenen Unternehmens diktiert, was einzukaufen ist. Klammert sich der Gesamtverantwortliche aus, weil es ihn nicht interessiert oder er nichts davon versteht (oder gar Angst davor hat, sich zu blamieren), fährt man mit jenen, welchen die Ehre der Verantwortungsübernahme für „das mit dem Internet" zuteil wird – so es diese überhaupt gibt – gerne mal Schlitten. Das Gesamtwerk produziert dann Kosten fürs Unternehmen und Nutzen für den externen Dienstleister. Deshalb meine Botschaft an die Chefs dieser Welt: Wenn Sie die Gesamtverantwortung für den Online-Bereich delegieren wollen, lassen Sie es lieber gleich bleiben. Internet ist in letzter Verantwortlichkeit Chefsache wie jeder andere Bereich auch.

Für Einzelkämpfer und Kleinbetriebe gilt: Sie brauchen definitiv kein Geld aufzuwenden, um online erfolgreich zu werden. Über Dienste wie Google Blogger werden Sie binnen Minuten zum Webmaster, ohne einen Cent dafür bezahlen zu müssen. Persönlichen Einsatz und Zeit vorausgesetzt. Da jedoch viele Unternehmer unter notorischem Zeitmangel leiden, muss man einzelne Aufgaben delegieren. Im Kapitel „Achtung: Stolpersteine“ erwähnte ich auch diese Delegation betreffende Fallen, die viel Geld kosten und großen Schaden anrichten können. Versuchen Sie, die gängigsten Fehler im Zusammenspiel mit externen Dienstleistern sowie im eigenen Haus zu vermeiden und dieses Buch hat sich bereits hundertfach amortisiert.

Es spricht nichts dagegen, sich von einer Web- oder Werbeagentur beraten zu lassen und diese mit der Erstellung Ihrer Homepage zu beauftragen. Das bedeutet eine einmalige Investition und möglicherweise laufende Kosten für Wartung und Instandhaltung. Zudem fallen Webspace- und Domainkosten an, die jedoch nicht ins Gewicht fallen sollten. Selbst weitere Schritte wie die Medienproduktion und das Content-Management lassen sich an Dienstleister oder Mitarbeiter auslagern. Bleiben Sie jedoch immer am Ball und überwachen Sie, ob die Richtung noch stimmt, in die Ihre Online-Aktivitäten gehen.

Wie erkenne ich einen guten Dienstleister?

Ich komme immer wieder zu Unternehmen, wo mich das Gefühl nicht loslässt, deren IT-Entscheidern weismachen zu können, was ich wollte. Weil es am grundlegenden Fachwissen fehlt, werden viele Unternehmen von ihren Agenturen schamlos ausgenutzt. Wenn Sie die Verantwortung für den Internet-Auftritt tragen, so lesen Sie dieses Buch, selbst wenn Sie Umsetzungsmaßnahmen delegieren. Probieren Sie das eine oder andere Tool selbst aus. Das wird Ihnen die nötigen Kenntnisse vermitteln, um mitreden zu können. Fühlen Sie Dienstleistern auf den Zahn, bevor Sie sie beauftragen. Mit den richtigen Fragen trennen Sie die Spreu vom Weizen. Als Einstiegshilfe nenne ich Ihnen ein paar unorthodoxe Punkte, mit denen Sie Dienstleister schnell mal auf ihre Tauglichkeit abklopfen können.

Full-Service-Webagenturen, die ich beauftragen würde, …

- ✔ betreiben auch eigene Internet-Projekte, statt nur für Kunden zu arbeiten
- ✔ kennen ihren Wert und verhandeln nicht, als wären sie auf einem Basar
- ✔ arbeiten auf Wunsch auch nach Stundensatz samt Tätigkeitsprotokoll
- ✔ machen sich nicht selbst zum Eigentümer Ihrer Homepage und fesseln Sie nicht mit Klauseln und Mindestvertragsdauer
- ✔ verkaufen keine 100-Euro-pro-Monat-Webhosting-Pauschale, Zusatztools, Software und sonstiges „Beiwerk", das die eigentliche Haupteinnahmequelle ihrer Mogelpackung darstellt
- ✔ sind weder Schüler noch Studenten, die sich in der Freizeit etwas dazuverdienen möchten (!)
- ✔ stellen die Optik einer Homepage nicht vor deren Benutzbarkeit
- ✔ schimpfen nicht über Joomla, WordPress oder Blogger, während sie TYPO3 oder eigene CMS-Systeme über den Klee loben
- ✔ haben Flash-Programmierung schon vor Jahren hinter sich gelassen
- ✔ sprechen nicht von Linktausch, Google PageRank oder Facebook EdgeRank

- ✔ wollen die Suchmaschine nicht „austricksen“ oder „manipulieren“
- ✔ versprechen Ihnen nicht Platz 1 mit „Klempnermeister Johann Öttl“ oder „guter Spengler für Fiat Punto in Osnabrück“ als Suchwortkombinationen
- ✔ versprechen überhaupt keine Plätze auf Plattformen, die ihnen nicht selbst gehören
- ✔ stellen Twitter, Facebook und Xing nicht in den Mittelpunkt ihrer Leistung
- ✔ setzen nicht alles auf eine einzige Besucherquelle
- ✔ gehen individuell auf Sie, Ihre Ziele und Ihre Branche ein, statt Ihnen ein „Passt für alle“-Paket anzudrehen

Diese Liste ließe sich noch fortsetzen. Doch es verhält sich damit wie bei der Einstellung neuer Mitarbeiter. Manchen „Mogelpackungen“ gelingt es, sich vollmundig ins Unternehmen zu schwindeln. Dass sie nichts draufhaben, merkt man erst hinterher. Man kann sich jedoch leichter von externen Dienstleistern trennen als von Angestellten. Wechseln Sie so lange den Anbieter, bis Leistung und Ergebnis stimmen.

Was darf „das mit dem Internet“ kosten?

Webdesign und Webentwicklung

Die Branche arbeitet häufig mit Pauschalen. Die Homepage kostet 4.000 Euro, das Buchungstool 10.000 Euro, die Anbindung an die Buchhaltung 5.500 Euro und so weiter. Schwer zu durchblicken. Der Pauschalen-Vergleich zwischen mehreren Anbietern bringt Sie auch nicht wirklich weiter, denn der Leistungsumfang ist selten gleich. Lassen Sie sich deshalb immer aufschlüsseln, was genau angeboten wird und mit wie vielen Stunden und welchen Stundensätzen solche Summen kalkuliert wurden. Mit etwas Hintergrundwissen können Sie abschätzen, ob die veranschlagte Zeit realistisch ist. Bei größeren Aufträgen kann man auch per Ausschreibung versuchen, vergleichbare Angebote einzuholen – geht es jedoch nur um eine einfache Homepage, wird sich kaum ein Anbieter darauf einlassen.

Der Erstaufbau einer normalen Firmen-Webseite ohne Sonderfunktionen hat mich noch nie mehr als 20 Arbeitsstunden gekostet. Da man heute auf viele vorgefertigte Bausteine zurückgreifen kann, reduziert sich der Arbeitsaufwand immer weiter. Vor allem WordPress fasziniert mit seiner Flexibilität. Egal, ob Webshop, Buchungstool oder Community – mit Plug-ins und Template-Frameworks kann man binnen weniger Arbeitstage eine schicke, performante Webseite bauen, die für unerfahrene Kunden nach Hunderten Arbeitsstunden aussieht. Leider gibt es in unserer Branche viele Anbieter, die ihren Auftraggebern dann auch Pauschalen verrechnen, die Hunderten Arbeitsstunden gleichkommen. Ich halte minutengenaue Abrechnungen auf Basis vereinbarter Stundensätze für die ehrlichste und beste Variante – für beide Seiten.

Der Stundensatz selbst ist eine relative Angelegenheit. Schüler und Studenten, die in ihrer Freizeit Homepages basteln, haben mit Dumpingpreisen erreicht, dass manche EDV-Dienstleister sich nicht trauen, mehr als 40 Euro netto pro Stunde zu verrechnen. Dabei müssten sie weit darüber liegen, um die nachhaltige Entwicklung ihres Betriebs und damit die Versorgungssicherheit für ihre Kunden sicherzustellen. Unproduktive Zeit, Administration und Infrastruktur werden in der Preiskalkulation sehr oft vergessen, was dann zu ruinösen Stundenpreisen führt. Anwälte, Steuerberater und Notare nehmen unter 100 Euro die Stunde nicht einmal den Bleistift in die Hand. Sie können sich schon glücklich schätzen, einen Kfz-Mechaniker oder Spengler zu diesem Tarif zu finden. Wenn Ihr IT-Dienstleister weniger als die Hälfte dessen verlangt, kann etwas nicht stimmen. Hat er es so nötig, Ihren Auftrag zu bekommen? Dann gibt es ihn wohl bald nicht mehr. Ist seine Arbeit so minderwertig? Arbeitet er als One-Man-Show von zu Hause aus und ist im Urlaubs- und Krankheitsfall einfach nicht verfügbar? Macht er die Dumpingpreise durch Schwindeln bei den Stunden wett?

Betrachten Sie aber nicht nur, was eine Dienstleistung kostet, sondern auch, was sie Ihnen bringen kann: Ich habe selbst gesehen, dass wenige Mausklicks und klitzekleine Änderungen an den richtigen Stellen zu wahren Umsatzexplosionen führen können. Wenn Sie einen Dienstleister finden, der mit all seiner mühevoll gesammelten Erfahrung für Sie an den richtigen Stellschrauben dreht und damit innerhalb kurzer Zeit die Abschlussrate Ihres Online-Shops verdoppelt, haben sich auch 200 oder 1.000 Euro pro Stunde schnell amortisiert. Deshalb: Der Stundensatz ist relativ und sollte keinesfalls zum alleinigen Entscheidungskriterium werden, welchen Dienstleister Sie beauftragen wollen.

Software, Tools, Programme

Ich habe mich in diesem Buch auf frei verfügbare Tools und Open-Source-Software konzentriert. Für vieles davon gibt es auch kommerzielle Alternativen. Aber warum sollen Sie Geld für etwas ausgeben, das Sie gratis bekommen können? Selbst wenn das Bezahlteil zusätzliche Funktionen bieten sollte: Rechtfertigt das wirklich den Preissprung?

In kaum einem Bereich der Internet-Dienstleistungen wird so gut verdient wie bei der Suchmaschinenoptimierung. Das gilt auch für Tools, die die „Optimierung" automatisieren, kontrollieren und in Statistiken aufbereiten. Vom automatischen Linktausch bis zu Ranking-, Keyword- und Vergleichstools bleibt kein Wunsch unerfüllt. Da ich generell nicht viel von Suchmaschinenoptimierung halte, würde ich für Dienste dieser Art keinen Cent ausgeben. Gleiches denke ich über kostenpflichtige Social-Media-Tools: Kümmern Sie sich lieber um gute und (für menschliche Besucher) nützliche Inhalte, statt den Versuch zu unternehmen, „Google und die Welt" technisch auszutricksen.

Domain und Webhosting

Beliebte Domains wie *.de*, *.com* oder *.net* kosten zwischen 5 und 12 Euro pro Jahr. Der Rest ist Profit Ihres Anbieters. Beim

Webhosting gilt „nach oben offen". Die meisten Klein- und Mittelbetriebe kommen mit einem Mini-Hostingpaket aus, das sie maximal 10 Euro pro Monat kostet. Wer nicht mehr als ein paar Hundert Besucher pro Tag auf seiner Seite hat, braucht sicher keinen eigenen Webserver. Meine größte Seite hatte während der letzten Jahre durchschnittlich 5.000 Hits pro Tag und lief problemlos mit einem Einsteiger-Paket. Wozu mit Kanonen auf Spatzen schießen?

Liegen Ihre Zugriffszahlen deutlich darüber, benötigen Sie einen eigenen Server, den Sie schon für ca. 100 Euro monatlich mieten können. Konzerne und Großportale brauchen sogar mehrere Server samt Lastverteilung, Datenspiegelung und anderen Raffinessen, bzw. eine vergleichbare Enterprise-Cloud-Lösung, was deutlich kostenintensiver ist und schnell mehrere Tausend Euro pro Monat verschlingen kann. Wir sprechen hier aber schon von fünfstelligen Besucherzahlen (pro Tag), die gestemmt werden müssen. Ich schätze, dass 99 % aller Unternehmen mit einem stabilen Mini-Hostingpaket bestens bedient sind. Von Gratis-Hostern rate ich hingegen ab. Im Unterschied zu OpenSource-Software und kostenlosen Tools (z.B. denen von Google) gilt hier: Was nichts kostet, ist nichts wert!

TEIL IV

Beispiele

Theorie ist das eine, aber wie sieht „das mit dem Internet“ in der Praxis aus? Im vierten und letzten Teil dieses Buches geht es – um Konkretes: Die Anwendung des Internets in verschiedensten Branchen.

KAPITEL

11

Einzelfall-Beispiele

In diesem Kapitel möchte ich Ihnen anhand konkreter Beispiele zeigen, wie sich die gezeigten Prinzipien und Möglichkeiten in der Praxis anwenden und miteinander kombinieren lassen. Dabei habe ich mich auf sinnvolle Methoden und kreative Ideen konzentriert.

11 Einzelfall-Beispiele

Da es hier ums Internet geht, drehen sich die Beispiele ausschließlich um die geschickte Nutzung des World Wide Web. Personen, Orte und Bezeichnungen wurden anonymisiert. Jede Übereinstimmung mit tatsächlich existierenden Betrieben wäre daher bloß zufällig und ist nicht beabsichtigt.

Anton Perchtl, Kinderspielzeugfabrikant

Fallbeispiel

Anton Perchtl ist gelernter Tischler und hat sich auf die Herstellung von Kinderspielzeug spezialisiert. Er ist nun seit zwei Jahren auf dem Markt und hat bereits einige Kunden, die durchweg begeistert von seinem Holzspielzeug sind. Doch das Geschäft ist zäh, der Verkauf läuft schleppend und basiert hauptsächlich auf persönlicher Weiterempfehlung. Wenn das so weitergeht, werden seine Reserven in wenigen Monaten aufgebraucht sein. Heute weiß Anton, dass er sich zu sehr auf die Produktentwicklung konzentriert und zu wenig um den Vertrieb gekümmert hat. Doch was tun?

- ✔ *Ziel:* Herr Perchtl möchte sich auch in Zukunft voll auf Fertigung und Weiterentwicklung seiner Produkte konzentrieren. Der Vertrieb war noch nie seine Sache. Ein eigener Webshop oder eBay-Verkauf kommt für ihn nicht in Frage, denn damit kennt er sich nicht aus, will es auch weder lernen noch in Auftrag geben. So geht es ihm jetzt ausschließlich darum, über das Internet neue Vertriebspartner zu gewinnen.
- ✔ *Zielmessinstrument:* Anzahl der neuen Vertriebskooperationen
- ✔ *Zielpersonen würden bei Google eintippen:* Spielzeug Hersteller, Holzspielzeug, Spielzeug aus Holz, neues Spielzeug, Holzspielzeug 2014 (bzw. aktuelles Jahr), ökologisches Spielzeug,

Spielzeug Tischlerei, Spielzeug Ideen, heimisches Spielzeug, Spielzeugfabrikant, Spielzeug aus Deutschland, gesundes Spielzeug ...

Internet-Strategie

Wer etwas produziert, ist von Natur aus im Vorteil. Er kann jederzeit neue Medien zu seinen Erzeugnissen produzieren (Fotos, Beschreibungen, Videos) und kommt über den Kundenservice in direkten Kontakt mit den Abnehmern, die ihm wertvolles Feedback geben. Auf der anderen Seite gibt es viele Vertriebsprofis, z.B. Handelsvertreter und On- und Offline-Händler, die immer auf der Suche nach guten Produkten sind. Mit seinem heimisch produzierten Holzspielzeug könnte Herr Perchtl bewusst gegen den Strom schwimmen und ein Zeichen gegen Billigwaren aus Fernost setzen, die um die halbe Welt zu uns transportiert werden und doch nur einen Bruchteil dessen kosten, was heimische Qualitätsarbeit wert wäre. Mit dem ökologischen Ansatz könnte Herr Perchtl eine kaufkräftigere Klientel ansprechen.

Um Vertriebsprofis auf sich aufmerksam zu machen, braucht Herr Perchtl eine einfache Informationswebseite, auf der seine Produkte, seine Philosophie und die persönlichen Kontaktdaten im Vordergrund stehen. Dass er auf der Suche nach Vertriebskooperationen ist, muss dabei kein Geheimnis bleiben. Die laufende Veröffentlichung von Produktfotos und Meinungen begeisterter Kunden lockt immer mehr Besucher auf die Seite. Parallel dazu wendet sich Herr Perchtl auch an wichtige Online-Multiplikatoren: Die Zielgruppenbesitzer. Dazu gehören z.B. Betreiber von Eltern-Kinder-Blogs, Foren und themenbezogene Online-Magazine. Die kostenlose Zusendung von Produkten „zum Test“ kann für viel Publicity sorgen. Der betriebliche Aufwand von ein paar verschenkten Exemplaren ist für Produzenten vernachlässigbar. Schließlich kann Herr Perchtl auch in direkten Kontakt zu Online- und Offline-Shops treten und diesen seine Produkte vorführen, was jedoch sehr aufwändig und taktisch weniger klug wäre, als sich von möglichen Partnern finden zu lassen.

Eine (wesentlich zeitgemäßere) Lösung und Mischform zwischen eigenem und fremdem Vertrieb ist das so genannte Drop-Shipping (Streckenhandel, Direktversand): Ein Vertriebspartner verkauft das Spielzeug, ohne dieses jemals selbst in die Hand zu nehmen. Die Ware wird direkt vom Hersteller an den Kunden geschickt, zusammen mit den Papieren des Vertriebspartners. Der Kunde merkt davon nichts. Der Hersteller hat mehr Aufwand mit Kommissionierung und Versand, kann sich diese Dienstleistung jedoch gut bezahlen lassen. Der Vertriebspartner braucht sich nur darum zu kümmern, den Endkunden von den Produkten zu überzeugen, und lagert manuelle Tätigkeiten aus. Für Online-Marketing-Experten wie mich ist eine solche Kooperation sehr reizvoll, da sich alle Beteiligten auf ihre Stärken konzentrieren können.

Persönliche Beurteilung

Man kann niemandem vorschreiben, wie er seine Geschäfte zu machen hat. Wäre ich Hersteller von handgefertigten, in niedriger Stückzahl produzierten Gütern, würde ich Direktvertrieb bzw. Drop-Shipping-Partnerschaften vorziehen. Klassische Distributionswege mit Groß- und Einzelhandel (die Ware geht durch viele Hände) vervielfachen den Preis eines Produkts, bis es beim Endkunden ankommt. Ohne den klassischen Zwischenhandel kann ein Hersteller günstiger anbieten und trotzdem besser verdienen.

Spätestens dann, wenn sich die Endkundenanfragen auf seiner Webseite häufen („Wo kann ich das denn kaufen?“, „Wo finde ich den Online-Shop?“), wird sich Herr Perchtl wohl überlegen, ob ein Eigenvertrieb nicht doch besser wäre, als sich auf Vertriebspartner festzulegen. Schließlich ist das Internet prädestiniert dafür, den direkten Draht von Produzenten zu Konsumenten herzustellen. Einmal aufgebaut, wird die Webseite eines Herstellers viel eher verlinkt, erwähnt und wieder besucht als die eines beliebigen Händlers. Aufgebaute Homepages laufen von selbst weiter, während sich Herr Perchtl wieder auf seine Produkte konzentrieren kann. Als kleiner, ökologisch orientierter Tischlereibetrieb muss (und soll) er nicht in die Massenproduktion einsteigen. Durch die wesentlich höhere Rentabilität des Direktvertriebs bräuchte er weniger abzusetzen, um auf das gleiche Ergebnis zu kommen, das er mit Groß- und Einzelhändlern erreichen würde. Wenn er nur seine Überzeugung aufgeben würde, nichts mit dem Vertrieb am Hut zu haben ...

Wenn's mal wieder leckt: Schmitz Installationen

Fallbeispiel

Heinz Schmitz ist Chef eines Berliner Installateurbetriebs mit sieben Mitarbeitern. Für die Teilnahme an öffentlichen Ausschreibungen ist seine Firma zu klein. Als Sub-Auftragnehmer übernimmt er daher oft Teilleistungen für größere Betriebe. Vor Kurzem ging einer dieser Auftraggeber pleite und die Firma Schmitz muss einen hohen Forderungsausfall verkraften. So kann es nicht weitergehen!

✔ *Ziel:* Um nicht mehr von anderen Unternehmern abhängig zu sein, möchte Herr Schmitz mehr private Stammkunden gewinnen. Bei diesen ist der Preisdruck auch nicht so hoch wie im Rahmen öffentlicher Ausschreibungen und Aufträge, die von einer großen Firma an viele kleine Firmen ausgelagert werden.

✔ *Zielmessinstrument:* Die Homepage der Firma Schmitz wird auf die neue Zielgruppe „private Haushalte" ausgerichtet. Der Erfolg dieser Strategie ist z.B. in der Anzahl ausgefüllter Anfrageformulare oder ausgedruckter „Kennenlern-Gutscheine" messbar. Die Zuordnung von telefonischen und persönlichen Anfragen ist dagegen schwer messbar. Die Rückfrage, wie man denn gefunden wurde, wird im Alltag oft vergessen, womit der Wert einer Homepage zu gering eingeschätzt wird. Daher empfehle ich immer, eindeutig und automatisch messbaren Zielerreichungen den Vorrang zu geben.

✔ *Zielpersonen würden bei Google eintippen:* Tropfender Wasserhahn, Heizung kaputt, Rohrverstopfung Berlin, Heizung reparieren, Installateur Berlin, Notfall Installateur, Installateur Hotline, Heizung schnell reparieren, Wasserschaden, Rohrbruch Berlin was tun, Wasser in der Wohnung schnell Hilfe, Hilfe Wasserschaden, Waschmaschine leckt, Dichtung tauschen ...

Internet-Strategie

Herr Schmitz baut eine informative Webseite rund um das Thema „Installationen im Haushalt" auf. Mit kleinen, regelmäßigen Expertentipps für den eigenen Haushalt (z.B. wie man Rohrverstopfungen vorsorgt; Dichtungen tauscht; Rohrbrüche erkennt; Lecks provisorisch versiegelt, bis der Fachmann kommt) beweist Herr Schmitz Fachkompetenz und Hilfsbereitschaft und wird öfter über Suchmaschinen gefunden, wenn Menschen vor diesem oder jenem Problem stehen. Wenn Herr Schmitz die Zeit findet, kann er sich zusätzlich in Frageportalen und Foren anmelden und hier seine Fachkompetenz beweisen. Über den Link in der Signatur finden Besucher auf seine Homepage.

Eine einfache Strategie der Suchmaschinenoptimierung für Handwerker: Wer sich regional nicht in die Quere kommen kann, könnte sich gegenseitig vorstellen und verlinken. Jedoch nicht im Rahmen der unsäglichen „Links"-Seite, sondern über informative Beiträge, die scheinbar nur nebenbei einen Link auf die Homepage des anderen Anbieters enthalten. Das wird man natürlich nur mit Firmen machen, von deren Qualität man überzeugt ist. Ehrliche Empfehlungen sind geeigneter, Ihre Seite nach vorne zu bringen, als plumpe Link- und Bannertauschs.

Google AdWords: Über den Anzeigendienst von Google kann Herr Schmitz eine Anzeigenkampagne schalten, die sich räumlich genau auf seinen Tätigkeitsbereich (z.B. Berlin) eingrenzen lässt. Damit kauft der Betrieb nur solche Webseitenbesucher ein, die sich in seinem „Revier“ befinden.

Google Places: Google blendet bei vielen Suchergebnissen ganz oben Anbieter ein, die sich in der unmittelbaren räumlichen Umgebung des Suchenden befinden. Diese regionale Suche führt Kunden und Anbieter auf logische Art zusammen. Was würde mir ein Installateur aus Bayern nützen, wenn ich doch hier in Berlin nasse Füße bekomme! Also zeigt mir die Suchmaschine zuerst eine Liste von Firmen aus meiner Umgebung, die mein Problem lösen könnten, zusammen mit einer interaktiven Landkarte (Google Maps). Suchen Sie einfach mal nach „Installateur“ und Sie werden sehr wahrscheinlich Anbieter aus Ihrer Region angezeigt bekommen. Zu Demonstrationszwecken habe ich noch „Berlin“ hinzugefügt.

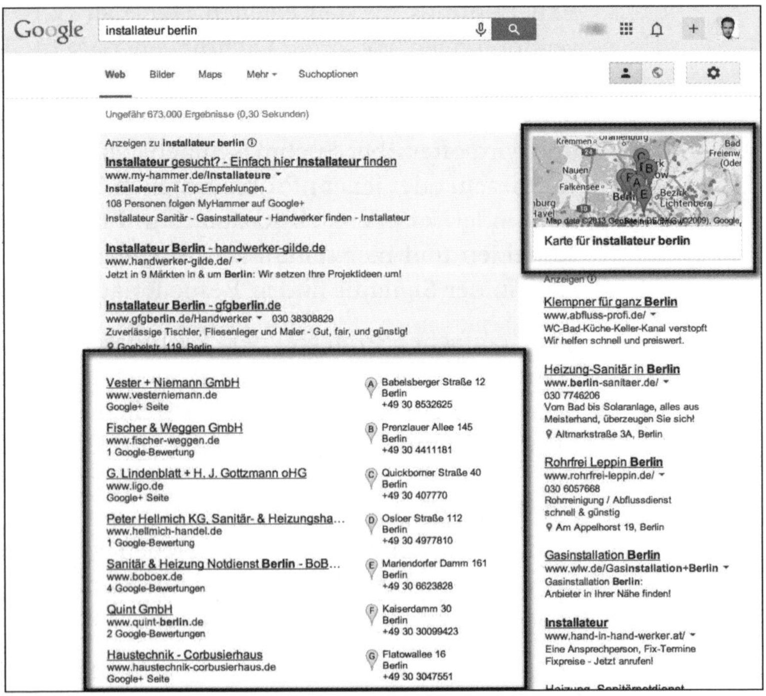

Abbildung 11.1: Google Places: Regionale Anbieter einfach finden

Die Aufnahme in Google Places („Ihr Unternehmen bei Google") ist unter *www.google.com/local/business/add* kostenlos und schnell erledigt. Und wenn wir schon bei Branchenverzeichnissen sind: Die Domain sollte in den Gelben Seiten ersichtlich sein, aber auch am Firmenschild, Kugelschreiber, Kfz, Geschäftspapier …

Darüber hinaus veröffentlicht Herr Schmitz Kundenreferenzen und Dankesschreiben als selbständige Beiträge und verlinkt diese gut sichtbar von der Startseite aus. Da es das Ziel der Firma Schmitz ist, zu privaten Kunden zu kommen, sind Rufnummer und andere Kontaktdaten auf jeder Seite deutlich zu sehen, verbunden mit dem Angebot, jederzeit für Kunden erreichbar zu sein. Ein ausdruckbarer Kennenlern-Gutschein („erste halbe Stunde geschenkt") senkt die Hemmschwelle für Neukunden.

Persönliche Beurteilung

In welcher Situation befinden sich Ihre Zielkunden? Mit dieser Frage sollten Sie sich ausführlich auseinandersetzen, bevor es an den Aufbau einer Informationsseite für den eigenen Betrieb geht. Im Fall von Handwerkern, die neue Privatkunden gewinnen wollen, sind es typische, meist dringende Probleme des Alltags. Wenn es Ihnen gelingt, sich kompetent, zuverlässig und entgegenkommend zu präsentieren, wird ein Notfalldienst nur der erste Einstieg in eine neue, rentable Kundenbeziehung sein. „Der hat mir in der Not geholfen und mir noch dazu die erste halbe Stunde geschenkt, statt meine Situation auszunutzen!", ist eine wertvolle Botschaft, die sich fast von selbst weitererzählen wird. Der Notdienst wird zum Akquise-Instrument, statt den schnellen Euro zu suchen. Solcherart überzeugte Stammkunden wenden sich mit Sicherheit wieder an Sie, wenn es um weitere, rentablere Arbeiten geht, wie etwa die Sanierung oder Neuerrichtung von privatem Wohnraum. Die Schiene „Internet – günstige Notfallhilfe – rentables Stammkundengeschäft" könnte so manches Handwerk wieder auf den goldenen Boden zurückführen.

Stein auf Stein: Esoterik Rauscher

Fallbeispiel

Hannelore Rauscher betreibt einen kleinen Esoterikladen in der Altstadt von Lübeck. Neben Räucherstäbchen und Strickwaren hat sie Silber-, Edelstahl- und Steinschmuck im Sortiment. Sie fertigt selbst Steinketten an und verfügt über umfangreiches Wissen zu Heilsteinen und ihren Kräften. Sie legt viel Wert auf persönliche Beratung und hat schon einige Stammkunden. Doch diese reichen nicht aus, um die Kosten zu decken. Der allgemeine Trend zum Sparen macht sich auch in Frau Rauschers Kasse bemerkbar. Es muss sich etwas tun. Einen Laptop samt Internet-Anschluss gibt es im Geschäft, obwohl Frau Rauscher eigentlich lieber von Mensch zu Mensch als „mit dem Computer" kommuniziert.

- *Ziel:* Frau Rauscher muss ihren Umsatz steigern, um ihr Geschäft halten zu können. Das Ziel lautet daher, Waren auch online zu verkaufen und zusätzlich neue Kunden ins Geschäft zu bringen. Da sie mit den selbst gefertigten Heilsteinketten am besten verdient, sollen diese den Schwerpunkt ihrer Internet-Aktivitäten bilden.
- *Zielmessinstrument:* Der Online-Umsatz ist leicht messbar, z.B. über Shop-Statistik und Buchhaltung. Neue Laufkundschaft ist schwerer zuzuordnen. Wie wäre es mit Gutscheinen, die es nur auf der Homepage gibt? Frau Rauscher könnte natürlich auch jeden neuen Kunden fragen, wie er/sie in ihr Geschäft fand. Einfach messbaren Zielen ist jedoch immer der Vorzug zu geben.
- *Zielpersonen würden bei Google eintippen:* Steinschmuck, Heilsteine, Steinketten Lübeck, Steinkette kaufen, Esoterikbedarf Schleswig-Holstein, Schmuckketten Lübeck, Heilsteine Wissen, Wirkung von Gesundheitssteinen, Steinketten basteln, Halbedelsteine, Tigerauge Kette, Rosenquarzanhänger, Malachit Wirkung, wirken Gesundheitssteine wirk-

lich, Heilstein schenken, welcher Stein wirkt bei Kreislaufproblemen ...

Internet-Strategie

Frau Rauscher nutzt die Zeit, die sie alleine im Laden verbringt, und baut zuerst eine Informationsseite auf, in die sie ihr gesamtes Wissen über Heilsteine überträgt. Sie beschränkt sich nicht darauf, einen Stein nach dem anderen zu porträtieren, denn solche Seiten gibt es schon zur Genüge. Vielmehr bezieht sie sich auf Wirkung und Eigenschaften der Steine, fasst diese nach Zielgruppen, Farben oder Anwendungsgebieten zusammen und nutzt ihren Warenvorrat, um umfangreiches Bildmaterial zu erstellen, mit dem sie die Informationen auf der Homepage ergänzt. Parallel dazu meldet sie sich bei diversen Esoterikforen an, tritt Facebook-Gruppen bei und beantwortet themenbezogene Fragen, die auf Frage-Antwort-Portalen wie „Yahoo! Clever" (*http://de.answers.yahoo.com/*) gestellt werden. In den ersten Monaten ist es besonders wichtig, viele neue Besucher auf die eigene Informationsseite zu locken und diese zu wiederkehrenden Gästen zu machen. Natürlich muss die Seite selbst einen Mehrwert bieten, den man sonst nicht finden kann, wie z.B. den Detailreichtum der Berichte, die vielen selbst erstellten Fotos oder ihre Erfahrungswerte aus der Praxis. Frau Rauscher könnte zusätzlich anbieten, Fragen per E-Mail oder Telefon zu beantworten, und sich so die ersten „Fans" erarbeiten. Nach und nach lässt sie auch Fotos und Beschreibungen ihrer eigenen Steinketten in ihre Informationsseite einfließen und stellt ihr Geschäft in der Lübecker Altstadt vor, ohne dabei aufdringlich zu werden.

Hat sie es auf einige Dutzend Seitenbesucher pro Tag gebracht, bindet sie im zweiten Schritt einen Online-Shop in ihre Informationsseite ein. Dort präsentiert sie ihre Steinketten. Sie achtet darauf, nur solche anzubieten, die sie immer wieder nachproduzieren kann. Es wäre doch schade um die viele Arbeit mit Bildern und Beschreibung, wenn sie ein Stück nur einmal verkaufen könnte! Käufer können wählen, ob sie sich die Ketten zuschicken lassen oder persönlich im Verkaufslokal abholen wollen. Frau Rauscher macht auch ihre Bestandskunden auf ihren neuen Internet-Auftritt samt Shop aufmerksam. Sie sorgt dafür, dass die Adresse ihrer Internet-Seite in der Auslage, am Geschäftsschild und an ihrem Fahrzeug gut erkennbar ist. Und natürlich trägt sie sich auch in Google Places ein.

Wenn Frau Rauscher aufgeschlossen ist, lehrt sie ihre Besucher die Herstellung von Steinketten. Das könnte sie mit Videos, PDF-Dateien oder umfangreich bebilderten Artikelserien machen. Solche Kurse sprechen sich nicht nur schnell herum und werden gerne verlinkt, sie hätten im Fall von Frau Rauscher auch einen großen Zusatznutzen: In ihrem Shop könnte sie Steine, Seile, Verschlüsse und andere Teile anbieten, die für die Herstellung der Ketten benötigt werden.

Persönliche Beurteilung

Wer sich zuerst um den Aufbau einer nützlichen Informationsseite kümmert, kann dadurch Kompetenz beweisen und sich eine kleine Online-Fangemeinde erarbeiten. Das sorgt dafür, dass die Seite verlinkt wird und über die Google-Suche immer mehr Besucher anlockt. Das Wissen, welches Sie online stellen, bleibt dort, selbst wenn Sie sich eines Tages nicht mehr so enthusiastisch wie am ersten Tag um die Homepage kümmern. Nun arbeitet das „ausgelagerte“ Wissen für Sie. Es ist so, als würden Sie den Besuchern täglich Ihre Geschichte erzählen, mit dem Unterschied, dass Sie keine Arbeit mehr damit haben. Ihr „virtuelles Ich“ berät viele Menschen gleichzeitig, und das rund um die Uhr. Über die Informationsseite als Zubringer macht ein Shop erst richtig Sinn. Wer gleich mit einer Verkaufsseite beginnt, wird schnell die Lust verlieren, weil die Besucher fehlen. Und niemand hat auf einen weiteren Shop gewartet, der gleich aussieht wie alle anderen. Frau Rauscher hat den Vorteil, selbst Produkte herzustellen, was sie von normalen Händlern abhebt und unverwechselbar macht. Trotzdem ist der Verkauf erst der zweite Schritt. Die Informationsseite wird schnell erste Besucher bringen. Der Kontakt mit ihnen wird Frau Rauscher zum Weitermachen motivieren, was schließlich die Grundlage für den Onlineshop bildet. Natürlich braucht diese Internet-Strategie Zeit. Kleine Einzelhändler sitzen jedoch oft alleine im Laden, während sie auf Kundschaft warten. In der heutigen Wirtschaft müssen auch diese Leerzeiten produktiv genutzt werden. Der Aufbau der Internet-Seite und des Online-Shops ist daher die perfekte Ergänzung zum Tagesgeschäft.

Könnte Frau Rauscher auch eBay nutzen? Ich bin da skeptisch. Auf dem Auktionsportal geht es Käufern vor allem darum, Geld zu sparen. Der Preis ist ein schlechtes Verkaufsargument. Die Stärke von Frau Rauscher liegt im Fachwissen und in der persönlichen Beratung ihrer Kunden. Zwar wird sie bei eBay schneller gefunden, doch diese Plattform ist deutlich unpersönlicher als ihre eigene Webseite. Niemand würde sich für ihren Namen oder ihre Erfahrung interessieren, geschweige denn zum Stammkunden werden. Noch dazu agiert das Portal sehr restriktiv und schwer nachvollziehbar, zieht hohe Gebühren ein und frustriert seine Händler mit immer neuen Vorschriften. Ich halte den Aufbau eigener Webseiten für wesentlich besser, als sich von solchen Marktplätzen abhängig zu machen.

Traumurlaub im Alpentraum

Fallbeispiel

Die Familie Kammerlander hat das Kitzbüheler Hotel „Alpentraum“ gerade frisch renoviert. Vorher war das Gebäude schon sehr abgewohnt und zog nur noch große, unrentable Reisegruppen an. Das Preisdumping hätte das Haus früher oder später in den Ruin geführt. Nun erstrahlt es wieder in neuem Glanz, doch die Stammkunden besserer Jahre sind Geschichte. Busreisegruppen möchte man in Zukunft vermeiden und wieder mehr Individualreisende anlocken. Besonders rentabel sind die direkten Buchungen über die Webseite, weil hier keine fremden Provisionen mehr abgezogen werden und Direktbucher weniger preissensitiv sind.

- *Ziel:* Mehr Buchungen über die Homepage
- *Zielmessinstrument:* Anzahl der Online-Buchungen
- *Zielpersonen würden bei Google eintippen:* Hotel Kitzbühel, Kitzbühel Ferien, Urlaub in Tirol, Hotel in Tirol, Schilaufen in Kitzbühel, Sommerurlaub in Tirol, Urlaub in den Bergen, Alpenurlaub Tirol, Hotel in Tirol, Wellness Kitzbühel, Streif selbst runterfahren, Familienurlaub Kitzbühel, Hahnenkamm, Toni Sailer Schigebiet, Hansi Hinterseer Urlaub ...

Internet-Strategie

Zuerst geht es darum, die nötige Infrastruktur zu schaffen. Die Webseite eines Hotels (z.B. *www.alpentraum-kitzbühel.com*) soll einfach, übersichtlich und hochwertig sein. Es ist ein Irrglaube, dass es dafür teure Spielereien wie Video-Elemente, animierte Hintergründe oder ähnlichen Schnickschnack braucht. Tatsächlich geht es vielmehr um ein elegantes, stilvolles Grunddesign. Die Homepage wird mehrsprachig aufgebaut und ein Buchungstool integriert.

Als Zubringer für den Webauftritt startet Familie Kammerlander ein Hotelblog. Dieses könnte unter einer eigenen Domain laufen, wie z.B. *www.urlaub-kitzbühel.com*. Für den Betrieb ist Google Blogger perfekt geeignet. Während die eigentliche Homepage einfach, funktional und übersichtlich bleibt („dort wird gebucht"), publizieren die Hoteliers und deren Mitarbeiter auf dem Blog, was das Zeug hält („dort wird geschaut"). Je mehr informative und nutzbringende Beiträge, desto besser. Mit ein wenig Phantasie lassen sich Hunderte, wenn nicht Tausende Themen finden, über die sie schreiben könnten. Alles, was Kitzbühel betrifft, wer dort wohnt, was es gibt, was sich ereignet, was man unternehmen kann und vieles mehr ist einen Beitrag wert. Wie wäre es mit Interviews berühmter Töchter und Söhne des Ortes? Die Kammerlanders nutzen darüber hinaus jede Gelegenheit, Fotos und Videos von Hotel und Umgebung online zu stellen bzw. in Beiträge einzubinden. Gibt es eine eigene Hotelzeitung, gehört auch diese in das Blog – bestimmt würden

Stammkunden zu Hause den einen oder anderen Blick hineinwerfen und sich an die schöne Zeit zurückerinnern. Angebote, Aktionen und Gewinnspiele wären weitere mögliche Themen.

Das Hotel ist auch auf Facebook und Twitter zu finden, die entsprechenden Buttons sind deutlich auf den Webseiten platziert. Je mehr Fans und Follower, desto besser. Die Arbeit in den sozialen Netzwerken beschränkt sich jedoch auf die kurze Ankündigung neuer Inhalte. Wer mehr wissen will, soll auf die eigene Homepage kommen.

Gästen, die über Reisebüros und andere Quellen kommen, könnte man Gutscheine für die nächste Online-Buchung mitgeben. Direktbucher könnten zudem in den Genuss von Mehrleistungen kommen. Die Domains sollten auf Geschäftspapieren und in E-Mail-Signaturen präsent sein. Die Familie Kammerlander nutzt jede Gelegenheit, Ihre Homepages auch offline zu bewerben.

Das Hotel Alpentraum wird natürlich in Google Places eingetragen, aussagekräftig, ausführlich und schön bebildert. Noch viel wichtiger ist es aber, zu den bestbewerteten Hotels „am Platz“ zu gehören. Deshalb fördert die Familie Kammerlander positive Bewertungen, indem sie zufriedene Gäste aktiv ersucht, auf TripAdvisor, HolidayCheck oder anderen Portalen ihre Meinung zu hinterlassen – vielleicht mit einer kleinen Aufmerksamkeit als Dankeschön? Über Google Alerts lässt sie sich benachrichtigen, wenn Google neue Inhalte zu „Hotel Alpentraum“, „Kammerlander Kitzbühel“ oder „alpentraum-kitzbühel.com“ findet. So kann sie zeitnah reagieren und aktiv am Ruf des Hotels arbeiten.

Persönliche Beurteilung

Tausende Portale, Reisebüros, Verbände und Dienstleister wollen „den Gast“ für sich gewinnen. Am und im Urlaub sparen wir nur sehr ungern, schließlich möchten wir uns auch mal was gönnen. Und so ist das Thema „Reise“ ein sehr lukrativer, aber auch umkämpfter Markt. Um sich von den Mitbewerbern abzuheben, müssen Sie für das Medium Internet offen sein. Denn mit den heutigen Möglichkeiten lohnt es sich zweifellos, das Marketing in die eigene Hand zu nehmen. Der erste Aufbau mag schwierig erscheinen, doch regelmäßiger Einsatz führt schließlich zum Erfolg.

Direktbucher sind wesentlich rentabler als andere Gäste. Der Preis wird zur Nebensache, wenn es Ihnen gelingt, Menschen für Ihr Hotel zu begeistern. Davon abgesehen, bräuchten Sie ohnehin weniger Kunden, um Ihre Ziele zu erreichen, da Sie keine „Zwischenhändler“ wie Reisebüros und Reiseveranstalter mitfüttern müssen. Der bessere Deckungsbeitrag pro Kunde könnte es Ihnen ermöglichen, mehr Geld in Online-Werbung zu investieren. Da AdWords & Co. im Reisebereich sehr umkämpft sind, sollten Sie das nur mit Erfahrung bzw. Unterstützung wagen.

Es spricht übrigens nichts dagegen, auch bei Direktbuchungen mit den Methoden von Reisebüros und Veranstaltern zu arbeiten und Vorauskasse von den Buchenden zu verlangen. Das wird Ihre Liquiditätssituation verbessern und Forderungsausfälle vermeiden.

Tourismusregionen mit starken saisonalen Schwankungen haben eine große Chance. Sie können sich in schwächeren Zeiten vermehrt auf das Internet konzentrieren. Der Aufbau eines eigenen Blogs als Zubringer für die Hotelhomepage mag zunächst aufwändig erscheinen. Doch dieser Einsatz lohnt sich definitiv. Jeder neue Beitrag, jedes Foto und Video ist für sich genommen eine weitere Angelschnur, die künftige Gäste anlockt. Einmal aufgebaut, wird das Blog zum stabilen Gästelieferanten. Nutzen Sie jede Gelegenheit, neue Inhalte zu produzieren – jeden Tag ein wenig ist aufs Jahr gerechnet sehr viel! Und es lassen sich doch bestimmt Verwandte und Bekannte finden, die im Blog mitarbeiten und ihr Talent in Form von Texten, Bildern und Videos einbringen möchten?

Gerade im Tourismus entscheidet die Reputation, vor allem in Gestalt von Fremdbewertungen (Ratings, Rezensionen). Das weltweite Netz fördert den Austausch von Meinungen. Sicher lesen auch Sie die Bewertungen früherer Gäste, bevor Sie sich für ein Hotel entscheiden. Welchen Platz hat es im Vergleich zu anderen Hotels im selben Ort? Die Portale TripAdvisor und HolidayCheck sind besonders oft auf Seite eins zu finden, wenn man Hotelnamen und Ort kombiniert und bei Google eintippt.

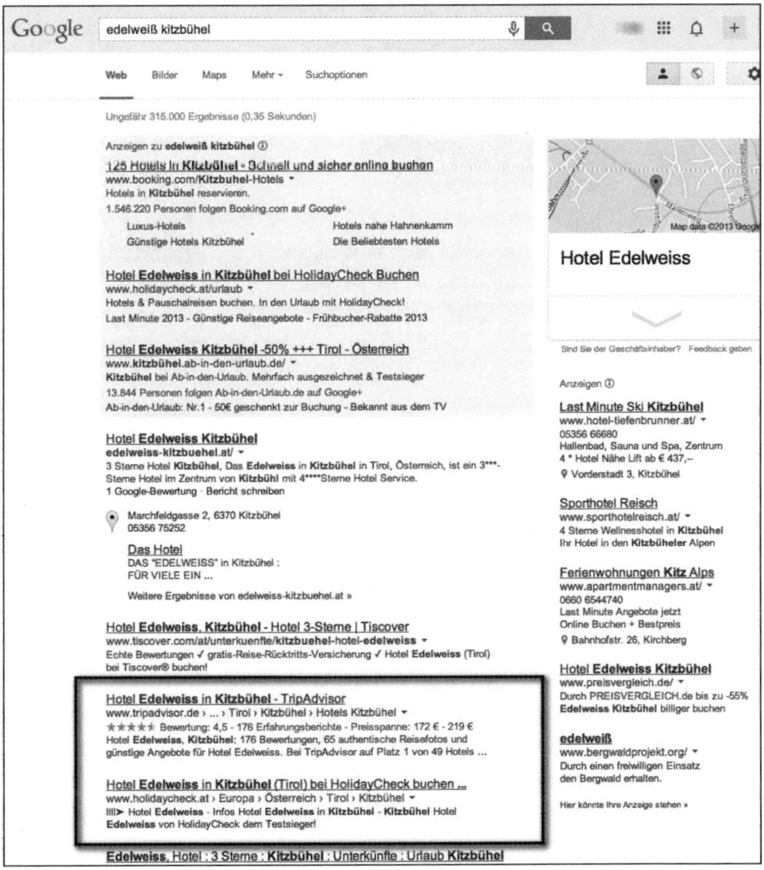

Abbildung 11.2: Suche nach „edelweiß kitzbühel“: TripAdvisor und HolidayCheck sind (wie immer) sehr weit vorne zu finden

Abbildung 11.3: TripAdvisor-Eintrag des Hotels Edelweiss

TripAdvisor gehört zu den beliebtesten Reisebewertungsportalen der Welt. Das Hotel Edelweiß hat es geschafft: Es liegt auf Platz eins von 49 Hotels in Kitzbühel!

Es gilt also, eine hohe Weiterempfehlungsrate und gute Bewertungen zu fördern. Leider verschließen sich viele Hoteliers noch vor dem Online-Meinungsaustausch. Fürchten sie sich etwa vor Transparenz und Wettbewerb? Das wäre ganz falsch! Mühelos könnte man die vordersten Plätze in der Kundenbewertung erobern, würde man nur die Augen öffnen. Natürlich muss die Qualität des Angebots stimmen, und man sollte sich niemals dazu hinreißen lassen, das eigene Haus zu bewerten. Doch wie leicht wäre es, alle Gäste nach deren Meinung zu fragen und auf die Bewertungsportale aufmerksam zu machen? Auf jede (auch kritische) Bewertung zu antworten und so Professionalität und Kundenservice zu signalisieren? Sich großzügig zu geben, wenn mal jemand nicht so zufrieden war?

Ganz ehrlich: Von den Chancen, die sich der Tourismusindustrie im Internet bieten, können die meisten von uns nur träumen.

Partnerprogramme: „Geld verdienen im Internet"

Hintergrund

Als „Affiliate" bezeichnet man jemanden, der im Internet für fremde Anbieter als Werbepartner fungiert. Ich gehöre selbst zu diesen „Publishern" bzw. „Partnern", die Webseiten betreiben und darauf fremde Werbung („Ads" der „Advertiser") platzieren. Der Vorgang an sich ist auch unter dem Namen „Partnerprogramme" bzw. „Affiliate-Marketing" bekannt. Ich blende die Werbung auf meiner Homepage ein, und ein kleiner Teil meiner Besucher wechselt auf die Seiten des Inserenten. Abhängig vom Anbieter bekomme ich Geld, sobald die Werbung eingeblendet wird, ein Besucher darauf klickt oder dieser später tatsächlich beim Werbepartner seine Daten hinterlässt oder ein Geschäft abschließt.

Affiliates machen ihre ersten Schritte sehr oft mit Google AdSense. Dort kann man sich auch als kleiner Webseitenbetreiber registrieren und binnen weniger Minuten fremde Werbung auf eigenen Homepages schalten. Dabei wird man pro Klick bezahlt. Partnerprogramme, die über Netzwerke wie *Zanox*, *Affilinet* oder Agenturen wie Netzeffekt vermittelt werden, vergüten hingegen meist pro „Lead" (z.B. ausgefüllte Anträge oder Informationsmaterial-Anforderungen) oder pro „Sale" (tatsächlicher Umsatz). Je nach Vereinbarung erhält man einen Prozentsatz vom Umsatz oder eine pauschale Vergütung. Partnerprogramme sind unterschiedlich rentabel. Man kann Millionen damit verdienen. Einmal aufgestellt, lässt man die Sache laufen und genießt das passive Einkommen. Mann kann aber auch sehr schnell wieder abstürzen, z.B. weil man es mit der Suchmaschinenoptimierung übertreibt.

Ein Problem dieser Branche: Viele Partner verstehen nichts vom Geschäft, das sie bewerben. Sie erstellen Ihre Webseiten ausschließlich zum Zweck des Geldverdienens. Das Kriterium für die Auswahl des Themas ist nicht eigenes Interesse und Erfahrung, sondern die höchste Bezahlung. Viele Affiliates versuchen, sich mit billig produzierten oder kopierten Inhalten, die dann massiv beworben werden, an anderen vorbeizumogeln, was Google gar nicht gerne sieht.

Mein Erfolgsprinzip „Sie brauchen ein eigenes Angebot“ gilt in besonderem Maße für das Affiliate-Business. Wer Webseiten nur um der Werbegelder willen betreibt, wird früher oder später damit baden gehen. Warum sollte er damit auch langfristig erfolgreicher sein und besser „ranken“ als der eigentliche Anbieter? Wo liegt der Mehrwert seiner Homepage? Google wird den Prozess abkürzen und ihn als Zwischenhändler ausschalten.

Geht es jedoch nicht nur um die Werbung, sondern wird diese nur eingeblendet, um sich mit einer attraktiven und gut besuchten Seite etwas dazuzuverdienen, sind Affiliate-Programme von Google AdSense über Partnernetzwerke bis zu Direkt-Partnerschaften ein probates Mittel. Wenn Sie sich näher für die Welt des Affiliate-Marketing interessieren, empfehle ich Ihnen die Webseite *www.100partnerprogramme.de*.

- ✔ *Ziel:* Das Ziel des typischen Affiliates ist die Ertragsmaximierung aus der Webseite selbst. Man will möglichst hohe Provisionen aus Google AdSense und anderen Partnerschaften „abgreifen“.
- ✔ *Zielmessinstrument:* Dieses Ziel ist einfach zu kontrollieren. Alle Programme stellen Ihnen topaktuelle Statistiken und Auswertungen zu vermittelten Klicks, Leads und Umsätzen zur Verfügung.

Internet-Strategie

Meist werden einfache Vergleichsseiten gebaut – z.B. tabellarische Vergleiche – die dann mit Fachbeiträgen unterlegt und über Suchmaschinenoptimierung (SEO) und Suchmaschinenmarketing (SEM) mit Besuchern beliefert werden. Mehr Mühe, aber auch mehr Potenzial bedeutet es, ein Fachportal zum Thema aufzubauen, das für sich genommen hohe Qualität (Inhalte mit Mehrwert) bietet. Das Affiliate-Geschäft rückt dann in den Hintergrund und wird zum beiläufigen, kompetenten und „freundschaftlichen Rat" des Portalbetreibers. Zwar gibt es weniger Klicks als bei den „Rein-raus"-Vergleichsportalen, dafür steigt die Abschlussrate, da man den Empfehlungen eines Experten mehr Glauben schenkt als einer x-beliebigen Affiliate-Seite. Dafür ist allerdings Voraussetzung, dass man sich ausgezeichnet im Thema auskennt bzw. bereit ist, sich intensiv und über lange Zeit damit zu beschäftigen und die Werbung in den Hintergrund zu stellen. Gewöhnlich sind Affiliates eher an kurzfristigen Erträgen interessiert, was man an der Unzahl von werbebepflasterten „Informationsseiten" im Internet erkennt. Mal ehrlich: Welche davon bleibt Ihnen im Gedächtnis? Mit dem fehlenden Stammbesucherpotenzial ist auch die Zukunft dieser Webseiten und ihrer Betreiber ungewiss – eine kurzsichtige und keinesfalls nachhaltige Internet-Strategie.

Persönliche Beurteilung

Bauen Sie keine Webseiten um der Werbung willen. Es ist schön, wenn man mit seiner Homepage Geld verdient, doch das kommt erst im zweiten Schritt. Versuchen Sie zuerst, Menschen von der Qualität Ihres Informationsangebots zu überzeugen und sie zu Stammbesuchern zu machen. Das wird Ihnen den weiteren Ausbau der Seite beträchtlich erleichtern. Nach und nach können Sie die Seite dann monetarisieren. Übertreiben Sie es aber nicht damit. Erhöhen Sie lieber die Zahl der Seitenbesucher als die der Anzeigenblöcke, denn so schaut langfristig mehr für Sie heraus.

Fisch, Frischer: Saitschlagers!

Fallbeispiel

Hannelore Saitschlager eröffnet in drei Monaten ein Fischrestaurant („Saitschlagers“) in München. Den Schwerpunkt sollen heimische Fische bilden. Sie hat noch keine Homepage und möchte das Internet für den bestmöglichen Start nutzen.

- ✔ *Ziel:* Bekanntheit, gute Auslastung vom ersten Tag an
- ✔ *Zielmessinstrument:* Mitgebrachte Gutscheine, Rang und durchschnittliches Rating auf Bewertungsportalen
- ✔ *Zielpersonen würden bei Google eintippen:* Fischrestaurant München, Fisch essen gehen, frische Fische in Bayern, Saibling essen, Restaurant Fischspezialitäten, guten Karpfen wo, Fisch essen München, Fischessen Bayern ...

Internet-Strategie

Die empfohlene Online-Strategie deckt sich großteils mit dem Hotel Alpentraum. Die Homepage wird aktuell gehalten, z.B. mit wöchentlichen Mittagsmenüs. Mit einfachen Erweiterungen könnte Frau Saitschlager sogar Online-Tischreservierungen anbieten. Zwar reichen drei Monate nicht aus, um eine informative Zubringer-Homepage (Blog) zusätzlich zur eigentlichen Webseite aufzubauen, doch erste Schritte sind auch hier möglich. In ihrem Blog berichtet sie über ihren Weg bis zur Eröffnung des „Saitschlagers“ und gewährt darüber hinaus Einblicke in ihren Alltag als Restaurantchefin. Kleine Rezepte, Aktionen sowie Tipps und Tricks aus der Küche eignen sich perfekt zum Drüberstreuen. Mit vielen Bildern und Videos sorgt sie für zusätzliche Besucher. Sie bietet zusätzlich ein kleines Kochbuch mit den Gerichten ihrer Speisekarte als Download an. Geschickt gemacht, erarbeitet sich Frau Saitschlager das Vertrauen der Besucher und senkt die Einstiegsschwelle für neue Gäste. Mit online ausdruckbaren Gutscheinen misst sie, welche Kunden über das Netz zu ihr gefunden haben.

Möglichst bald sorgt sie dafür, dass ihr künftiges Restaurant auf den üblichen Bewertungsportalen gelistet wird. Es gelten dieselben Ausführungen wie beim Hotel Alpentraum – der Ruf ist entscheidend!

Persönliche Beurteilung

Die Gastronomie ist ein heißes Pflaster. Neueinsteigern wird es sehr schwer gemacht, sich zu etablieren. Wenn man den Behördenkram hinter sich gebracht und Banken davon überzeugt hat, ihr Geld eigentlich gar nicht nötig zu haben, geht die Arbeit erst richtig los. Kein Gast kommt nur deshalb, weil man eben mal ein Restaurant aufsperrt. Das Marketing ist entscheidend, und das Internet kann nur einen Teil davon übernehmen. Restaurants sind daher auch im digitalen Zeitalter von persönlichen Weiterempfehlungen und Offline-Werbung abhängig.

Ob eine Google-AdWords-Kampagne sinnvoll ist, wage ich zu bezweifeln. Der durchschnittliche Ertrag pro Kunde ist vermutlich nicht hoch genug, als dass es sich rechnen würde, einen winzig kleinen Teil der eingekauften Seitenbesucher ins Lokal zu bringen. Das zeigt auch die geringe Anzahl von AdWords-Anzeigen zu restaurantspezifischen Keywords. Ein Versuch kann dennoch nicht schaden und würde vor allem in der Anfangszeit für zusätzliche Publicity sorgen.

Homepage und Blog, vor allem aber die Internet-Bewertungsseiten in Kombination mit Google Places können sich zu stabilen, von selbst laufenden Umsatzbringern entwickeln. Neben *TripAdvisor* und *HolidayCheck.de* werden Gastlokale auch auf *yelp.de* oder *restaurant-kritik.de* bewertet und von Google auf der (für Restaurants obligatorischen) Places-Seite zusammengefasst.

Der eigene Ruf ist in der Gastronomie von entscheidender Bedeutung. Um ihn braucht man sich nicht zu sorgen, wenn man lückenlos hohe Qualität bietet. Doch jedes Restaurant hat auch mal schlechte Tage. Negatives verbreitet sich viel schneller als Positives. Sollten unzufriedene Kunden die einzigen sein, die

Bewertungen abgeben? Die Verbreitung positiver Bewertungen muss deshalb mit den bereits dargestellten Methoden aktiv gefördert werden.

Fräulein Fröhlich finanziert Freiraum

Fallbeispiel

Mirjam Fröhlich wird in Kürze ihre Ausbildung zur Fachberaterin für Finanzdienstleistungen abschließen und möchte sich gleich danach selbständig machen. Sie weiß, dass das Ansehen der Branche nicht das beste ist, und will daher ein neues Konzept anwenden. Statt von Banken und Versicherungen Provisionen zu nehmen, setzt sie auf Beratung gegen Honorar. Den Schwerpunkt sollen Immobilienfinanzierungen bilden.

- ✔ *Ziel:* Dank Internet zu potenziellen Neukunden kommen
- ✔ *Zielmessinstrument:* Ausgefüllte Anfrageformulare
- ✔ *Zielpersonen würden bei Google eintippen:* Haus finanzieren, Immobilienfinanzierung, Darlehen für Wohnung, Haus kaufen, Wohnung kaufen, Geld für Wohnraum, Hauskredit, wer leiht Geld für Hauskauf, Wohnungskredit, wie kauft man ein Haus, Wohnraum anschaffen ...

Internet-Strategie

Frau Fröhlich baut eine Informationswebseite rund um Immobilien und deren Finanzierung auf. Dabei achtet sie darauf, dass die Webseite selbst, und nicht erst ihre persönliche Beratung, für Kunden nützlich ist. Neben detaillierten Anleitungen, Finanzvergleichen und Hintergrundinformationen bietet sie einfache Berechnungstools (z.B. Baunebenkostenkalkulator, Finanzierungsrechner, Checklisten) als Excel-Vorlage zum Download an. Sie muss sich nicht ausschließlich auf Finanzthemen beschränken. Inhalte rund um Immobilien runden ihr Angebot ab und schaffen zusätzliches Vertrauen in ihre Kompetenz. Über Gastbeiträge und Kommentare für Wirtschaftsportale, Forenbeiträge, Aktivität in sozialen Netzen wie Xing und Facebook sowie Werbung in lokalen Medien macht sie die Homepage bekannt. In alle Seiten ist ein einfaches Formular eingebunden, über das Besucher jederzeit mit Frau Fröhlich in Kontakt treten können. Das kostenlose Kennenlerngespräch senkt die Hemmschwelle. Nun geht es darum, am Ball zu bleiben und die Seite auszubauen, bis sie schließlich zu ihrem einzigen Akquisitionsinstrument wird.

Persönliche Beurteilung

Ich kenne die Finanzbranche sehr gut, weil ich selbst lange für sie gearbeitet habe. Der Honorarberatung mag die Zukunft gehören, doch sie ist schwer zu verkaufen. Der Kunde sieht nicht ein, dass er besser beraten wird, wenn es für den Berater keine versteckten Provisionen zu verdienen gibt. Er tendiert deshalb zum scheinbar kostenlosen Berater, statt ein Stundenhonorar zu bezahlen. Daher ist es besonders wichtig, potenzielle Kunden schon im Vorfeld von den Vorteilen zu erzählen, die die Honorarberatung bietet. Die eigene Homepage kann hier wichtige Aufklärungsarbeit leisten.

Weil mit dem Thema „Finanzierungen" im Internet viel Geld zu verdienen ist, gibt es Hunderte Webseiten, gegen die man bestehen muss. Doch was Frau Fröhlich dem durchschnittlichen Finanz-Webmaster voraushat, sind Ausbildung und Einsatz. Mit ihrer Fokussierung auf Immobilienfinanzierungen kann sie zielgerichtete Inhalte bieten und genau die richtigen Besucher ansprechen. Da es ihr nicht um den schnellen Euro, sondern um neue Kunden geht, gibt sie sich wesentlich mehr Mühe mit ihren Inhalten. Schließlich steht ja auch ihr Name auf dem Spiel. Gute, nützliche Texte, nachhaltiger Informationsaufbau und Interaktion mit den Besuchern bleiben Google auf Dauer nicht verborgen, egal, wie sehr andere zu tricksen versuchen.

Dennoch gilt es zu Anfang, die Seite extern, über soziale Medien, andere Webseiten und auch in der „wirklichen" Welt zu bewerben. Die Mitwirkung bei Wikipedia könnte sich bezahlt machen. Wenn Sie dort ihre Kompetenz beweisen, können Sie mit Sicherheit den einen oder anderen Link zu Ihrer Webseite unterbringen. Vor allem Links zu Tools und Informationen, die man sonst nicht findet, bleiben langfristig online und sorgen für neue Besucher. Die Schaltung einer regionalen AdWords-Kampagne ist vor allem im Kreditbereich sehr teuer. Wenn Sie drei Euro und mehr pro Seitenbesucher ausgeben müssten, um einen winzigen Bruchteil aller eingekauften Gäste zu Kunden zu machen, würden die Werbekosten explodieren. Sie sollten daher in erster Linie auf die Qualität Ihrer Informationen achten. Google und die Mundpropaganda erledigen den Rest.

Bettina Brombeers Kriminalromane

Fallbeispiel

Bettina Brombeer ist begeisterte Krimiautorin. Bisher schrieb sie ihre Krimis neben Kindern und Haushalt, doch nun soll endlich mehr daraus werden. Die Geschichten rund um Hauptkommissar Sebastian Strahlmann finden großen Anklang im Bekanntenkreis, doch leider blieben sie bisher auf diesen beschränkt. Aber könnte sie ihr Hobby zum Beruf machen?

- ✔ *Ziel:* Bücher verkaufen, Autorennamen als Marke aufbauen
- ✔ *Zielmessinstrument:* Verkaufsstatistiken
- ✔ *Zielpersonen würden bei Google eintippen: –*

Internet-Strategie

In diesem Beispiel hat sich meine Empfehlung von der ersten zur zweiten Auflage des „Erfolgsrezept Internet“ grundlegend geändert. Ursprünglich riet ich Frau Brombeer dazu, den ersten Kriminalroman zum (Gratis-)Download sowie „häppchenweise“ als Text auf die eigene Homepage zu stellen und die kostenlose Weiterverbreitung zu erlauben. Das elektronische PDF-Dokument sollte ihre Bekanntheit sowie den Verkauf des gedruckten Taschenbuchs fördern, eine erste Fangemeinde aufbauen und weitere Veröffentlichungen erleichtern.

Dann kam Amazon und löste mit seinem Kindle-Direct-Publishing-Programm („KDP-Programm“) eine wahre Revolution für Autoren aus. Heute ist es jedem möglich, in einer Reihe mit Dan Brown oder Nele Neuhaus zu stehen oder diese sogar zu überholen – ganz ohne Buchverlag.

Meine Empfehlung lautet daher: Frau Brombeer soll sich bei Amazons „KDP“-Plattform anmelden und dort ihre Romane hochladen. Leistungen wie das Lektorat oder die Erstellung der Titelseite kauft sie über Internet-Plattformen wie *www.machdudas.de* oder *99designs.de* zu. Das erste elektronische Buch bietet sie besonders günstig an, vielleicht sogar ein paar Tage lang gratis. Einen Großteil des Marketings erledigen die Amazon-Algorithmen, und so konzentriert sich Frau Brombeer darauf, immer neue Krimis zu schreiben und online zu stellen.

Persönliche Beurteilung

Die Strategieempfehlung mag zu simpel klingen, doch ich weiß genau, wovon ich rede: Nachdem ich einige (Hobby-)Autoren und deren Erfolge auf Amazons E-Book-Plattformen über Monate staunend beobachtet hatte, erreichte ich 2013 als unabhängiger Thriller-Autor (unter Pseudonym) tatsächlich selbst für kurze Zeit Platz 1 der Amazon-Kindle-Charts. So kann ich mich nun „Bestsellerautor“ nennen. Und das mit Ansage: Ich wettete vorher mit einem Freund, dass ich innerhalb weniger Wochen die Top 10 der Kindle-Charts erreichen würde, und zog mein Konzept durch, das sehr viele Methoden und Erfolgsgrundsätze dieses Buches enthielt. Mehr als 25.000 verkaufte Exemplare später weiß ich: E-Books sind in Deutschland angekommen, und im KDP-Programm kann man richtig Geld verdienen – vor allem aber: sich (bzw. sein Pseudonym) als Marke bekannt machen, ohne den üblichen steinigen Weg des Künstlers gehen zu müssen. Noch.

Amazon bezahlt den „Self-Publishern“, also „Selbstverlegern“, zwischen 35 und 70 % des Nettopreises eines E-Books – ein Wert, vom dem Verlagsautoren höchstens träumen können. Auch bei niedrigen Verkaufspreisen bleibt mehr Geld beim Autor, als hätte er zuerst einen Verlag von sich und seinem Werk überzeugen und dessen Mühlen durchlaufen müssen. Amazon fördert die „Indies", wie die unabhängigen Autoren heißen, indem ihre Werke gleichberechtigt mit Verlagstiteln im virtuellen Kaufhaus stehen. Besonders reizvoll: Amazon-E-Book-Kunden lieben günstige Titel, und während die Traditionsverlage ihre E-Book-Preise gegenüber gedruckten Versionen nur geringfügig senken, ziehen Self-Publisher mit Titelpreisen zwischen 0,99 und 3,99 Euro an ihnen vorbei. Es entsteht ein Kreislauf: Registriert der Amazon-Algorithmus die ersten Käufe, steigt die Sichtbarkeit des eigenen Werks schnell an (z.B. auf fremden Produktseiten: „Kunden kauften auch ..."), was zu mehr Käufen und größerer Sichtbarkeit führt und so weiter. Schlägt sich das Buch dann noch besser als vergleichbare Titel, sind die Top 100 oder gar die Top 10 nicht ausgeschlossen. Wären diese Einnahmen konstant, könnte man von einem einzigen Buch in den Top 100 der deutschen Amazon-Kindle-Charts (angenommener Verkaufspreis von 2,99 Euro) leben! Natürlich hat man diesen „Platz an der Sonne" nicht gepachtet und muss sich mit einer wachsenden Zahl von Self-Publishern messen, die offen kommunizierten KDP-Erfolgsgeschichten wie jener von Amanda Hocking oder Nika Lubitsch nachjagen. Doch derzeit ist das KDP-Programm die heißeste Aktie für Autoren, um es zu Einnahmen UND Bekanntheit zu bringen. Nun gibt es natürlich auch Alternativen zu Amazons Kindle-Markt – der E-Book-Markt wächst rasant und mit ihm die Anbieter – doch Amazon hat das größte Stück vom Kuchen, weshalb ich mich eher auf das Schreiben neuer Bücher konzentrieren würde, als auf jeder möglichen Verkaufsplattform präsent sein zu wollen. Über die E-Book-Schiene hinaus gibt es auch die Möglichkeit, sein Buch über die Amazon-Tochter createspace (*www.createspace.com*) als Taschenbuch zu veröffentlichen, ohne Rechte aufgeben zu müssen wie bei den meisten Mitbewerbern. Doch das Potenzial ist im Vergleich zu den Umsätzen, die von Self-Publishern in Amazons E-Book-Programm erzielt werden, eher gering.

Wenn Sie mehr über Ihre Möglichkeiten als Autor in Amazons KDP-Programm erfahren wollen, empfehle ich Ihnen den Ratgeber „KINDLE FÜR AUTOREN oder: Wie veröffentliche ich ein E-Book auf amazon.de?" meines geschätzten Kollegen „Prinz Rupi", Ruprecht Frieling.

Zum Literaturmarkt und dem Internet generell: Pro Jahr werden alleine in Deutschland weit über 100.000 Bücher neu veröffentlicht. Niemand hat auf neue Autoren und deren Geschichten gewartet. Niemand kennt sie. Deshalb sucht auch niemand nach ihnen. Neue Autoren haben keine Chance, Besucher mit ihren konkreten Fragen bei Google abzuholen und ihnen eine Antwort anzubieten. Suchmaschinen, Besuchereinkauf, Bilder und Videos fallen flach. Abgesehen von Gelegenheiten, wie man sie derzeit noch im Kindle Direct Publishing findet, gleicht der Durchbruch als Schriftsteller einem Sechser im Lotto. Auch hier mag harte (Marketing-)Arbeit schließlich zum Ziel führen, doch erscheint mir der nötige Aufwand zu groß im Verhältnis zum möglichen Nutzen, wobei es einem „wirklichen" Künstler dem Hörensagen nach selten ums Geld geht. Im Zweifelsfall würde ich persönlich eine Kombination aus Ruhm UND Geld anstreben. Scherz beiseite: Einmalige Gelegenheiten wie die E-Book-Revolution muss man nutzen, solange es geht. Es gilt, seinen Autorennamen aufzubauen, bevor die Traditionsverlage aufwachen. Ihr Glück: Das kann dauern.

Immobilien + Birger + Lisa = Immobilisa!

Fallbeispiel

Lisa und Birger starten gemeinsam die Immobilisa Immobilienvermittlung GmbH. Beide arbeiteten bisher unselbständig für einen Immobilienmakler. Jetzt wollen sie selbst ins Geschäft einsteigen und sich auf ausbaufähige Dachböden in Bremen spezialisieren. Diese sollen gefunden, begutachtet, vorgeplant und schließlich an Käufer vermittelt werden.

- ✔ *Ziel:* Interessenten über das Internet gewinnen – sowohl auf Käufer- als auch auf Verkäuferseite

- *Zielmessinstrument:* Anzahl der Kundenanfragen
- *Zielpersonen würden bei Google eintippen:* Dachboden Bremen, ausbaufähiger Dachboden, Dachboden kaufen, günstiger Wohnraum Bremen, Dachböden Verkauf, Dachgeschoß kaufen, Dachgeschoß Bremen Rohzustand, Dachwohnung günstig, Dachboden ausbauen wie, Dachboden zum Ausbauen ...

Internet-Strategie

Die Webseite der Immobilisa GmbH wird einfach und hochwertig gestaltet. Gäste sollen schnell zu den angebotenen Projekten finden. Kontaktmöglichkeiten per Telefon, E-Mail und Anfrageformular sind auf allen Seiten deutlich erkennbar. Aus dem Internet-Auftritt geht klar hervor, dass die GmbH sowohl auf der Suche nach Käufern als auch Verkäufern ist. Lisa und Birger machen viele Fotos und Videos von den Dachböden, welche sie nicht nur auf der eigenen Homepage, sondern auch auf Flickr, Picasa und YouTube online stellen. Außerdem veröffentlichen sie laufend Tipps und Tricks zum Ausbau von Dachgeschoßen. Gestattet es ein Käufer, begleiten sie ihn beim Ausbau des Dachbodens und führen ein Online-Tagebuch des Umbaus. Sie bewerben die Homepage offline, z.B. im Immobilienteil lokaler Tageszeitungen und Magazine. Zudem schalten sie eine AdWords-Kampagne und kaufen Besucher zu – hier ist der mögliche Deckungsbeitrag groß genug, um Online-Werbung rentabel zu machen. Aktuelle Projekte werden zusätzlich auf großen Immobilienportalen wie *ImmobilienScout24* und *Immonet.de* inseriert, um Interessenten auf Käuferseite zu gewinnen.

Persönliche Beurteilung

Die Konzentration auf eine Nische ist entscheidend. Durch die Aneignung von Spezialwissen werden Sie zu dem Experten Ihres Themas. Das bleibt weder Interessenten noch Google verborgen. Nischenseiten tun sich wesentlich leichter, in der Suchmaschine nach vorne zu kommen, weil sie eindeutig besser zu spezifischen Suchanfragen passen als breite Allerweltsseiten. Wer mit einem Bauchladen herumläuft und alles machen will, wird nur sehr langsam vom Fleck kommen. Sich auf Dachböden im Rohzustand zu spezialisieren und keine anderen Vermittlungsaufträge anzunehmen, ist daher sinnvoll.

Fotos und Videos, die auf externe Plattformen wie Flickr, Picasa, Instagram, Pinterest, YouTube oder Vimeo gestellt werden, erhöhen die Auffindbarkeit der eigenen Webseite. Zusammen mit Fachbeiträgen und Umbau-Tagebüchern werden sie zu den wichtigsten unbezahlten Zubringern. Menschen lieben Vorher-nachher-Fotos und Baugeschichten. Wenn Sie Fotos und Videos zusätzlich mit Ihrer Domain als Wasserzeichen „branden", können Sie den Effekt noch steigern.

Portale wie *ImmobilienScout24* und *Immonet.de* machen es einfacher, sich Käufern zu präsentieren. Sie können jedoch wenig dazu beitragen, Verkäufer zu finden. Deshalb ist es so wichtig, ein eigenes Portal aufzubauen, über das Sie sowohl kauf- als auch verkaufswillige Interessenten kontaktieren können. Zielgerichtete AdWords-Kampagnen helfen Ihnen, Ungleichgewichte zwischen Käufer- und Verkäuferseite auszugleichen.

Ble(ch)Tro(ttel)Rep(araturdienst).com

Fallbeispiel

BleTroRep.com ist die Online-Adresse von Konrads „Blechtrottel-Reparaturdienst". Er ist auf PC- und Netzwerkreparaturen sowie Datenrettung vor Ort spezialisiert.

- ✔ *Ziel:* Mehr Aufträge aus dem Internet
- ✔ *Zielmessinstrument:* Anzahl der Kundenanfragen über das Internet
- ✔ *Zielpersonen würden bei Google eintippen:* PC spinnt, Digitalkamera Fotos gelöscht, Computer geht nicht mehr, PC abgestürzt, alle Daten weg was tun, Festplatte raucht, Tas-

tatur ohne Funktion, Windows fährt nicht hoch, Bildschirm kaputt, Internet-Verbindung weg, WLAN installieren, PC Notfall ...

Internet-Strategie

Auch in Konrads Fall geht es darum, sich als Experte zu positionieren. Die tägliche Arbeit mit Kunden bietet einen reichhaltigen Fundus. Mit einer Webseite im Blog-Stil kann Konrad die vielen Erlebnisse rund um „Blechtrottel und deren Macken" verarbeiten. Tipps und Tricks lassen sich mit amüsanten Anekdoten verknüpfen. Dabei passt Konrad auf, keinen Kunden bloßzustellen und keine Frage als „dumm" wirken zu lassen. Humor in Kombination mit der eigenen Berufserfahrung ist zweifellos ein zweischneidiges Schwert. Daher sollte sich *BleTroRep.com* in erster Linie um nützliche Inhalte drehen. Was kann man selbst reparieren, wofür braucht man BleTroRep? Was tut man am besten, wenn dies oder jenes passiert, um den Schaden nicht noch zu vergrößern? Wie heißen bestimmte Hardwareteile (Gelegenheit für Konrad, viele Fotos und Videos einzubauen), um sich bei der Fehlerbeschreibung richtig ausdrücken zu können? Und vor allem: Wie erreicht man Konrad, wenn nichts mehr läuft?

Natürlich trägt Konrad seinen Reparaturdienst auch bei Google Places ein und ergänzt die Gelben Seiten um seine Domain. Zudem nutzt er jede Gelegenheit, auch offline die Werbetrommel für seinen Webauftritt zu rühren, wie etwa in Kleinanzeigen, auf Streuartikeln oder am Pkw.

Persönliche Beurteilung

Je einprägsamer Ihre Marke ist, desto besser für Ihr Geschäft. Umso mehr, wenn Kunden Sie nicht suchen können, sobald der Hut brennt. Wer vor dem abgerauchten PC sitzt und keinen Ersatz hat, muss wissen, wie Sie erreichbar sind. Mit dem Expertenblog und einer ausgefallenen Firmenbezeichnung sorgen Sie dafür, dass sich einige der potenziellen Kunden auch „offline“ an Sie erinnern können. Die Entwicklung einer Leitfigur (z.B. als Comicfigur) ist nicht so teuer, wie gewöhnlich vermutet wird, und sorgt für zusätzliche Markenwirkung. Wer im Telefonbuch auf Ihren Eintrag samt Namen und Figur kommt und Sie bereits aus dem Internet kennt, wird sich ziemlich sicher an Sie wenden. „BleTroRep“ ist ein Beispiel dafür, dass man sich keine teuren Domains und Markenrechte sichern muss, um im Gedächtnis zu bleiben. Wenn es technisch möglich ist, könnten Sie den Namen im amerikanischen Stil zu Ihrer Rufnummer machen. BLETROREP = 253876737. Erklären Sie diesen Zusammenhang auf Ihrer Webseite.

Marlene macht's wieder gut

Fallbeispiel

Dr. Marlene Malowicz ist Kinderfachärztin in Wien. Sie hat einen Kassenvertrag und ihre Praxis ist grundsätzlich gut ausgelastet. Doch die Kassenpatienten sind nicht besonders lukrativ. Mittelfristig möchte Frau Dr. Malowicz ihr Stundenpensum reduzieren. Dafür braucht sie mehr Privatpatienten.

- ✔ *Ziel:* Mehr Privatpatienten, die über das Internet zu ihr finden
- ✔ *Zielmessinstrument:* Anzahl der Privatpatienten-Neukontakte (Rückfrage, wie man gefunden wurde)
- ✔ *Zielpersonen würden bei Google eintippen:* Qualitätsmediziner, Kind Gesundheitsvorsorge, erstklassige Kinderärzte, bester Kinderarzt Wien, Kinderarzt privat, guter Arzt für Kinder ...

Internet-Strategie

Frau Dr. Malowicz bietet auf ihrer Homepage einen Ratgeber zum kostenlosen Download an. Dieser dreht sich um das Thema „Krankheiten bei Kindern frühzeitig erkennen“. Sie erstellt ein Gesundheitslexikon mit allem, was ihr Fachgebiet betreffen könnte. Einmal wöchentlich veröffentlicht sie einen längeren Beitrag zu Aktuellem aus ihrer Praxis und der Welt der Kindermedizin. Sie schreibt auch Gastbeiträge für Gesundheitsportale und ist auf Wikipedia aktiv, wo sie hin und wieder auf eigene Artikel und Lexikoneinträge verweist.

Die Webseite gibt klar zu erkennen, dass Frau Dr. Malowicz Privatpatienten behandelt. Sie nimmt dazu Stellung und streicht die Vorteile heraus, wie z.B. jederzeitige Verfügbarkeit, Hausbesuche und mehr Zeit pro Patient. Über ein Anfrageformular bietet sie eine kostenlose Erstuntersuchung an.

Eine regional begrenzte AdWords-Kampagne bringt neue Besucher auf die Webseite. Hierbei ist auf mögliche länderspezifische Werbebeschränkungen für Ärzte zu achten.

Besonders wichtig ist der Eintrag in Google Places. Diesen gestaltet Frau Dr. Malowicz möglichst aussagekräftig. Sie kontrolliert regelmäßig mit Google Alerts, was im Internet über sie geschrieben wird, und reagiert zeitnah auf neue Bewertungen.

Persönliche Beurteilung

Auch Doktoren der Medizin müssen ihre Kompetenz erst unter Beweis stellen und Vertrauen schaffen. Ihr Vorteil ist, dass sich grundlegende Erkrankungen und Behandlungsmethoden nicht ändern. Erstellen Sie auf ihrer Homepage ein detailliertes, hochqualitatives Gesundheitslexikon für Ihr Fachgebiet. Dieses können Sie dann während ihrer gesamten Berufslaufbahn verwenden. Jeder einzelne Eintrag sollte sich auf einer eigenen Unterseite befinden und annähernd den Richtlinien für „perfekte Artikel“ im Kapitel „Der Inhalt Ihrer Seite“ entsprechen. So hat jeder einzelne Teil Ihrer eigenen Enzyklopädie seine eigene Chance, bei Google gefunden zu werden. Je mehr Inhalte, desto besser, wenn möglich auch bebildert. Aktuelle Updates aus der Praxis und der Welt der Medizin zeigen Ihren Besuchern, dass die Webseite lebt. Das ist jedenfalls besser als ein Newsletter, den ohnehin niemand liest. Viele Internet-Surfer prüfen, von wann der letzte Eintrag auf einer Webseite stammt, und schließen daraus auf den Einsatz des Herausgebers. Der Aktualitätsfaktor darf nicht unterschätzt werden. Über das Lexikon kommen Sie langfristig (über die Google-Suche) zu Besuchern und mit dem wöchentlichen Beitrag signalisieren Sie: „Ich bin für Euch da."

Die Mitwirkung auf etablierten Internet-Gesundheitsportalen und Wikipedia unterstreicht Ihre Kompetenz und bietet die Gelegenheit, Besucher über dort platzierte Links auf die eigene Seite zu bekommen. Vor allem im Fall von Wikipedia kann sich das auch positiv auf die Suchmaschinenposition der Webseite auswirken, da die Online-Enzyklopädie zu den vertrauenswürdigsten Seiten überhaupt zählt. Ich halte zwar generell nicht viel von „Links um der Suchmaschine Willen", doch eine so hochwertige Verlinkung wäre tatsächlich erstrebenswert. Ob und wie schnell das gelingt, steht in den Sternen. Vieles hängt davon ab, ob das, was Sie verlinken wollen, einen einzigartigen Nutzen bietet; womit wir wieder beim Thema „Inhalte mit Mehrwert" wären.

Da auch Ärzte mittlerweile bewertet werden können, z.B. bei Yelp, Jameda, Docfinder und Google Places, haben selbst die Götter in Weiß einen Ruf zu verlieren. Suchen Sie bei Google nach „Arzt" und Sie sehen eine Google Places-Sektion samt interaktiver Karte mit Ärzten in Ihrem Umkreis. Je nach Menge der abgegebenen Bewertungen erhält der Eintrag sogar ein Sternerating. Google Places fasst dabei wie im Hotel- und Restaurantbeispiel die Kundenmeinungen verschiedener Portale zusammen und bildet hieraus ein Durchschnittsrating. Es gilt, die Augen offenzuhalten und bei neuen Einträgen rasch zu reagieren. Neben Google Alerts sollten Sie den eigenen Places-Eintrag mindestens einmal pro Monat prüfen. Die Bewertungsabgabe durch zufriedene Kunden lässt sich (wie bereits mehrmals erwähnt, siehe z.B. Kapitel „Kundenmeinung und Reputation") auf seriöse Art und Weise fördern.

Beamter im Ruhestand und Künstler

Fallbeispiel

Der Finanzbeamte Karl Gutringer malt seit vielen Jahren. Nun ist er im Ruhestand und möchte sich „das mit dem Internet" genauer ansehen. Er will seine Malerei einem größeren Kreis von Interessierten zugänglich machen. Dabei hat er keine vordergründig kommerziellen Interessen, es geht ihm eher um Bekanntheit. Als gut situierter Rentner ist er bereit, Zeit und Geld zu investieren.

- ✔ *Ziel:* Viele Menschen sollen die Bilder sehen. Herr Gutringer möchte sich einen Namen machen.
- ✔ *Zielmessinstrument:* Anzahl der Seitenbesucher, Seitenansichten pro Besuch, Verweildauer auf der Seite (Webseitenstatistik)
- ✔ *Zielpersonen würden bei Google eintippen: –*

Internet-Strategie

Der Künstler fertigt hochwertige Fotos seiner Bilder an und stellt diese auf seine selbst gehostete WordPress-Installation. Für die Veröffentlichung der Fotos bedient er sich eines WordPress Themes (Seitenlayout), das seine Bilder nicht nur eindrucksvoll in den Mittelpunkt des Geschehens rückt. Im Randbereich der Seite weist er auf Kontaktmöglichkeiten und Aktuelles hin, lässt ansonsten aber die Bilder für sich sprechen. Die wenigen Texte, die er braucht, könnte er gleich mehrsprachig anbieten. Er meldet sich auf Kunstportalen an, bei denen er sowohl seine Bilder online stellen als auch seine Homepage verlinken kann.

Er macht regelmäßig klassische PR-Arbeit für die Homepage. Er kontaktiert Multiplikatoren wie Kunstzeitschriften und Kulturredakteure persönlich, um diese auf seine Seite zu bringen. Bei seiner nächsten Ausstellung erwähnt er seinen Online-Auftritt. Auf Drucksachen, Ankündigungen, Inseraten und Werbeartikeln ist seine Domain deutlich erkennbar.

Persönliche Beurteilung

Vielen Menschen, die das Internet für sich nutzen wollen, geht es eher um Bekanntheit und Anerkennung als um Geld. Gerade Künstler stehen im Ruf, den Faktor Geld aus ihrem Bewusstsein verdrängt zu haben und mehr schlecht als recht über die Runden zu kommen. Herr Gutringer ist ein Sonderfall, da er sowohl Zeit als auch Geld hat, die er in sein Marketing investieren kann.

Maler sind im visuellen Bereich tätig. Es wäre wohl kontraproduktiv, eine textlastige Informationsseite aufzubauen. Das Medium ist das Bild, und dieses gilt es zu inszenieren. WordPress bietet sich aufgrund seiner Flexibilität und Erweiterbarkeit als Verwaltungssystem an. Es gibt großartige Designs (WordPress Themes) für Fotografen und Künstler. Sehen Sie sich die entsprechende Designkategorie auf dem Design-Marktplatz themeforest an: *http://themeforest.net/category/wordpress/creative*. Für wenig Geld bekommen Sie dort eine vorgefertigte Lösung. Mit dem Austausch des Hintergrunds ist das Design augenblicklich unverwechselbar. Ob es sich angesichts dessen noch auszahlt, einen Webdesigner zu beauftragen?

Es geht Herrn Gutringer darum, sich bildhaft zu präsentieren. Natürlich könnte er auch Kunstinhalte aufbauen und versuchen, in den organischen Suchergebnissen auf vordere Plätze zu gelangen. Relevante Suchanfragen wären z.B. „Maler Online“, „Online Galerie“ oder „Künstler Malerei“ sowie Schlagwörter rund um seine Maltechniken. Doch dafür bedarf es vor allem guter Texte. Die Google Bildersuche und Google AdWords wären neben der Textsuche weitere mögliche Besucherquellen. Aber ob sich Herr Gutringer wirklich auf so ausgefeilte Methoden einlassen will? Insgesamt denke ich nicht, dass Google einen besonderen Beitrag zu seinem Projekt leisten wird.

Auf eBay finden Sie eine ganze Reihe von Bildern zum Kauf. Wie immer geht es auf der Auktionsplattform vor allem um eines: „billiger, billiger“. Dementsprechend tief sind die Preise angesiedelt, die gar nicht selten unter den Materialkosten liegen. Es herrscht ein deutlicher Angebotsüberhang und nur weil Sie astronomisch hohe Mindestgebote einstellen, sehen sich trotzdem nicht mehr Menschen Ihre Angebotsseite an. eBay ist für Kunstwerke unbekannter Künstler nicht geeignet. Und bekannte Künstler brauchen kein eBay.

Wer Zeit und Geld hat, kann seine Webseite außerhalb der Welt aus Bits und Bytes bewerben. Dafür gibt es viele Möglichkeiten, von der Kontaktaufnahme zu Kulturredaktionen über selbst bezahlte Annoncen bis zu Streuartikeln sind der Kreativität keine Grenzen gesetzt. Innovative, witzige Werbeaktionen werden mit Sicherheit Menschen auf die Homepage locken.

FineMaxx

Fallbeispiel

FineMaxx ist ein Magazin für erfolgreiche Manager und solche, die es gerne wären. Die Zielgruppe sind Männer ab 25, die von Berufs wegen Anzug tragen, in höheren Kreisen verkehren und ein Faible für kleine technische Spielereien (Gadgets) haben.

- ✔ *Ziel:* FineMaxx braucht mehr Abonnenten.
- ✔ *Zielmessinstrument:* Zahl der Abo-Direktabschlüsse über die eigene Homepage
- ✔ *Zielpersonen würden bei Google eintippen:* Magazin für Manager, Businessmagazin, neue Gadgets, Smartphone Vergleich, Manager Smartphones, Alltag eines Managers, Business Dresscode, Knigge für Männer im Büro, Accessoires Anzug, Männerzubehör, Krawatten-Guide, Anzug Mode, Anzug Karriere ...

Internet-Strategie

FineMaxx nutzt die Inhalte seines Magazins auch auf der Homepage. Texte, Fotos und andere Medien lassen sich recht einfach der „Zweitverwertung“ zuführen. In einer Art „Magazin light“ werden laufend neue, thematisch passende Inhalte auf *Finemaxx.com* publiziert. Die Online-Version ist gratis, denn es geht ausschließlich darum, Besucher zu Zeitschriftabonnenten zu machen. Besucher werden konsequent, doch nicht aufdringlich zum Abo-Abschluss geführt.

Regelmäßig bietet FineMaxx kostenlose Ratgeber, Tools, Vergleiche und Guides rund um Dresscode, Knigge, Karriere, Must-haves und andere zielgerichtete Themen als PDF-Datei zum Download an und erlaubt deren Weiterverbreitung. FineMaxx wirbt neben klassischen Magazin-Zielgruppenbesitzern (Multiplikatoren, z.B. Arztpraxen, Flughäfen, Golfclubs, Bars, Warteräume aller Art) auch um Online-Multiplikatoren. Betreiber von einschlägigen Portalen, Blogs und Foren werden mit kostenlosen Abos beschenkt. Über ein Partnerprogramm werden diese zu Vertriebspartnern der Zeitschrift gemacht.

Mit der Schaltung von Google-AdWords-Anzeigen in Kombination mit dem Conversion-Optimierungstool wird der Anteil jener eingekauften Besucher maximiert, die tatsächlich ein Abo für das Magazin abschließen.

Persönliche Beurteilung

Als Herausgeber eines Magazins für Manager können Sie sprichwörtlich „aus dem Vollen schöpfen“ und auf der gesamten Klaviatur des Online-Marketings spielen.

Die Inhalte, die Publizisten früherer Tage für ihre Zeitungen und Magazine produzierten, waren nach deren Erscheinen verloren. Sie verstaubten in Archiven und trugen nichts mehr zum Geschäftserfolg des Mediums bei. Das Internet hat das geändert. Professionell erstellte, hochqualitative Inhalte sind geradezu prädestiniert dafür, einer Zweitverwertung zugeführt zu werden. Natürlich bedeutet das nicht, den gesamten Magazininhalt eins zu eins auf die Internet-Seite zu packen. Doch Inhalte können gekürzt, kombiniert, überarbeitet oder kommentiert werden, sodass nicht der Eindruck entsteht, das Abo wäre überflüssig. Dieses „Aufwärmen“ funktioniert auch umgekehrt. Merkt man, dass ein Online-Artikel besonders gut bei den Gästen ankommt, wird dieser überarbeitet und in die nächste Magazinausgabe übernommen. Die Webseite lässt sich so zum Marktforschungsinstrument machen. Online-Inhalte sorgen für einen konstanten Zustrom neuer Besucher und damit potenzieller Abonnenten.

Menschen lieben kostenlose Tools und Ratgeber aller Art. Umso mehr, wenn sie wirklich nützlich sind. Die Quellen werden sehr gerne verlinkt, und Nutzbringendes verbreitet sich wie von selbst. Sie sollten daher nicht auf Ihrem Copyright herumreiten, sondern ausdrücklich gestatten, Heruntergeladenes (in unveränderter Form) weiterzuverbreiten. Über Links und Informationen in diesen Downloads machen Sie kräftig Werbung für Ihr Magazin.

Nutzer, die zum ersten mal auf Ihre Homepage gelangen, sollen sofort erkennen, dass es sich um ein klassisches Magazin handelt und wie sie sich mit wenigen Klicks über das Abo informieren und dieses abschließen können. Die Webseite muss so aufgebaut sein, dass Ihr Ziel nur einen oder maximal zwei Klicks vom Besucher entfernt ist. Wenn man sich erst durch viele Seiten manövrieren muss, um zum Bestellformular zu gelangen, geht viel Geschäft verloren.

Geht es um Vertriebspartnerschaften mit Foren, Blogs und anderen Webseiten, so bieten sich Affiliate-Netzwerke wie Affilinet oder Zanox für deren technische Umsetzung an. Als Advertiser zahlen Sie eine Provision an fremde Webseitenbetreiber, die Ihnen neue Abonnenten vermitteln. Doch mit der Anmeldung alleine ist es nicht getan. Um lohnende Partnerschaften aufzubauen, müssen Sie die interessanten Webmaster persönlich umwerben und von Ihrem Partnerprogramm überzeugen. Ein Gratisabo (oder gleich mehrere zur freien Vergabe) kann ein guter Einstieg in diese Geschäftsbeziehung sein. Gehen Sie nicht nur auf Riesen-Internet-Portale zu, denn diese bekommen täglich eine Unmenge von Anfragen aller Art. Sie können von Glück reden, wenn Sie überhaupt eine Antwort erhalten. Mittelgroße, aufstrebende „Publisher“ werden über Ihre Kontaktaufnahme erfreut und eher bereit sein, Ihr Partnerprogramm zu testen. Aufgrund der gleichen Interessenslage von Magazinherausgeber und Portalbetreiber machen kostenlose Abonnements besonders viel Freude, zeugen von Anerkennung der Arbeit des Webmasters und können den Beginn einer langfristigen Webseiten-Partnerschaft bedeuten.

Google-AdWords-Anzeigen könnten sich ebenfalls lohnen. Wieder einmal lege ich Ihnen den Einsatz des Conversion-Optimierungstools von Google nahe, denn wenn es einer schafft, Ihnen bei der Auswahl wahrscheinlicher Abonnenten zu helfen, dann ist es die Suchmaschine.

„Irgendwie genial!"

Fallbeispiel

„Irgendwie genial!" heißt die Band von Meike, Olaf, Rudi und Tom. Sie setzen auf Deutschrock und tiefsinnige Texte. In ihrer Heimatstadt hatten sie schon ein paar Gigs, doch die Studenten wollen mehr aus ihrer Kunst machen.

- ✔ *Ziel:* Bekanntheit
- ✔ *Zielmessinstrument:* Musikdownloads, Facebook-Fans, Twitter-Follower, Seitenbesucher
- ✔ *Zielpersonen würden bei Google eintippen:* –

Internet-Strategie

Die vier teilen sich die Arbeit je nach ihren individuellen Stärken und Talenten auf. Die Homepage wird multimedial ausgerichtet. Die Songs stehen im Mittelpunkt, doch auch Fotos, Videos und Texte finden ausreichend Platz. Die Veröffentlichung neuer Beiträge erfolgt im Blog-Stil: Der aktuellste Beitrag ist ganz oben zu finden. Links zu Twitter-, Myspace-, YouTube-, Facebook- und anderen Social-Media-Profilen der Band sind deutlich erkennbar. Die Inhaltspflege der eigenen Webseite muss einfach und komfortabel funktionieren. Denn nun geht es darum, jede Menge Material online zu bringen – je mehr und je regelmäßiger, desto besser.

„Irgendwie genial!“ bieten manche ihre Lieder kostenlos zum Download an. Sie ersuchen Bekannte, Konzerte zu fotografieren und Mitschnitte in Bild und Ton anzufertigen. Von der Probe bis zum Auftritt wird eine Videokamera zum ständigen Begleiter. Die Band veröffentlicht ihre Songtexte und bietet Lernvideos für jene an, die ihre Songs nachspielen wollen. Videos, Bilder, Texte und Songs werden so aktuell wie möglich auf verschiedenen Online-Plattformen verfügbar gemacht und in die eigene Homepage eingebunden – am besten Tag für Tag. Auf der Basstrommel prangt die Internet-Adresse. Sie nutzen jede weitere Gelegenheit, ihre Webseite und deren kostenlose Angebote schmackhaft zu machen. Sie erstellen und pflegen eine Facebook-Seite, der sie mit einer kleinen (Facebook-)Werbekampagne stetigen Zulauf neuer Fans bescheren. Steht die Finanzierung einer Album- oder Videoproduktion an, bedient sich die Band des Crowdfundings (der Schwarmfinanzierung) auf Plattformen wie *www.startnext.de*.

Persönliche Beurteilung

2012 habe ich als deutscher Singer-Songwriter meine Fühler in die Welt der Musik ausgestreckt. Doch ich muss zugeben, dass ich wesentlich weniger Erfolg damit hatte als mit meinem Self-Publishing-Bestseller 2013 (siehe weiter oben der Abschnitt „Bettina Brombeers Kriminalromane“). So musste ich trotz durchaus vorhandener Fangemeinde feststellen, dass sich mit Musik im Internet kaum Geld machen lässt – außer man ist einer der wenigen Superstars. Die Entwertung, welche die Musikbranche in den letzten Jahren stark schrumpfen ließ, ist meiner Meinung nach vor allem darauf zurückzuführen, dass Musik als erstes Medium unter die Walze der Gratiskultur geraten ist – und zu lange nichts dagegen unternommen wurde. Nachdem Plattformen wie iTunes den Schaden durch die Piraterie etwas abfedern konnten, heißt die Zukunft „Streaming“:

Musik wird nicht mehr gekauft und besessen, sondern bei Bedarf abgespielt, „gestreamt". Zwar muss man Anbietern wie Spotify einen monatlichen Beitrag zahlen, um alle Funktionen nutzen zu können, und der Konsument scheint dies auch zu akzeptieren, allerdings landet davon so gut wie nichts bei Otto Durchschnittsmusiker. Wer kommt schon auf Zehntausende „Streams" pro Tag, die ein Einzelkämpfer bräuchte, um von den digitalen Einnahmen leben zu können? Es ist fast schon ein Allgemeinplatz, dass physische Tonträger (wie die CD) verschwinden werden, und genauso wird es schon bald dem MP3-Verkauf ergehen. Warum soll der Kunde diesen oder jenen Song kaufen, wenn er die ganze Musik der Welt per Flat-Rate hören kann?

Wie soll ein Musiker dann noch Geld mit seiner Musik verdienen? Ganz einfach lautet der gängige Vorschlag: So, wie es früher der Fall war, über Konzerte, fast möchte ich sagen als Vagabund und Landstreicher – zurück zum Ursprung und gesellschaftlichen Status der Musiker vergangener Jahrhunderte. Doch auch der Konzertmarkt ist nicht unerschöpflich und die Gagen, die an Durchschnittsbands bezahlt werden, reichen kaum zum Überleben. Bleibt noch, in den Konzerten CDs zu verkaufen – nur wie lange haben die Leute noch CD-Player zu Hause herumzustehen?

Tatsächlich ist der Entwertungsprozess noch lange nicht gestoppt. Was für die wenigen Stars funktioniert, nützt den kleinen Gruppen und Künstlern gar nichts. Wo Musiker in den Hobbystatus flüchten und kleine und mittlere Labels verschwinden, bleibt der kommerziell produzierte Einheitsbrei weniger „Majors" übrig, der uns täglich vorgesetzt wird. Piraten sprechen gerne davon, der „fetten Musikindustrie" in Robin-Hood-Manier zu begegnen. Das Gegenteil ist der Fall: Die Großen überleben und konzentrieren sich auf ihre Cashcows. Die Kleinen geben auf. Experimente, Wagnisse und Vielfalt waren gestern. Die Digitalisierung hat der Musik als Kunstform insgesamt schweren Schaden zugefügt.

Aber es nützt nichts: Die Gruppe „Irgendwie genial" will trotzdem den Durchbruch schaffen. Na gut. Ich würde sagen: Viele Hände machen der Arbeit ein Ende. Für die Band wäre es optimal, wenn sie ein medienbegeistertes „fünftes Mitglied" finden würde, das Medienproduktion und Veröffentlichung erledigt. Fans verzeihen ihren Idolen schon mal, wenn ein Konzertmitschnitt nicht so professionell wirkt wie die letzte DVD von U2. Sieht man sich die Renner auf YouTube an, geht es überhaupt nicht um Videoqualität, sondern um Talent. Deshalb: Je öfter und je multimedialer die Band ihre Begabung unter Beweis stellen kann, desto besser. Da es keine Gesamtbeschränkung der hochgeladenen Videomenge gibt, könnten Sie jede Probe und jedes Konzert online stellen, zusammen mit anderen Begebenheiten, die sich in der und rund um die Band ereignen. So ermöglichen Sie den Fans, mit Ihnen „on the road" zu sein – z.B. in Form eines eigenen YouTube Channels – und erhöhen durch Variation der verwendeten Titel, Schlagworte und Beschreibungen gleichzeitig die Auffindbarkeit für neue Besucher.

Soziale Netzwerke sind für Musiker sehr wichtig, um den Fans die jeweilig bevorzugte Methode des Kontakthaltens anzubieten. Einer sieht sich News zuerst auf Twitter an, der andere auf Bandcamp, official.fm, SoundCloud, „good old" Myspace oder Facebook, abonniert ausschließlich YouTube-Channels oder informiert sich per Feed oder direkt auf der Homepage. Wichtig ist, alle Kanäle zu öffnen und die Profile bzw. Inhalte auch zu pflegen. Sie kennen meine grundsätzliche Einstellung: Soziale Netzwerke sind nur eine Ergänzung zur eigenen Webseite, um die sich alles drehen soll. Doch im künstlerischen Bereich muss man dort hingehen, wo das Zielpublikum ist, und es den Menschen so einfach wie möglich machen, sich auf dem Laufenden zu halten.

Der Hoffnungsschimmer: Im digitalen Zeitalter kann man die ganze Welt erreichen, ohne einen großen Plattenkonzern im Hintergrund zu haben. Auch ohne großes Kapital. Die meisten Online-Plattformen und Vertriebssysteme sind für Musiker kostenlos nutzbar und bieten großartige Funktionen. Wie wir gesehen haben, lässt sich auch die eigene Homepage gratis betreiben. Wer ein Tonstudio braucht, kann es so günstig wie niemals zuvor buchen. Wer eine Nase für geschicktes Marketing hat, dem stehen alle Türen offen. Der Lohn des Musikers ist nicht mehr, seine Platten zu verkaufen oder Tantiemen vom Verlag zu erhalten. Er wird mit Popularität belohnt. Wer bekannt ist, kann diesen Status auch in Geld umwandeln. Ein paar zerquetschte Euros kommen aus Streaming und Online-Musikverkauf. Auftritte bringen Eintrittsgelder. Die YouTube-Videos können mit Werbung versehen werden, viele Musikplattformen bieten die Option, einen Preis für den Download festzusetzen. Schließlich zahlen auch GEMA (Österreich: AKM) und andere Verbände Erträge an Kunstschaffende aus, was fleißig komponierenden und auftretenden Musikern ein Zubrot werden kann. Ein Euro hier, einer da – mit der Zeit läppert sich dann doch ein kleines Einkommen zusammen. Wer allerdings davon leben will, sollte schon die landesweiten Charts im Auge haben – oder sich ins Schlagerfach begeben, wo die „gute alte CD" noch gekauft wird und die Fans mit voller Energie hinter ihren Lieblingen stehen.

Abschließend zum Thema Crowdfunding, auf Deutsch „Schwarmfinanzierung": Hinter dem Begriff verbirgt sich eine tolles Finanzierungsinstrument für Kunstprojekte. Statt einen Verlagsvertrag oder einen Bankkredit auf sich nehmen zu müssen, kann man sein Projekt (z.B. die Produktion eines Musikalbums, eines Konzertvideos, einer Tour, eines Buchs, eines Spiels, eines Films ...) auf Crowdfunding-Plattformen wie *www.startnext.de* vorstellen und das nötige Geld einsammeln.

Wer es (vorher) mit beständiger Internet-Arbeit zu einer stattlichen Anzahl treuer Fans gebracht hat, hat auf Crowdfunding-Plattformen gute Chancen, auch Produktionen in fünfstelliger Budgethöhe finanziert zu bekommen. Der einzelne Fan zahlt z.B. 20 Euro und erhält als Dankeschön eine signierte CD oder er zahlt 1.000 Euro und dafür spielt die Band ein Wohnzimmerkonzert bei ihm zu Hause und so weiter. Wenn man sich die einzelnen Erfolgsbeispiele auf Startnext ansieht, ist klar, dass Plattformen wie dieser die Zukunft gehört. Gut für Künstler:

Wenn sich schon kein Geld mit der Musik verdienen lässt, muss man wenigstens nicht in finanzielle Vorleistung gehen und verliert nichts a ußer der eigenen Zeit. Gut für Konsumenten: Sie können sich nach neuen Talenten umsehen und „mit gutem Gefühl" Projekte fördern, die ihnen gefallen.

Abbildung 11.4: Crowdfunding auf Startnext: Perfekt für Kunstschaffende

Und nun möchte ich dieses Praxisbeispiel wie auch mein „Erfolgsrezept Internet" mit dem Zitat eines Songtitels von AC/DC schließen:

„It's a Long Way to the Top (If You Wanna Rock 'n' Roll)"

Na denn: Auf geht's!

Index

Jörg Dennis Krüger

Conversion Boosting mit Website Testing

- **Mit Website Testing quantifizierbare Ergebnisse erhalten**
- **Ihre Conversion-Rate deutlich steigern**
- **Ihre Website nachhaltig optimieren**

Conversions sind der Schlüssel für den Online-Erfolg. Traffic (z.B. aus Suchmaschinen-Optimierung und -Marketing) ist zunächst nur die Grundlage für eine erfolgreiche Website. Die Conversion-Rate entscheidet jedoch darüber, ob eine Website wirklich Geld verdient.

Auf der Grundlage objektiver Analyseverfahren und mit den exakt quantifizierbaren Ergebnissen des Splittraffic-Testings lernen Sie die Besucher Ihrer Website kennen. Sie erfahren, wo Sie optimieren müssen, was die besten Optimierungsansätze sind und wie Sie die besten Ergebnisse bekommen. Auf Basis der Ergebnisse können Sie Ihre Website in die richtige Richtung optimieren und Ihre Conversion-Rate um ein Vielfaches steigern.

Der in diesem Buch beschriebene Prozess der Conversion-Steigerung besteht aus mehreren Optimierungsstufen. Zunächst definiert der Autor die Kriterien einer guten Conversion-Rate, um dann Schritt für Schritt die Voraussetzungen einer erfolgreichen Webanalyse zu erläutern. Dabei werden Methoden wie Virtuelles EyeTracking, L.I.F.T.-Analyse und Google Browser Size vorgestellt. Sind damit mögliche Ansatzpunkte für die Optimierung ermittelt, gilt es diese systematisch zu testen und die Ergebnisse in eine längerfristige Online-Strategie einfließen zu lassen. Auch hierzu gibt der Autor einen praxiserfahrenen Einblick in Testtypen, -strategien und -Tools und schlägt Ihnen zum Abschluss konkrete Testideen zur Optimierung Ihrer Website vor.

Die Website zum Buch:
http://conversionboosting.com

Über den Autor:
Jörg Dennis Krüger hat mehr als 10 Jahre Erfahrung im Online-Marketing und ist spezialisiert auf die messbare Steigerung von Conversion-Raten. Als Senior Manager leitet und verantwortet er den Geschäftsbereich »Conversion-Optimierung« für ein internationales Performance-Marketing-Netzwerk mit Hauptsitz in München.

Probekapitel und Infos erhalten Sie unter:
www.mitp.de/9079

ISBN 978-3-8266-9079-2

Google AdWords

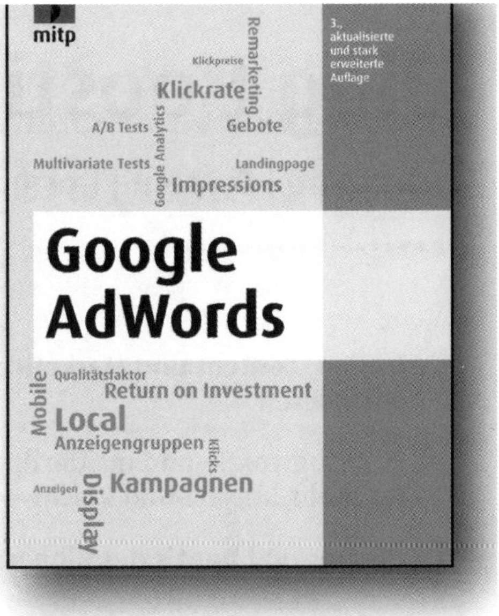

- **Effektiver Aufbau Ihrer Kampagnen und Anzeigengruppen**
- **Erfolgreiche Keywords, Anzeigentexte und Landingpages**
- **Auswertung, Optimierung und Professionalisierung Ihrer Kampagnen**

3., aktualisierte und stark erweiterte Auflage

Sie präsentieren sich im Internet mit einer eigenen Website und wollen von potentiellen Kunden gefunden werden? Sie wagen sich erstmalig an Google AdWords? Sie sind mit Ihren bereits laufenden Kampagnen unzufrieden? Sie wollen endlich alle Möglichkeiten kennen, beurteilen und einsetzen?

In diesem Buch lernen Sie umfassend alle Aspekte von AdWords kennen. Sie erfahren, wie Sie Kampagnen professionell erstellen und betreuen; wie Sie die neuesten Funktionen und Tools einsetzen, um den größten Erfolg aus Ihren Kampagnen herauszuholen; wie Sie AdWords gezielt optimieren, um Ihre Leistungsdaten und Gewinne zu steigern.

Über den Autor:
Alexander Beck ist Partner bei der e-dialog KG in Wien und verantwortlich für die Bereiche Search und Conversion-Optimierung. Er betreut Kunden im gesamten deutschsprachigen Raum. Darüber hinaus hält er Vorträge und Seminare zum Thema Online-Marketing.

Stimmen zum Buch:
»Alexander Beck weiß, wovon er spricht. Er ist einer der wenigen echten Experten, die auch in der Lage sind, ihr Wissen gut aufbereitet verständlich mit anderen zu teilen. Google AdWords ist mittlerweile wirklich sehr komplex geworden und Beck hat die richtige Mischung sowohl für Einsteiger, als auch für Fortgeschrittene parat. Nach der Lektüre dieses Buches wissen Sie, wie man Kampagnen strategisch plant, erfolgreich umsetzt und dabei auch noch eine Menge Geld sparen kann.«
Prof. Dr. Mario Fischer, Autor und Herausgeber von *Website Boosting*

»Zum Thema Google-Marketing gibt es für mich genau ein Standardwerk: dieses Buch. Mit dem Adwords Learning Center kann man die Prüfung bestehen... mit diesem Buch wird man ein Professional. Zur Steuerung von Teams und Agenturen oder als Handbuch für das daily business die Pflichtlektüre im deutschsprachigen Raum.«
Alexander Nemet, Search & Int. Marketing, ImmobilienScout GmbH

»Beck gelingt es, ein Buch sowohl für Einsteiger als auch für Fortgeschrittene und Profis zu schreiben. Zahlreiche Beispiele, Tipps und Tricks decken das gesamte AdWords-Spektrum ab. Absolute Kaufempfehlung für alle, die ihre AdWords professionell und erfolgreich betreiben wollen.«
Marcus Tober, Geschäftsführer, Searchmetrics GmbH

»Dieses Buch ist Pflicht für jeden Marketer, der sein Budget ziel- und erfolgsorientiert einsetzen möchte. Eine einfache Anleitung für den professionellen Einsatz von Suchmaschinen-Marketing, die sich in Kürze ausbezahlt.«
Marco Hassler, Autor des Buches *Web Analytics*

Probekapitel und Infos erhalten Sie unter:
www.mitp.de/9113

ISBN 978-3-8266-9113-3

Blog Boosting

Marketing | Content | Design | SEO

- **Design, Content und Marketing optimieren**
- **Praxisbeispiele und Insidertipps für mehr Umsatz und Reichweite**
- **Die Dos und Dont's der Blogosphäre**

Bloggen ist im deutschsprachigen Raum längst kein Nischenthema mehr. Auch hierzulande entsteht mehr und mehr die Möglichkeit, mit Weblogs haupt- oder nebenberuflich Geld zu verdienen. Vom privaten Fotoblog bis hin zum umfassenden Online-Portal oder Corporate Blog – jeder Blogger erhofft sich mehr Leser, größere Reichweite, höhere Einnahmen und die Verbreitung seines Themas. Ein professionelles Blog-Marketing wird deshalb immer wichtiger.

In diesem praktischen Ratgeber finden Sie hilfreiche Tipps zum Aufbau und zur Optimierung Ihres Blogs. Autor Michael Firnkes erklärt spezielle Blog-Marketingmaßnahmen, Suchmaschinenoptimierung für Blogs, die Verwendung nützlicher Addons und Plugins und den Einsatz von PR, Eigenwerbung und Kooperationen. So erreichen Sie in Zukunft noch mehr Leser.

Teilweise können Sie schon mit kleinen Veränderungen große Wirkung erzielen. Wussten Sie zum Beispiel, dass ein einfaches Plugin mit Verweisen auf ähnliche Artikel die Besuchszeit auf Ihrem Blog um 60% erhöhen kann? Oder dass die regelmäßige Überprüfung Ihrer alten Affiliate-Texte Ihre Einnahmen um 40% steigern kann?

Alle Maßnahmen sind vielfach praxiserprobt, leicht nachvollziehbar und stammen aus der sechsjährigen Erfahrung des Autors als ProBlogger. Zahlreiche Best-Practice-Ansätze, hilfreiche Insider-Tipps und ein Handlungsplan zur konkreten Umsetzung der Maßnahmen runden dieses Handbuch ab.

Über den Autor:
Nach journalistischer Tätigkeit und diversen Aufgaben im Bereich Marketing bei einem der größten deutschen Internetportale bloggt der Informatiker und Autor Michael Firnkes nun seit sechs Jahren – inzwischen hauptberuflich. Unter www.blogprofis.de gibt er wertvolle Tipps zum professionellen Bloggen.

Probekapitel und Infos erhalten Sie unter:
www.mitp.de/9238

ISBN 978-3-8266-9238-3

Mario Fischer

Website Boosting 2.0

Suchmaschinen-Optimierung, Usability, Online-Marketing

2., aktualisierte und erweiterte Auflage

- **Suchmaschinen: Marketing, Ranking, Keywords, Optimierung, Erfolgskontrolle**
- **Usability: optische Gestaltung, verständliche Navigation, Konversionsoptimierung**
- **Kundenbindung: Social Marketing, Affiliates, Weblogs, RSS-Feeds, Virales Marketing**

Viele Unternehmen präsentieren sich im Internet mit eigenen Webseiten. Doch Hand aufs Herz: Nicht viele Firmen haben so richtig Erfolg damit. Die Zeiten, in denen man mit einfachsten Mitteln im Web Stroh zu Gold spinnen konnte, sind leider vorbei.

Sie möchten mithilfe Ihrer Website erfolgreicher werden? Neue Kunden gewinnen? Mehr Umsatz und Gewinn machen? Dann werden Sie mit diesem Buch sicherlich viele Aha-Erlebnisse haben und Ihrem Ziel näher kommen.

Mario Fischer zeigt Ihnen, wie Sie im Web aktiv Kunden „abholen" und sich für Suchende auffi ndbar machen. E-Commerce klappt jedoch nur, wenn Besucher nach dem Finden auch bleiben. Viele Unternehmen vergraulen ihre Kunden unbewusst durch unverständliche Navigation und kompliziert zu bedienende Webseiten. Dieses Buch zeigt, wie Sie es besser machen: Sie erhalten klare Hinweise, umsetzbare Anleitungen, praxisnahe Erläuterungen, viele Tipps zu Tools und zahlreiche Beispiele, die nicht selten auch zum Schmunzeln anregen.

Der **erste Teil** zeigt Ihnen, wie Sie mit Online-Marketing Kunden „holen" können, sei es durch traditionelles Online-Marketing wie Newsletter und Banner-Werbung oder ganz modern mit Affiliates und insbesondere Kundenbindung durch Social Marketing.

Im **zweiten Teil** geht es um die Herausforderung, vom Kunden über Suchmaschinen gefunden zu werden. Alles, was Sie brauchen und wissen müssen, um Ihre Webseiten für Suchmaschinen zu optimieren, finden Sie detailliert in diesem Teil.

Der **dritte Teil** widmet sich dem Thema Usability. Viele Erstbesucher entscheiden innerhalb einer Sekunde, ob sie auf Ihren Webseiten bleiben. Leicht zu verstehende Webseiten sind daher das Zaubermittel für Ihren Erfolg. Sie erfahren, auf was Sie bei der Gestaltung Ihrer Webseiten besonders achten müssen, wie Ihre Besucher „ticken", was sie von Ihnen erwarten und wie Sie diese Erwartungen optimal erfüllen. Sie lernen ebenfalls, wie Sie die Qualität Ihres Webauftritts abschätzen und mit eigenen Mitteln prüfen können.

Im **vierten Teil** stellt Ihnen der Autor nützliche Tools vor, die Sie bei Ihrer Arbeit im Web unterstützen. Diese umfassend aktualisierte und erweiterte Neuauflage des Bestsellers enthält zahlreiche neue Inhalte wie z.B. zum Affiliate und Social Marketing.

Götz Trillhaas,
Head of Agency, Google Deutschland:
»Mit Website Boosting 2.0 hat Mario Fischer es wieder geschafft, alle Facetten und Trends des E-Marketings zu beleuchten – kurzweilig, gut recherchiert und fundiert. Ein Muss für jeden E-Marketeer und hoffentlich auch bald eine Pflichtlektüre für deutsche Marketing-Studenten.«

Probekapitel und Infos erhalten Sie unter:
www.it-fachportal.de/1703

ISBN 978-3-8266-1703-4